新时代大学计算机通识教育教材

吴功宜 吴英 编著

计算机网络
应用技术教程

第6版

U0362284

清华大学出版社
北京

内 容 简 介

本书内容分为计算机网络基础知识、Internet 应用基础知识、局域网组网与网络应用知识、网络应用系统规划与设计知识 4 部分。第 1 部分介绍计算机网络、数据通信技术、传输网(广域网、局域网与城域网)技术以及 TCP/IP 协议体系的基本内容;第 2 部分介绍 Internet 应用技术;第 3 部分介绍局域网组网技术、典型操作系统的网络功能、Internet 接入方法、Internet 使用方法以及网络管理与网络安全技术;第 4 部分介绍网络应用系统的基本结构、需求分析、设计与实现。

本书结构清晰,概念准确,语言流畅,内容涵盖了初学者需要掌握的知识点,并反映了计算机网络技术的最新发展,采用理论与应用技能培养相结合的方式,循序渐进地引导读者掌握网络应用的基本知识与技能。

本书适合作为计算机科学与技术、软件工程、信息安全、电子信息等相关专业的教材,也可作为各类网络技术培训班的培训资料;还能满足网络建设、应用与维护人员学习网络应用技术的需求。

图书在版编目(CIP)数据

计算机网络应用技术教程/吴功宜,吴英编著. —6 版. —北京:清华大学出版社,2023.6(2025.1重印)

新时代大学计算机通识教育教材

ISBN 978-7-302-63622-9

Ⅰ. ①计⋯ Ⅱ. ①吴⋯ ②吴⋯ Ⅲ. ①计算机网络—高等学校—教材 Ⅳ. ①TP393

中国国家版本馆 CIP 数据核字(2023)第 092962 号

责任编辑:张瑞庆 薛 阳
封面设计:常雪影
责任校对:韩天竹
责任印制:宋 林

出版发行:清华大学出版社
 网   址:https://www.tup.com.cn,https://www.wqxuetang.com
 地   址:北京清华大学学研大厦 A 座   邮   编:100084
 社 总 机:010-83470000   邮   购:010-62786544
 投稿与读者服务:010-62776969,c-service@tup.tsinghua.edu.cn
 质量反馈:010-62772015,zhiliang@tup.tsinghua.edu.cn
 课件下载:https://www.tup.com.cn,010-83470236
印 装 者:三河市铭诚印务有限公司
经   销:全国新华书店
开   本:185mm×260mm   印   张:20   字   数:512 千字
版   次:2002 年 8 月第 1 版   2023 年 8 月第 6 版   印   次:2025 年 1 月第 2 次印刷
定   价:59.50 元

产品编号:099655-01

前　言

计算机网络与 Internet 技术的研究、应用与发展对世界各国的政治、经济、文化、教育、科研与社会发展具有重大影响。用日新月异来形容计算机网络与 Internet 技术的发展是很贴切的。根据 2023 年 3 月 CNNIC 发布的第 51 次《中国互联网络发展状况统计报告》，截至 2022 年 12 月底，我国的互联网用户数达到 10.67 亿，普及率达到 75.6%。我国国民经济的多年持续高速发展对计算机网络和 Internet 技术在各行各业的广泛应用提出了越来越高的要求。

Internet 在发展初期仅提供几种基本网络服务，例如 TELNET、E-mail、FTP、Usenet 等。随着 Web 技术的出现，Internet 在电子政务、电子商务等领域迅猛发展，促进了各种基于 Web 的服务类型出现。进入 21 世纪，在基于 Web 的应用继续发展的基础上，无线通信与移动智能终端的出现将 Internet 应用又推向一个新的阶段，并出现了新型的 Internet 应用，例如即时通信、网络电话、社交网络、在线游戏、流媒体等。移动互联网与物联网为 Internet 产业与数字经济带来新的增长点。

我国高速发展的信息技术与信息产业需要大量掌握网络技术知识的人才。计算机网络与 Internet 应用技术相关课程已成为各专业学生应该学习的重要课程。为了更好地适应计算机网络课程学习的需要，作者根据多年教学与科研实践的经验，结合当前技术发展的新形势编写了本书的第 6 版，希望给广大读者提供一本既能保持教学系统性，又能反映当前网络技术发展最新成果的教材。

本书对第 5 版进行了修改与补充，修改更正了错误，更新了数据，并且增加了一些新内容。本书共 11 章，分为计算机网络基础知识、Internet 应用基础知识、局域网组网与网络应用知识、网络应用系统规划与设计知识 4 部分。

第 1 部分"计算机网络基础知识"对应第 1~4 章，依次介绍了计算机网络的基本概念、数据通信技术、传输网（广域网、局域网与城域网）技术以及 TCP/IP 协议体系等知识。

第 2 部分"Internet 应用基础知识"对应第 5 章，介绍了我国 Internet 发展现状、Internet 基本应用、基于 Web 的网络应用以及基于 P2P 的网络应用等知识。

第 3 部分"局域网组网与网络应用知识"对应第 6~10 章，依次介绍了局域网组网技术、典型操作系统的网络功能、Internet 接入方法、Internet 使用方法以及网络管理与网络安全技术等知识。

第 4 部分"网络应用系统规划与设计知识"对应第 11 章，介绍了网络应用系统的基本结构、需求分析、设计与实现等知识。这部分内容具有较高要求，可根据课时安排选讲，在相应的标题后以 * 标示。

本书的特点是贴近计算机网络的最新发展，采用理论学习与应用技能培养相结合的方式，循序渐进地引导读者掌握计算机网络的基本知识与技能。在本书的编写过程中注意保持教学内容的系统性，以网络基础知识与应用技能的培养为主线，系统地介绍了计算机网络的组建、应用、管理等相关知识。在写作中,编者力求做到层次清晰、概念准确、语言流畅,既便于读者循序渐进地学习基础知识,又帮助读者了解网络技术的新发展。希望本书对读者掌握网络应用技术有一定的帮助。

本书可作为计算机科学与技术、软件工程、信息安全、电子信息等相关专业的教材,也可作为各类网络技术培训班的培训资料,还能满足网络建设、应用、维护人员学习网络应用技术的需求。

本书的第 1~3 章由吴功宜编写,第 4~11 章由吴英编写。在本书的编写过程中得到徐敬东教授、张建忠教授的关心与帮助,在此谨表衷心的感谢。

限于作者的学术水平,书中疏漏与不妥之处在所难免,敬请读者批评指正。

作者

wgy@nankai.edu.cn

wuying@nankai.edu.cn

2023 年 3 月于南开大学

目　　录

第1部分　计算机网络基础知识

第 2 部分　Internet 应用基础知识

第 3 部分　局域网组网与网络应用知识

第 4 部分　网络应用系统规划与设计知识 *

第 1 部分

计算机网络基础知识

第 1 章　计算机网络概论

计算机网络是计算机与通信技术紧密结合的成果。本章在介绍计算机网络形成与发展的基础上，系统地讨论了计算机网络的定义、分类方法、拓扑，以及现代计算机网络与 Internet 的结构特点等。

1.1　计算机网络发展阶段及特点

1.1.1　计算机网络的发展阶段

计算机网络是计算机与通信技术紧密结合的产物，而 Internet 是计算机网络最重要的应用。计算机网络发展大致可分为四个阶段。

1. 计算机网络技术与理论准备

第一阶段可追溯到 20 世纪 50 年代数据通信技术开始成熟时期。该阶段的特点与标志性成果主要表现在以下两方面。

(1) 数据通信技术日趋成熟，为计算机网络的形成奠定了技术基础。

(2) 分组交换概念的提出为计算机网络的出现奠定了理论基础，也标志着现代电信时代的来临。

2. 计算机网络形成

第二阶段从 20 世纪 60 年代 ARPANET 与分组交换技术研究开始。ARPANET 是计算机网络技术发展中的一个里程碑，其研究成果对促进计算机网络理论体系形成有重要作用，并且为 Internet 的形成奠定了基础。该阶段出现了以下三项标志性成果。

(1) ARPANET 成功运行证明了分组交换理论的正确性。

(2) TCP/IP 为更大规模网络互联奠定了坚实的基础。

(3) DNS、E-mail、FTP、TELNET 等网络应用展现了美好的发展前景。

3. 网络体系结构研究

第三阶段大致从 20 世纪 70 年代中期开始。这个时期，各种广域网、局域网与公用分组交换网发展迅速，各个计算机厂商纷纷开发网络系统与制定网络标准。如果不能推进网络协议与体系结构标准化，之后大规模的网络互联将面临巨大阻力。国际标准化组织(ISO)在推动开放系统互连(Open System Interconnection，OSI)参考模型与网络协议的研究方面做了大量工作。该阶段研究成果的重要性主要表现在以下两方面。

(1) OSI 参考模型研究对网络理论体系形成与网络协议标准化有重要的推动作用。

(2) TCP/IP 完善自己的体系结构研究，经受住市场和用户的检验，成功吸引大量的投资，推动了 Internet 产业的发展,最终成为产业界事实上的标准。

4. Internet 应用、无线网络与网络安全技术发展

第四阶段从 20 世纪 90 年代开始算起。这个阶段有挑战性的话题是 Internet 应用、宽带网络、无线网络与网络安全。该阶段的特点主要表现在以下几方面。

(1) Internet 作为国际性的网际网与大型信息系统,在当今政治、经济、文化、科研、教育与生活等方面发挥了越来越重要的作用。

(2) 宽带城域网已成为一个现代化城市的重要基础设施,接入网技术发展扩大了用户计算机接入范围,促进了 Internet 应用的发展。

(3) 无线个域网、无线局域网、无线城域网与电信 4G/5G 网络的融合,促进了移动互联网技术的发展。

(4) 无线自组网、无线传感器网的研究与应用,促进了物联网技术的发展。

(5) 随着网络应用的快速发展,各种网络安全问题不断出现,促使网络安全技术研究与应用进入高速发展阶段。

1.1.2 计算机网络的形成与发展

1. ARPANET 研究

1) ARPANET 产生背景

1946 年,世界第一台电子计算机 ENIAC 出现。通信技术发展可追溯到 19 世纪。1837年,莫尔斯发明了电报;1876 年,贝尔发明了电话;1876 年,马可尼发明了无线电通信。这些发明为现代通信技术奠定了基础。但是,计算机与通信技术之间长期没有直接联系,处于各自独立发展阶段。当计算机与通信技术都发展到一定程度并且出现新的需求时,人们就会产生将两项技术融合的想法。

20 世纪 50 年代初,出于美国军方的需求,半自动地面防空(SAGE)系统将远程雷达信号、机场与防空部队的信息,通过无线、有线线路与卫星信道传送到位于美国本土的一台 IBM 计算机上处理,其通信线路的总长度超过 241 万千米。该研究开启了计算机与通信技术结合的尝试。随着半自动地面防空系统的实现,美国军方考虑将分布在不同地理位置的多台计算机通过通信线路连接成网络。

20 世纪 60 年代中期,世界正处于"冷战"高潮时期。1957 年 10 月,苏联发射第一颗人造卫星 Sputnik,美国朝野为之震惊。美国国防部的第一反应是成立一个专门研究机构,即高级研究计划署(Advanced Search Projects Agency,ARPA)。实际上,ARPA 是一个科研管理机构,它没有设立自己的实验室与聘用科学家,只是通过签订合同和发放许可的方式选择一些大学、研究机构和公司为其提供服务。

在与苏联军事力量的竞争中,美国军方需要一个用于传输军事命令与控制信息的网络。当时美国军方通信主要依靠电话交换网,但这个网络是相当脆弱的。由于电话交换网是以每个电话交换局为中心的星-星结构,从而形成一个覆盖全国的电话通信系统,因此其中某个中继线路或交换机损坏,尤其是几个关键的长途电话局遭到破坏,就可能导致整个电话通信的中断。美国军方希望该网络在遭遇核战争或自然灾害后,在部分网络设备、通信线路遭到破坏的情况下,仍然能利用剩余网络设备与通信线路继续工作,这个网络也被称为"可生存系统"。这种要求是传统通信线路与电话交换网无法实现的。

1948 年 5 月,兰德(RAND)公司成立,它是第二次世界大战后成立的战略研究机构。

1960年,美国国防部要求兰德公司设计一种有效的通信网络解决方案。兰德公司的研究人员建议在网络中采用分组交换技术,其设想的是一个网状拓扑、分布式控制的网络,不直接相连的计算机之间通信需要其他结点转发。数据预先被分成多个短的分组。每个中间结点可以独立为分组选择路径。这些中间结点使用"存储转发"方法,路由选择采用"热土豆路由算法"和"动态路由算法"。

当时设想的分组交换工作过程是:当某个结点接收到一个分组时,首先接收并存储该分组,然后进行处理。热土豆路由算法的设计思想很容易理解,就像人手拿到一个烫手的土豆时,其本能反应是立即将它扔出去。在中间结点处理转发数据时,可以采取类似处理热土豆的方法,接收到需转发分组就以最快速度转发。同时,还需要设计一种动态路由算法。当某个中间结点或链路出现故障时,其相邻结点可通过一种动态路由算法,根据当前情况决定分组的路由,绕道而行,最终完成分组传输。分组交换(packet switching)的设计思想为网络研究指出了正确的方向。

2) ARPANET 设计思想

1967年,ARPA将注意力转移到计算机网络技术上。ARPA提出了一种广域网设计任务,即ARPANET。与传统的通信网络不同,ARPANET不是传输电话的模拟语音信号,而是传输计算机的数字数据信号。ARPANET可连接不同型号的计算机;其中所有结点都同等重要;网络中必须有冗余的路由;网络结构必须简单,但要保证正确传输数据。

根据ARPA提出的设计要求,ARPANET方案中采用分组交换的思想。ARPANET可分为两个部分:通信子网与资源子网。通信子网中的报文存储转发结点是一些小型计算机,它们被称为接口报文处理器(Interface Message Processors,IMP)。IMP之间用56kb/s速率的传输线路来连接。为了保证高度的可靠性,每个IMP至少连接两个IMP,如果有些线路或IMP毁坏,仍可通过其他路径转发分组。IMP是当前大量使用的路由器雏形。在最初的实验网络中,每个结点都有一台IMP和一台主机,它们被放置在同一房间中,并通过一条很短的电缆连接。IMP将数据分成长度为1008b的分组,并将它们转发给下一个结点。只有每个分组正确到达一个结点,才允许其继续转发,直至目的结点。图1-1给出了通信子网的结构。

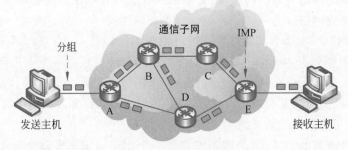

图 1-1　通信子网的结构

3) ARPANET 组建过程

ARPA以招标的方式建立通信子网,共有12家公司参与竞标。在评估所有候选公司后,ARPA选择了BBN公司。BBN公司选择DDP316小型计算机作为IMP,这些小型计算机经过特殊改装。考虑到计算机系统的可靠性,IMP没有采用外接磁盘系统。出于经济上的原因,当时通信线路是租用电话公司的56kb/s线路。

　　在完成网络结构与硬件设计后,一个重要的问题是开发软件。1969 年,在美国犹他州召集研究人员会议,参加者大多数是研究生。他们希望像完成其他编程任务一样,有网络专家为其解释网络设计方案与需编写的软件,然后为每人分配一个具体的编程任务。当他们发现没有网络专家和完整设计方案时很吃惊。他们必须自己想办法找到自己该做的事情。

　　1969 年 12 月,包含 4 个结点的实验网络开始运行。这些结点分别位于加州大学洛杉矶分校(UCLA)、加州大学伯克利分校(UCSB)、斯坦福研究院(SRI)和犹他大学(UTAH)。选择这些大学是由于它们都与 ARPA 有合作,并且都有不同类型的不兼容主机。图 1-2 给出了 ARPANET 最初的结构图。1969 年 9 月,UCLA 结点接入;1969 年 10 月,SRI 结点接入;1969 年 11 月,UCSB 结点接入;1969 年 12 月,UTAH 结点接入。

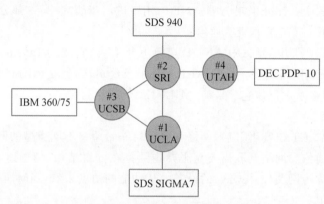

图 1-2　ARPANET 最初的结构图

　　据负责安装第一台 IMP 的 UCLA 教授 Leonard Kleinrock 回忆,1969 年 9 月第一台 IMP 安装成功,1969 年 10 月第二台 IMP 安装成功。为了验证数据传输的情况,参加实验的双方通过电话联络。Kleinrock 让研究生从 UCLA 结点向 SRI 结点登录(Login),当输入第一个字符"L"并询问对方时,对方回复收到该字符。当输入第二个字符"o"时,对方回复收到该字符。在输入第三个字符"g"之后,SRI 结点出现故障,第一次远程登录失败。但是,这是一个非常重要的时刻,它标志着计算机网络时代来临。

　　到了 1971 年,经过近两年的网络协议研究,研究人员首先推出远程登录服务。1972 年,ARPANET 结点数增加到 15 个。随着英国伦敦大学与挪威皇家雷达研究所接入,ARPANET 结点数增加到 23 个,同时标志着 ARPANET 国际化。同年,出现第一个电子邮件应用程序,当时 ARPANET 结点数为 40 个。1973 年,电子邮件通信量已占 ARPANET 通信量的 3/4。随着更多的 IMP 交付使用,ARPANET 网络规模快速膨胀,很快扩展到整个美国。

　　除了 ARPANET 之外,ARPA 还资助了卫星与无线分组网研究。当时的一个著名实验是:在美国加州的一辆行驶中的汽车上通过无线分组网向 SRI 结点发送数据,SRI 结点将该数据通过 ARPANET 发送到东海岸,然后通过卫星通信将数据发送到伦敦的一所大学。这样,研究人员就可以在汽车行驶中使用位于伦敦的计算机。这次实验结果表明,当时的 ARPANET 协议只适用于单一网络要求,不适用于多个网络互联的环境,因此人们开始研究下一代网络控制协议。

　　4) ARPANET 对推动网络技术发展的贡献

　　ARPANET 是一个典型的广域网系统,其研究成果标志着分组交换的正确性,同时展现了计算机网络的应用前景。ARPANET 是网络技术发展中的一个里程碑,它对推动网络理论与技术发展有重要作用。ARPANET 的贡献主要表现在以下几方面。

(1) 完成了计算机网络定义与分类方法的研究。

(2) 提出了资源子网、通信子网的网络结构。

(3) 研究并实现了分组交换方法。

(4) 完善了层次型网络体系结构模型与协议体系概念。

(5) 开始了 TCP/IP、模型与网络互联技术的研究与应用。

到了 1975 年,ARPANET 已接入一百多台主机,并结束了网络实验阶段,正式移交美国国防通信局运行。1983 年 1 月,ARPANET 向 TCP/IP 的转换结束。同时,ARPANET 被分为两个独立部分。其中一部分仍叫 ARPANET,用于进一步研究;另一部分要稍大一些,成为著名的 MILNET,用于军方的非机密通信。

20 世纪 80 年代中期,随着 ARPANET 规模不断增大,它成为 Internet 的主干网。1990年,ARPANET 被新的网络代替。虽然 ARPANET 已经退役,但是因为它对网络技术发展产生了巨大影响,人们将永远记住它。目前,MILNET 仍在运行中。

2. TCP/IP 研究

1972 年,ARPANET 研究者开启“网络互联项目”,希望将不同类型的网络互联起来,使其中的主机之间可以通信。网络互联需要克服异构网络在分组结构、传输速率方面的差异。研究者提出使用一种称为网关(gateway)的设备。从功能的角度来看,当时所提出的网关实际上就是路由器(router)。

1977 年,ARPANET 实现与无线分组网的互联。研究者决定将初期的 TCP 分为两部分:互联网协议(Internet Protocol,IP)与传输控制协议(Transport Control Protocol,TCP)。IP处理分组的路由与转发,TCP 负责实现分布式进程通信。TCP/IP 的出现促进了 Internet 发展,而 Internet 发展进一步扩大了 TCP/IP 的应用范围。IBM、DEC 等大公司纷纷宣布支持它,各种操作系统与数据库产品也支持它。随着 Internet 的高速发展和广泛应用,TCP/IP 已成为产业界公认的标准。

为了鼓励对 TCP/IP 的使用,ARPA、BBN 公司与加州大学伯克利分校签订合同,希望将TCP/IP 集成到其 BSD UNIX 中。加州大学伯克利分校研究人员开发了一个专用于网络连接的编程接口,并编写了一些开发工具与管理软件,这些工作使网络互联变得容易。由于很多大学采用 BSD UNIX,这样促进了 TCP/IP 的普及。同期,SUN 公司将 TCP/IP 引入商业领域。从 20 世纪 70 年代诞生以来,TCP/IP 经历二十多年的实践检验与不断完善,成功获得了大量用户和投资。

3. NSFNET 对 Internet 发展的影响

20 世纪 70 年代后期,美国的国家科学基金会(NSF)认识到 ARPANET 对科研的重要影响。各国研究者可通过 ARPANET 共享数据,合作完成科研课题。但是,不是所有研究机构都有这种机会,连入 ARPANET 的机构必须与美国国防部有合作项目。为了让更多大学能共享 ARPANET 资源,NSF 计划建设一个虚拟网络,即计算机科学网(CSNET)。CSNET 的中心结点是一台 BBN 主机,研究机构可通过电话拨号接入这台主机,通过它作为网关接入ARPANET。1981 年,CSNET 正式接入 ARPANET。

ARPANET 主机数的剧增促进了域名技术的发展。随着 TCP/IP 的标准化,ARPANET规模不断扩大,不仅美国国内很多网络接入 ARPANET,很多国家也将其网络接入

ARPANET。针对主机数量急剧增加的情况,网络运行与主机管理成为迫切需要解决的问题。在这种背景下,研究者提出域名系统(Domain Name System,DNS)的概念。DNS 将接入网络的主机划分为不同的域,使用分布式数据库来存储主机命名相关信息,通过域名来管理和组织主机,将物理上无序的 Internet 变为逻辑上有序的网络。

最初用于记录主机名与 IP 地址对应关系的是一个文本文件(hosts.txt)。1982 年,研究者发现随着接入主机数量增多,通过该文件记录所有主机变得越来越困难,于是提出使用分布式数据库代替文本文件。1984 年,第一个 DNS 程序 JEEVES 投入使用。1988 年,BSD UNIX 4.3 推出自己的 DNS 程序 BIND。

1984 年,NSF 决定组建 NSFNET,其主干网连接美国 6 个超级计算中心。NSFNET 通信子网使用的硬件与 ARPANET 基本相同,采用 56kb/s 通信线路。但是,NSFNET 从开始就使用 TCP/IP,它是第一个使用 TCP/IP 的广域网。

NSFNET 采用的是层次结构,分为主干网、地区网与校园网。各大学的主机接入校园网,校园网接入地区网,地区网接入主干网,主干网通过高速线路接入 ARPANET。NSFNET 是包括主干网与地区网在内的整个网络。校园网用户可通过 NSFNET 访问任何一个超级计算中心的资源,以及连接的数千所大学、研究所、实验室等机构。

NSFNET 建成同时就出现网络负荷过重的情况,NSF 决定立即开始研究下一步发展问题。随着网络规模持续扩大和网络应用增多,NSF 认识到政府不能从财政上继续支持该网络。虽然有不少商业机构打算参与进来,但 NSF 不允许这个网络用于商业用途。在这种情况下,NSF 希望组建一个非营利性公司来运营 NSFNET。因此,MERIT、MCI 与 IBM 公司组建了 ANS 公司。1990 年,ANS 公司接管 NSFNET,在全美范围内组建 T3 主干网,提供的最大传输速率为 44.746Mb/s。1991 年,NSFNET 主干结点都与 T3 主干网相连。

在美国发展 NSFNET 的同时,其他国家与地区也在建设与 NSFNET 兼容的网络。例如,欧洲国家为研究机构建立的 EBONE、EuropaNET 等。当时,这两个网络采用2Mb/s的通信线路与很多欧洲城市相连。每个欧洲国家有一个或多个国家网,它们都与 NSFNET 兼容。这些网络为 Internet 的发展奠定了基础。

从 1991 年开始,NSF 仅支付 NSFNET 的 10% 通信费用,同时开始放宽 NSFNET 的使用限制,允许通过网络传输商业信息。1995 年,NSF 正式将 NSFNET 退役,它作为研究项目回到科研网的位置。同年,NSF 和 MCI 合作建设高速网,其主干网传输速率提高到 4.8Gb/s,以代替原来的 NSFNET 主干网。图 1-3 给出了从 ARPANET 到 Internet 的发展过程。

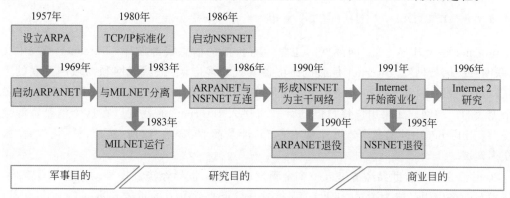

图 1-3　从 ARPANET 到 Internet 的发展过程

4. Internet 的形成

1983 年 1 月，TCP/IP 正式成为 ARPANET 标准。此后，大量网络、主机与用户连入 ARPANET，促使 ARPANET 获得迅速发展，并在此基础上形成了 Internet。随着很多地区性网络连入 Internet，它逐步扩展到其他国家与地区。当时很多现存的网络都连入 Internet，例如，空间物理网(SPAN)、高能物理网(HEPNET)、IBM 大型计算机网络、欧洲学术网等。20 世纪 80 年代中期，人们开始认识到这种大型网络的作用。20 世纪 90 年代是 Internet 发展的黄金时期，用户数以平均每年翻一番的速度增长。

Internet 最初的用户都来自科研和学术领域。20 世纪 90 年代初，Internet 上的商业活动开始缓慢发展。1991 年，美国成立商业网络交换协会，允许在 Internet 上开展商务活动，各公司逐渐意识到 Internet 在商业上的价值。Internet 商业应用开始迅速发展，其用户数量很快超过科研和学术用户。商业应用推动 Internet 更加迅猛地发展，规模扩大，用户增加，应用拓展，技术更新，Internet 几乎深入社会生活的每个角落，并成为一种全新的工作、学习和生活方式。

目前，ANS 公司建设的 ANSNET 是 Internet 的主干网，其他国家或地区的主干网通过 ANSNET 接入 Internet。家庭用户通过电话线接入 Internet 服务提供商(Internet Service Provider，ISP)。办公用户通过局域网接入校园网或企业网。局域网分布在各个建筑物内，连接各个系所与研究室的计算机。校园网、企业网通过专用线路与地区网络连接。校园网中的主机都是用户可访问的资源。

从用户的角度来看，Internet 是一个全球范围的信息资源网，接入 Internet 的主机既是信息服务的提供者，也是信息服务的使用者。因此，Internet 代表着全球范围无限增长的信息资源，是人类拥有的最大知识宝库之一。Internet 的传统应用主要包括 E-mail、TELNET、FTP、BBS、Web 等。随着 Internet 规模的扩大，各种类型的应用进一步得到拓展。浏览器、搜索引擎、P2P 技术的产生对 Internet 的发展产生重要作用，使 Internet 中的信息更丰富，使用更简洁。

Internet 商业化造成网络流量剧增，这也导致网络性能的急剧下降。在这种情况下，一些大学申请国家科学基金，以建立一个独立、内部使用的新网络，相当于供这些大学使用的专用 Internet。1996 年 10 月，这种想法以 Internet 2 形式实施。Internet 2 是美国 UCAID 的一个项目。UCAID 是一个非营利组织，由 NFS、一百一十多所大学和一些商业组织创建。Internet 2 可连接现有 Internet，目的是组建一个为成员服务的专用网络。目前，Internet 2 传输速率可达到 10Gb/s。

1.1.3　Internet 应用的高速发展

Internet 是全球最大的"网际网"，也是最有价值的信息资源宝库。Internet 译成中文为"互联网"或"因特网"。Internet 是通过路由器实现众多广域网、城域网和局域网互联的大型互联网，它对推动科学、文化、经济和社会发展有不可估量的作用。对于广大用户来说，它就是一个庞大的广域网。如果用户将自己的计算机接入 Internet，他就可以在这个信息资源宝库中漫游。Internet 中的信息资源几乎应有尽有，涉及商业、金融、政府、医疗、科研、教育、娱乐等众多领域。

20 世纪 90 年代，世界经济进入一个全新发展阶段。世界经济发展推动信息产业发展，信息技术与网络应用已成为衡量 21 世纪综合国力与企业竞争力的重要标准。1993 年 9 月，美国公布了国家信息基础设施(National Information Infrastructure，NII)计划，它被形象地称为信息高速公路。美国建设信息高速公路的计划触动各国，各国开始认识到信息产业发展对经济发展的重要作用。1995 年 2 月，全球信息基础设施委员会（GIIC）成立，目的是推动与协调各国信息技术与服务的发展与应用。在这样的背景下，全球信息化发展趋势已不可逆转。

从用户的角度来看，Internet 是一个全球范围的信息资源网，接入 Internet 的主机既可以是信息服务提供者的服务器，也可以是信息服务使用者的客户机。随着 Internet 规模的扩大，它提供的信息资源与服务将更丰富。有人说：要想预言 Internet 的发展，就像企图用弓箭追赶飞行中的子弹。在你每次用手指按动键盘的同时，Internet 已经在持续发生变化。

Internet 是由最初的 ARPANET 发展而成，它经过了 3 个重要阶段：实验性网络、学术性网络与商业性网络。从 ARPANET 诞生到 20 世纪 80 年代中期，这是 Internet 发展中的实验性网络阶段，这一时期的联网计算机数量最多为 5000 台。从 NSFNET 成为 Internet 主干网到 20 世纪 90 年代中期，这是 Internet 发展中的学术性网络阶段，这一时期的联网计算机数量每年翻一番，1995 年已达到 600 万台的规模。从 1996 年至今是商业性网络阶段，这一时期的联网计算机数量增长速度更快。

Internet 发展速度之快是研究者始料未及的。根据统计：1983 年，Internet 主机数为 562 台；1985 年，Internet 主机数为 1961 台；1987 年，Internet 主机数为 5089 台；1989 年，Internet 主机数达到 8 万台；1993 年，Internet 主机数达到 120 万台；1997 年，Internet 主机数达到 1614 万台；2001 年，Internet 主机数达到 1.09 亿台；2005 年，Internet 主机数达到 3.17 亿台。从 1995 年开始，Internet 主机数每年呈指数级增长。

1.2　计算机网络技术发展的三条主线

在按时间顺序分析了计算机网络发展"四个阶段"的基础上，可以从技术分类的角度讨论计算机网络发展的"三条主线"，如图 1-4 所示。第一条主线是从 ARPANET 到 TCP/IP 再到 Internet，第二条主线是从无线分组网到无线自组网再到无线传感器网，伴随前两条主线同时发展的第三条主线是网络安全技术。

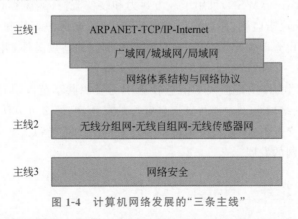

图 1-4　计算机网络发展的"三条主线"

1.2.1　第一条主线：从 ARPANET 到 TCP/IP 再到 Internet

在讨论第一条主线"Internet 发展"时，需要注意以下几个重要特点。

(1) ARPANET 的研究奠定了 Internet 发展的基础,而联系二者的是 TCP/IP。从 ARPANET 演变到 Internet 的过程中,强烈的社会需求促进了广域网、城域网与局域网技术的研究与应用的发展,而广域网、城域网与局域网技术的成熟与标准化又反过来加快了 Internet 的发展进程。

(2) TCP/IP 的研究与设计对 Internet 快速发展起到了推动作用。从发展趋势来看,今后除了计算机和个人手持设备(PDA),固定电话与移动电话以及电视、冰箱、空调等各种电器也都会被分配唯一的 IP 地址,并在基于 IP 的网络环境中工作。

(3) 与传统 Internet 应用系统基于客户机/服务器(Client/Server,C/S)不同,对等网络(Peer-to-Peer,P2P)淡化了服务提供者与使用者的界限,以"非中心化"方式使更多的用户同时身兼服务提供者与使用者的双重身份,从而达到进一步扩大网络资源共享范围和深度,提高网络资源利用率,达到信息共享最大化的目的。因此,P2P 受到学术界与产业界的高度重视,被评价为改变 Internet 的新一代网络技术。基于 P2P 的网络应用不断出现,成为 21 世纪网络应用重要的研究方向之一。

(4) 随着 Internet 的广泛应用,计算机网络、电信网与有线电视网从结构、技术到服务领域正在快速融合,已成为 21 世纪信息产业发展最具活力的领域。

1.2.2 第二条主线:从无线分组网到无线自组网再到无线传感器网

在讨论第二条主线"无线网络技术发展"时,需要注意以下几个重要特点。

(1) 从是否需要基础设施的角度来看,无线网络可分为两类:基于基础设施的无线网络与无基础设施的无线网络。无线局域网与无线城域网属于基于基础设施的无线网络。无线自组网、无线传感器网属于无基础设施的无线网络。

(2) 无线自组网(Ad hoc)在无线分组网的基础上发展起来,它是一种特殊的自组织、对等式、多跳、无线移动网络,在军事、特殊应用领域有重要的应用前景。

(3) 当无线自组网技术日趋成熟时,无线通信、微电子、传感器技术得到快速发展。在军事领域中,人们提出将无线自组网与传感器技术相结合的无线传感器网。无线传感器网(Wireless Sensor Network,WSN)可用于敌方兵力和装备监控、战场实时监视与目标定位、战场评估、核攻击和生化攻击监测,并在城市管理、医疗与环境保护等特殊领域都有重要的应用前景。这项研究的出现立即引起了政府、军队和研究部门的高度关注,并被评价为"21 世纪最有影响的 21 项技术之一"和"改变世界的十大技术之首"。

(4) 如果说广域网的作用是扩大了信息社会中的资源共享范围,局域网是进一步增强了资源共享深度,无线网络增强了人类共享信息资源的灵活性,那么可以认为无线传感器网将会改变人类与自然界的交互方式,它将极大地扩展现有网络的功能和人类认识世界的能力,促进了移动互联网与物联网的发展。

1.2.3 第三条主线:网络安全技术

在讨论第三条主线"网络安全技术"时,需要注意以下几个重要特点。

(1) 正如人类创造网络社会的繁荣,也是人类制造网络社会的麻烦。网络安全是现实社会中的安全问题在虚拟的网络社会中的反映。现实世界中真善美的东西,在网络社会中都会存在。同样,现实社会中的假丑恶,在网络社会中也同样存在,但是可能在表现形式上不一样。

网络安全技术是伴随前两条主线而发展的,永远不会停止。现实社会对网络技术依赖的程度越高,网络安全技术就越重要。网络安全是网络技术研究中一个永恒的主题。

(2) 网络安全技术发展验证了"魔高一尺,道高一丈"的古老哲理。在"攻击—防御—新攻击—新防御"的循环中,网络攻击与网络反攻击技术相互影响、制约,共同发展、演变和进化,这个过程将一直延续下去。目前,网络攻击已从最初显示高超技艺的恶作剧发展到经济利益驱动的有组织犯罪,甚至是恐怖活动。正如现实世界危害人类健康的各种病毒只会随着时间演变,不可能灭绝。计算机病毒也会伴随网络技术发展而演变,不可能灭绝。只要人类存在,危害人类健康的病毒就一定存在。只要网络存在,计算机病毒就一定存在。计算机网络是传播计算机病毒的重要渠道。

(3) 网络安全是一个系统的社会工程。网络安全研究涉及技术、管理、道德、法制环境等多方面。网络安全性是一个链条,它的可靠程度取决于链中最薄弱的环节。实现网络安全是一个过程,而不是任何一个产品可替代的。在加强网络安全技术研究的同时,必须加快网络法制建设,加强网络法制观念与道德教育。

(4) 从当前的发展趋势来看,网络安全问题已超出技术和传统意义的计算机犯罪的范畴,并发展成为国家之间的政治与军事斗争手段。每个国家只能立足于本国,研究网络安全技术,培养专门人才,发展网络安全产业,构筑本国的网络与信息安全保障体系。

1.3　计算机网络的定义与分类

1.3.1　计算机网络的定义

在计算机网络发展的不同阶段,人们对计算机网络提出了不同定义。这些定义反映了当时网络技术发展水平以及人们对网络的认识程度。这些定义可以分为三类:广义的观点、资源共享的观点与用户透明性的观点。

从当前计算机网络的特点来看,资源共享角度的定义能够比较准确地描述计算机网络的基本特征。资源共享观点将计算机网络定义为"以能够相互共享资源的方式互联起来的自治计算机系统的集合"。相比之下,广义的观点定义了计算机通信网络,而用户透明性的观点定义了分布式计算机系统。

资源共享观点的定义符合当前计算机网络的基本特征,这主要表现在以下几点。

(1) 建立计算机网络的主要目的是实现计算机资源的共享。计算机资源主要指计算机硬件、软件与数据。网络用户既可使用本地计算机中的资源,又可通过网络访问联网的远程计算机中的资源。

(2) 联网计算机是分布在不同地理位置的独立的自治计算机。这些计算机之间没有明确的主从关系,每台计算机既可以联网工作,也可以脱离网络独立工作。联网计算机可以为本地用户提供服务,也可以为远程的网络用户提供服务。

(3) 联网计算机之间通信必须遵循共同的网络协议。计算机网络是由多台计算机互联而成,联网计算机之间需要不断交换数据。为了保证计算机之间有条不紊地交换数据,联网计算机在交换数据的过程中,需要遵守某种事先约定好的通信规则。

尽管网络技术与应用已取得了很大进展,新的技术不断涌现,但是对计算机网络的定义仍能准确描述现阶段计算机网络的基本特征。

1.3.2　计算机网络的分类

计算机网络的分类方法基本有两种：一种是按网络采用的传输技术分类，另一种是按网络覆盖的地理范围分类。

1. 按照网络采用的传输技术分类

网络采用的传输技术决定网络的主要技术特点，因此根据网络采用的传输技术对网络进行分类是一种重要方法。在通信技术中，信道的类型有两种：广播信道与点-点信道。在广播信道中，多个结点共享一条信道，一个结点广播信息，其他结点必须接收信息。在点-点信道中，一条信道只能连接一对结点，如果两个结点之间没有直接连接，那么它们只能通过中间结点转接。显然，网络通过信道完成数据传输任务，采用的传输技术只可能有两种：广播方式与点-点方式。因此，相应的计算机网络也可分为两类：广播式网络与点-点式网络。

在广播式网络中，所有联网计算机共享一条公共信道。当一台计算机利用共享信道发送报文分组时，其他计算机都会"收听"到这个分组。由于分组中带有目的地址与源地址，接收分组的计算机将检查目的地址是否与本结点地址相同。如果相同，接收该分组；否则，丢弃该分组。显然，在广播式网络中，分组的目的地址可分为 3 类：单一结点地址、多结点地址与广播地址。

与广播式网络相反，在点-点式网络中，每条物理线路连接两台计算机。如果计算机之间没有直接连接的线路，它们之间的分组传输要通过中间结点接收、存储与转发，直至到达目的结点。由于连接多台计算机之间的线路结构可能很复杂，因此从源结点到目的结点可能存在多个路由。路由选择算法用于决定分组从源结点到目的结点的路径。采用分组存储转发与路由选择机制是点-点式网络与广播式网络的重要区别之一。

2. 按照网络覆盖的地理范围进行分类

计算机网络按其覆盖的地理范围进行分类，可以很好地反映不同类型网络的技术特征。由于计算机网络覆盖的地理范围不同，它们采用的传输技术也会不同，因此会形成不同的网络技术特点与服务功能。

计算机网络按覆盖的地理范围可分为四类：广域网、城域网、局域网与个域网。

1）广域网

广域网（Wide Area Network，WAN）又称为远程网，覆盖的地理范围从几十千米到几千千米。广域网覆盖一个国家、地区，或横跨几个洲，可以形成国际性的远程计算机网络。广域网的通信子网可以利用公用分组交换网、卫星通信网和无线分组交换网，将分布在不同地区的计算机系统互联，实现更大范围的资源共享。

2）城域网

城市地区网络通常简称为城域网（Metropolitan Area Network，MAN）。城域网是介于广域网与局域网之间的一种高速网络。城域网设计目标是满足几十千米范围内的大量机关、校园、企业的多个局域网的互联需求，实现大量用户之间的数据、语音、图形与视频等多种信息的传输。

3）局域网

局域网（Local Area Network，LAN）用于将有限范围内（例如一个实验室）的各种计算机、终端与外部设备互联成网络。根据采用的技术、应用范围和协议标准的不同，局域网可分为共享介质局域网与交换式局域网。局域网技术发展迅速并且应用广泛,是计算机网络中最活跃的领域之一。

从局域网应用的角度来看,局域网技术的特点主要表现在以下几方面。

(1) 局域网覆盖有限的地理范围,适用于机关、校园、企业等有限范围内的计算机、终端与各类信息处理设备的联网需求。

(2) 局域网提供高速率(10Mb/s～10Gb/s)、低误码率的数据传输环境。

(3) 局域网通常属于一个单位所有,易于建立、维护与扩展。

(4) 从介质访问控制方法的角度,局域网可分为共享介质局域网与交换式局域网;从传输介质类型的角度,局域网可分为使用有线局域网与无线局域网。

(5) 局域网可用于个人计算机组网、大规模计算机集群的后端网络、存储区域网络、高速办公网络、企业与学校的主干网络。

4) 个域网

个域网(Personal Area Network,PAN)的覆盖范围最小(通常为 10m 以内),用于连接计算机、平板电脑、智能手机等数字终端设备。由于个域网主要用无线技术实现联网设备之间的通信,因此它的准确定义是无线个域网(Wireless PAN,WPAN)。个域网在通信技术上与无线局域网有较大差别,将它从局域网中独立出来是必要的。

1.4　计算机网络的组成与结构

1.4.1　早期广域网的组成与结构

从以上讨论中可以看出,最初出现的计算机网络是广域网。广域网的设计目标是将分布在很大范围内的几台计算机互联起来。早期的主机系统主要是指大型计算机、中型计算机或小型计算机。用户是通过连接在主机上的终端去访问本地主机与广域网的远程主机。

联网的主机有两个主要功能:一是为本地的用户提供服务;二是通信线路与 IMP 连接,完成网络通信功能。由通信线路与 IMP 组成的网络通信系统完成广域网中不同主机之间的数据传输任务。

从逻辑功能上来看,计算机网络自然要分成两部分:资源子网与通信子网。其中,资源子网是由主机系统、终端、终端控制器、联网外设、各种软件与信息资源等组成。资源子网负责整个网络的数据处理业务,为网络用户提供各种资源与服务。通信子网由通信控制处理机、通信线路、其他通信设备等组成。通信子网负责完成网络数据传输、路由与分组转发等通信处理任务。

1.4.2　Internet 的组成与结构

随着微型计算机和局域网的广泛应用,采用主机-终端结构的网络用户减少,现代计算机网络结构已经发生变化。随着 Internet 的广泛应用,简单的两级结构网络模型已很难表述现代网络的结构。当前的 Internet 是一个通过路由器将大量的广域网、城域网、局域网互联而成的网际网。

Internet 的网络拓扑结构是非常复杂的,并不存在一种简单的层次结构关系。从网络结构的角度来看,Internet 是一个结构复杂并且不断变化的网际网。Internet 不是由一个国家或一个国际组织来运营的,它是由很多公司或组织分别运营各自的部分。在 Internet 的商业化过程中,出现了众多的互联网服务提供商(ISP)。

为了使不同 ISP 运营的网络能够互联,美国建立 4 个网络接入点(Network Access Point, NAP),它们分别由不同的电信公司运营。NAP 是最高级的 Internet 接入点,用来交换不同网络的流量。实际上,ISP 的等级不是由某个机构规定,而是依据 ISP 的网络规模、连接位置与覆盖范围而确定的。NAP 只负责连接第二级 ISP,它们通常是国家或地区级 ISP。第二级 ISP 负责连接第三级 ISP,它们通常是本地 ISP。这样,Internet 形成了由 ISP 构成的多级层次结构。

图 1-5 给出了 Internet 的多级层次结构。Internet 是由第一级与第二级 ISP,以及众多低层 ISP 的网络组成。ISP 的覆盖范围差别很大,它可能跨越一个洲,也可能只限于较小的区域。国际或国家级主干网、地区级主干网、企业网或校园网,它们都是由路由器与光纤等传输介质连接而成的。大型主干网可能有上千台分布在不同位置的路由器,通过光纤连接来提供高带宽的传输服务。大量服务器集群连接在主干网的路由器上,它们为接入的用户提供各种 Internet 服务。

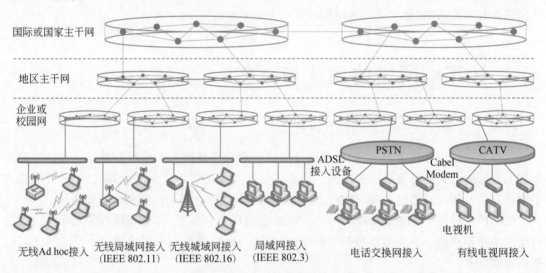

图 1-5　Internet 的多级层次结构

路由器是 Internet 中最重要的网络互联设备,负责将 Internet 中的各种网络互联起来,并提供对分组的路由选择、缓存与转发等功能。当分组从网络中的某台主机传输到路由器时,路由器根据分组要到达的目的地址,通过路径选择算法为分组选择最佳的路由,然后将分组转发给与它相连的路由器。当分组从源主机发送后,往往需要经过多个路由器的转发,经过多个网络最终到达目的主机。

主机是 Internet 中的信息资源与服务载体。主机既可以是大、中、小型计算机,也可以是普通的微型计算机或便携计算机。按照在 Internet 中的用途,主机可以分为两种类型:服务器与客户机。Internet 提供很多类型的服务,例如 Web、文件传输、电子邮件等。根据提供的服务功能不同,服务器可分为多种类型:Web 服务器、FTP 服务器、邮件服务器、文件服务器、数据库服务器等。

大量用户通过 IEEE 802.3 标准的局域网、IEEE 802.11 标准的无线局域网、IEEE 802.16

标准的无线城域网、电话交换网（PSTN）、有线电视网（CATV）、无线自组网（Ad hoc）或无线传感器网（WSN）接入本地的企业网或校园网。企业网或校园网通过路由器与光纤汇聚到地区级主干网。

1.5 计算机网络拓扑

无论 Internet 网络结构如何复杂，构成网络的基本单元的结构都有一定规律。网络拓扑研究有助于了解网络结构与特点。

1.5.1 计算机网络拓扑的定义

计算机网络设计的第一步是解决在给定计算机的位置以及保证一定的网络响应时间、吞吐量和可靠性的条件下，通过选择适当的线路、线路容量与连接方式，使整个网络的结构合理与成本低廉。为了应付复杂的网络结构设计，人们引入了网络拓扑的概念。

拓扑学是几何学的一个分支，它是从图论演变而来的。拓扑学将实体抽象成与其大小、形状无关的点，将连接实体的线路抽象成线，进而研究点、线、面之间的关系。网络拓扑通过网络结点与通信线路之间的几何关系表示网络结构，它反映出网络中的各实体之间的结构关系。网络拓扑设计是建设计算机网络的第一步，也是实现各种网络协议的基础，它对网络性能、系统可靠性与通信费用都有重大影响。网络拓扑主要是指通信子网的拓扑构型。

1.5.2 计算机网络拓扑的分类

基本的网络拓扑可分为五种类型：星状拓扑、环状拓扑、总线型拓扑、树状拓扑与网状拓扑，其结构如图 1-6 所示。

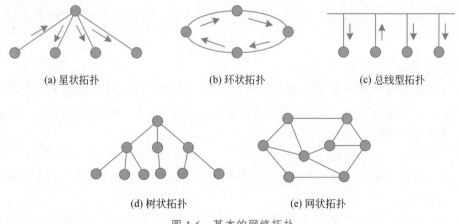

(a) 星状拓扑　　　　　(b) 环状拓扑　　　　　(c) 总线型拓扑

(d) 树状拓扑　　　　　(e) 网状拓扑

图 1-6　基本的网络拓扑

1. 星状拓扑

图 1-6(a)给出了星状拓扑的结构示意图。在星状拓扑中，普通结点通过点-点线路与中心结点连接。中心结点控制全网的通信，任何两个结点之间通信都要通过中心结点。星状拓扑的优点是结构简单，易于实现，便于管理。但是，网络的中心结点是全网可靠性的瓶颈，中心结

点的故障可能造成全网瘫痪。

2. 环状拓扑

图 1-6(b)给出了环状拓扑的结构示意图。在环状拓扑中,结点之间通过点-点线路连接成闭合环路。环中数据将沿一个方向逐站传送。环状拓扑的优点是结构简单,传输延时确定。但是,环中每个结点或线路都是全网可靠性的瓶颈,任何位置出现故障,都可能造成全网瘫痪。为了保证环网的正常工作,需要执行复杂的环维护。另外,结点的加入和撤出过程都比较复杂。

3. 总线型拓扑

图 1-6(c)给出了总线型拓扑的结构示意图。在总线型拓扑中,所有结点都连接在一条作为公共传输介质的总线上。所有结点都通过总线以广播方式发送数据。当一个结点利用总线发送数据时,其他的结点只能接收数据。如果有两个或两个以上的结点同时利用总线发送数据,就会出现冲突,造成数据传输失败。总线型拓扑的优点是结构简单,缺点是必须解决多个结点访问总线的介质访问控制策略问题。

4. 树状拓扑

图 1-6(d)给出了树状拓扑的结构示意图。在树状拓扑中,结点按层次来连接,信息交换主要在上、下层结点之间进行,相邻及同层结点之间通常不进行交换数据,或者是数据的交换量比较小。树状拓扑可以看作星状拓扑的一种扩展。树状拓扑网络适用于汇集信息的应用要求。

5. 网状拓扑

图 1-6(e)给出了网状拓扑的结构示意图。网状拓扑又称为无规则型结构。在网状拓扑中,结点之间的连接关系没有规律。网状拓扑的优点是系统可靠性高。但是,网状拓扑的结构复杂,必须考虑路由选择与流量控制问题。目前实际存在与使用的广域网结构基本上都采用网状拓扑。

小结

本章主要讲述了以下内容。

(1) 计算机网络技术发展可分为四个阶段:第一阶段是计算机网络技术与理论准备阶段,第二阶段是计算机网络形成阶段,第三阶段是网络体系结构研究阶段,第四阶段是 Internet 应用、无线网络与网络安全技术研究阶段。

(2) 计算机网络技术发展可分为三条主线:第一条主线是从 ARPANET 到 TCP/IP 再到 Internet,第二条主线是从无线分组网到无线自组网再到无线传感器网,第三条主线是网络安全技术。

(3) 从资源共享观点来看,计算机网络是"以能相互共享资源的方式互联起来的自治计算机系统的集合"。按照覆盖的地理范围,计算机网络可分为四种类型:广域网、城域网、局域网与个域网。

(4) 网络拓扑通过结点与线路之间的几何关系表示网络结构。网络拓扑反映网络中各个实体之间的结构关系,对网络性能、可靠性与通信费用有影响。网络拓扑可分为五种类型:星状拓扑、环状拓扑、总线型拓扑、树状拓扑与网状拓扑。

习题

1. 单项选择题

1.1　在计算机网络发展过程中影响最大的是（　　　）。

　　A. OCTOPUS　　　　　　　　　　B. ARPANET

　　C. DATAPAC　　　　　　　　　　D. ALOHANET

1.2　组建计算机网络的最主要目的是（　　　）。

　　A. 协调关系　　　　　　　　　　B. 控制访问

　　C. 共享资源　　　　　　　　　　D. 认证身份

1.3　在通信子网中，负责完成通信控制功能的是（　　　）。

　　A. 通信控制处理机　　　　　　　B. 通信线路

　　C. 主计算机　　　　　　　　　　D. 终端

1.4　目前实际存在与使用的广域网基本都采用（　　　）。

　　A. 树状拓扑　　　　　　　　　　B. 环状拓扑

　　C. 星状拓扑　　　　　　　　　　D. 网状拓扑

1.5　无线网络技术发展过程是从 PRNET 到 Ad hoc 再到（　　　）。

　　A. WAN　　　　　B. WMAN　　　　　C. WSN　　　　　　　D. WPAN

1.6　以下关于计算机网络分类的描述中，错误的是（　　　）。

　　A. 局域网是覆盖范围最小的网络　　B. 广域网是覆盖范围最大的网络

　　C. 城域网是城市范围的综合业务网络　D. 个域网主要使用无线通信技术

1.7　以下关于 Internet 的描述中，错误的是（　　　）。

　　A. Internet 是一个结构不断变化的网络　B. Internet 是一个规模庞大的网际网

　　C. 主干网包括国家、地区等各级主干　D. 主干网的主要传输介质是无线信道

1.8　以下关于环状拓扑的描述中，错误的是（　　　）。

　　A. 结点通过点-点线路连接成闭合环路　B. 数据在环中沿一个方向顺序传输

　　C. 环状拓扑的维护工作最简单　　　D. 环状拓扑的传输延时相对固定

1.9　以下关于网状拓扑的描述中，错误的是（　　　）。

　　A. 结点之间的连接关系没有规则可循

　　B. 当前局域网多数采用的是网状拓扑

　　C. 采用网状拓扑的网络可靠性相对较高

　　D. 网状拓扑需要执行路由选择与流量控制

1.10　以下关于总线型拓扑的描述中，错误的是（　　　）。

　　A. 所有结点连接在一条公共的传输介质上

　　B. 一个结点发送数据时，其他结点只能接收

　　C. 多个结点同时发送数据时将出现冲突

　　D. 只有总线型拓扑需解决介质访问控制问题

2. 填空题

1.11　计算机网络是计算机与_____技术紧密结合而产生的。

1.12　为计算机网络研究奠定了理论基础的网络是_____。

1.13　对网络体系形成有最重要作用的是_____参考模型。

1.14　计算机网络发展的第一条主线是 ARPANET 到 TCP/IP 再到_____。

1.15　计算机网络是以相互_____的方式互联起来的自治计算机系统的集合。

1.16　在 ARPANET 中,报文的存储转发由_____来完成。

1.17　计算机资源主要指计算机硬件、_____与数据。

1.18　网络拓扑是通过网络结点与_____之间的几何关系表示的网络结构。

1.19　网络传输技术可分为两类:_____方式与点-点方式。

1.20　在星状拓扑中,_____是整个网络的可靠性瓶颈。

第 2 章　数据通信技术

数据通信技术进步是计算机网络得以发展的基础。本章在介绍信息、数据与信号关系的基础上，系统地讨论了数据传输类型与通信方式、基带传输与频带传输的概念、数据传输速率与误码率的概念，以及差错控制的基本方法等。

2.1　数据通信的基本概念

2.1.1　信息、数据与信号

1. 信息

通信的主要目的是交换信息(information)。信息的载体可以是文本、音频、图像、视频等。计算机产生的信息通常是字母、数字、符号的组合。为了传输这些信息，首先需要将每个字母、数字或符号用二进制编码表示。数据通信是指在不同计算机之间传输表示字母、数字或符号的二进制编码序列的过程。

数据通信最引人注目的发展是在 19 世纪中期。美国人莫尔斯完成了电报系统的设计，设计了用一系列点和短线的组合表示字符的方法(即莫尔斯电报码)，并在 1844 年通过电缆从华盛顿向巴尔的摩发送第一条报文。1866 年，通过美国、法国之间贯穿大西洋的电缆，莫尔斯电报将世界上的不同国家连接起来。莫尔斯电报提出了一个完整的数据通信方法，即包括数据通信设备与数据编码方式的整套方案。莫尔斯电报的某些术语(例如传号、空号等)至今仍在使用。

2. 数据

莫尔斯电报码仅适用于操作员手工发报，而不适用于机器的编码与解码。法国人博多发明了适用于机器编码的博多码。博多码采用 5 位二进制编码，因此它仅能产生 32 种可能的组合，这在用来表示 26 个字母、10 个数字、多种标点符号与空格时是远远不够的。为了弥补这个缺陷，博多码增加了两个转义字符。尽管博多码本身并不完善，但它在数据通信中几乎使用了半个世纪。

此后，曾出现过很多种数据编码方法，目前保留下来的主要有两种：扩充的二、十进制交换码(Extended Binary Coded Decimal Interchange Code，EBCDIC)与美国标准信息交换码(American Standard Code for Information Interchange，ASCII)。其中，EBCDIC 是 IBM 公司于 1963 年为自己的主机产品所设计的编码方法，采用 8 位二进制编码来表示 256 个字符。ASCII 是 ANSI 组织于 1967 年认定的美国国家标准的编码方法，它作为在不同计算机之间相互通信共同遵循的西文编码规则，后来被 ISO 组织接纳成为国际标准——ISO 646(又称为国际 5 号码)。

ASCII 采用 7 位或 8 位二进制编码来表示 128 或 256 个字符。标准 ASCII 码又称为基础 ASCII 码,采用 7 位二进制编码(剩下 1 位为 0)来表示 128 个字符。这些字符主要分为两类:可显示字符与控制字符。其中,可显示字符包括数字 0～9、大写和小写字母、标点符号等。控制字符主要分为两类:文本控制字符,例如 CR(回车)、LF(换行)、BS(退格)等;通信控制字符,例如 SOH(文头)、EOT(文尾)、ACK(确认)等。表 2-1 列出了基本 ASCII 码的部分编码。后 128 个字符编码称为扩展 ASCII 码,很多基于 x86 的系统支持使用它。扩展 ASCII 码允许使用每个字符的最高位,以确定增加的特殊符号、外来语字母与图形符号等。

表 2-1　基本 ASCII 码的部分编码

字符	二进制码	字符	二进制码	字符	二进制码
0	0110000	A	1000001	SOH	0000001
1	0110001	B	1000010	STX	0000010
2	0110010	C	1000011	ETX	0000011
3	0110011	D	1000100	EOT	0000100
4	0110100	E	1000101	ENQ	0000101
5	0110101	F	1000110	ACK	0000110
6	0110110	G	1000111	NAK	0010101
7	0110111	H	1001000	SYN	0010110
8	0111000	I	1001001	ETB	0010111
9	0111001	J	1001010	CAN	0011000

在标准 ASCII 码中,二进制编码按高位到低位($b_6b_5b_4b_3b_2b_1b_0$)顺序排列,而 b_7 位通常用作字符的奇偶校验位(这位为 0)。英文单词"NETWORK"的 ASCII 码(不考虑校验位)应为"1001110 1000101 1010100 1010111 1001111 1010010 1001011"。如果从主机 A 将该编码正确传输到主机 B,并且主机 A、B 都采用 ASCII 码,则主机 B 就可将接收编码解释为"NETWORK"。

对于数据通信来说,传输的二进制编码被称为数据(data)。数据是信息的载体。数据涉及对事物的表示形式,信息涉及对数据表示内容的解释。数据通信的任务就是正确地传输二进制编码,而不需要解释编码表示的内容。在数据通信中,人们习惯将传输的二进制编码中的一个 0 或 1 称为一个码元。

随着计算机技术的发展,多媒体(multimedia)技术得到广泛应用。在多媒体技术中,媒体(media)是指信息的载体,例如文本、图像、音频、视频等。在数据通信系统中实现多媒体信息传输,这也是通信技术研究的重要内容之一。与文本、图像信息传输相比,音频、视频信息传输的主要特点是高速率与低延时。多媒体系统通常要传输连续的音频或视频流。数字化的音频、视频的数据量很大。例如,对于分辨率为 640×480 的视频,如果以每秒 25 帧的速度显示,通信系统的传输速率要达到 184Mb/s,也就是每秒传输 $184×10^6$ b。因此,多媒体技术对数据通信提出更高的要求。

3. 信号

对于计算机系统来说,关心的是信息采用怎样的编码方式。例如,如何用 ASCII 码表示字母、数字与符号,如何用双字节表示汉字,以及如何表示音频、图形与视频。对于数据通信技术来说,需要研究如何将表示各类信息的二进制编码通过传输介质在不同计算机之间进行传输的问题。

信号(signal)是数据在传输过程中的电信号表示形式。在电话线上传输的是按声音的强弱幅度连续变化的信号,这种电信号称为模拟信号(analog signal)。模拟信号的信号电平是连续变化的,其波形如图 2-1(a)所示。计算机产生的电信号是用两种电平表示 0、1 比特序列的电压脉冲信号,这种电信号称为数字信号(digital signal)。数字信号的电平是不变或跳变的,其波形如图 2-1(b)所示。根据在传输介质上传输的信号类型,通信系统可分为两种类型:模拟通信系统与数字通信系统。

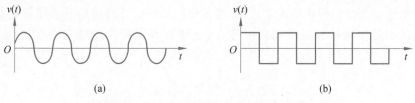

图 2-1 模拟信号与数字信号波形

图 2-2 给出了信息、数据与信号的关系示意图。假如在一次会话中,发送端计算机发送一个英文单词"NETWORK",计算机按 ASCII 编码规则用一组特定的二进制比特序列的"数据"记录下来。但是,计算机内部的二进制数不符合传输介质的传输要求,不能够直接通过传输介质来传输。为了正确实现收发双方之间的比特流传输,首先要将待传输的计算机产生的二进制比特序列通过数据信号编码器转换为一种特定的电信号,再由发送端的发送设备通过通信线路,将信号传送到接收端。接收端的数据信号接收设备在接收到信号之后,传送给数据信号解码器,还原出二进制数据。接收端计算机按 ASCII 编码规则解释接收到的二进制数据,并在接收端计算机上显示出英文单词"NETWORK"。因此,会话双方之间交换的是"信息",计算机将信息转换为计算机能够识别、处理、存储与传输的"数据",而计算机网络物理层之间通过传输介质传输的是"信号"。

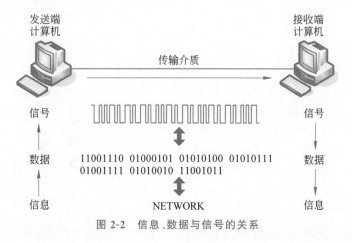

图 2-2 信息、数据与信号的关系

2.1.2 数据传输类型

在数据通信系统中,采用数字信号还是模拟信号,取决于通信信道支持传输的信号类型。如果通信信道不支持直接传输数字信号,发送方要将数字信号变换成模拟信号,接收方再将模拟信号还原成数字信号。如果通信信道支持传输数字信号,为了解决收发双方同步及实现中的技术问题,也需要对数字信号进行波形变换。

1. 串行通信与并行通信

计算机中通常用8位二进制编码表示一个字符。根据每个字符使用的信道数,数据通信可以分为两种类型:串行通信与并行通信。其中,串行通信是指将待传输的每个字符的二进制编码按由低位到高位的顺序依次发送,如图2-3(a)所示。并行通信是指将待传输的每个字符二进制编码的每位通过并行信道同时发送,这样就可以每次发送一个字符,如图2-3(b)所示。

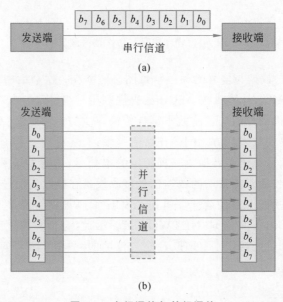

图 2-3　串行通信与并行通信

显然,如果采用串行通信方式,收发双方之间只需建立一条通信信道;如果采用并行通信方式,收发双方之间需要同时建立多条通信信道。在同样传输速率的情况下,并行通信在单位时间内传输的数据量大得多。由于需要建立与维护多条通信信道,因此并行通信系统的造价高得多。出于这个原因,在远程通信中通常采用串行方式。

2. 单工通信、半双工通信与全双工通信

根据信号传输方向与时间的关系,数据通信可分为三种类型:单工通信、半双工通信与全双工通信。其中,单工通信是指信号只能单向传输,如图2-4(a)所示。单向信道只能实现单工通信。半双工通信是指信号可双向传输,但同一时间只向一个方向传输,如图2-4(b)所示。全双工通信是指信号可同时双向传输,如图2-4(c)所示。双向信道可实现全双工通信,也可实现半双工或单工通信。

3. 同步技术

计算机通信与电话通话过程有相似之处。在拨通电话并确定对方身份后,双方可以进入

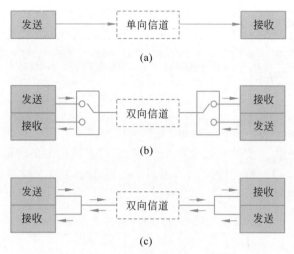

图 2-4 单工、半双工与全双工通信

通话状态。在通话过程中,说话方要说清每个字,并在每句话后停顿一下。接听方要适应说话方的语速,以便听清对方说的每个字;根据说话方的语气和停顿,判断每句话的开始与结束,以便听懂对方说的每句话。这是电话通话过程中需解决的同步问题。

在数据通信过程中,通信双方同样要解决同步问题,只是问题更加复杂一些。同步是指要求通信双方在时间基准上保持一致。数据通信中的同步主要分为两种类型:位同步(bit synchronous)与字符同步(character synchronous)。

1) 位同步

如果数据通信的双方是两台计算机,即使两台计算机的时钟频率相同,也必然存在某种程度上的频率误差。尽管这种误差是微小的,但在大量数据的传输过程中,其积累误差足以造成传输错误。在数据通信过程中,首先要解决通信双方时钟频率的一致性问题。解决问题的基本方法是:接收方根据发送方发送数据的时间信息来校正自己的时间基准。这个过程称为位同步。

实现位同步的方法主要有两种:外同步法与内同步法。其中,外同步法是指发送方在发送数据信号的同时,额外发送一个同步时钟信号。接收方根据接收的同步时钟信号来校正自己的时间基准。内同步法是指发送方在发送数据中添加同步时钟信号,接收方从接收数据中提取出同步时钟并校正自己的时间基准。曼彻斯特编码与差分曼彻斯特编码都是自含时钟编码方法。

2) 字符同步

在解决位同步问题之后,需要解决的是字符同步问题。在标准 ASCII 码中,每个字符由 8 位二进制编码构成。发送方以 8 位为一个字符单元发送,接收方也以 8 位为一个字符单元接收。字符同步是指保证通信双方正确传输每个字符的过程。

实现字符同步的方法主要有两种:同步式(synchronous)与异步式(asynchronous)。同步传输(synchronous transmission)是指采用同步方式进行数据传输。同步传输将多个字符组织成一个组,以组为单位来实现连续传输。每组字符之前添加一个或多个同步字符(SYN)。接收方根据 SYN 确定每个字符的起始与终止,以便实现字符同步传输的功能。图 2-5 给出了同步传输的数据结构。

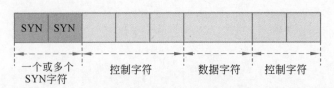

图 2-5　同步传输的数据结构

异步传输(asynchronous transmission)是指采用异步方式进行数据传输。异步传输的主要特点是:每个字符作为一个独立的个体来传输,字符之间的时间间隔可以是任意的。每个字符的第一位前添加 1 位起始位(逻辑 1),最后一位后添加 1 或 2 位终止位(逻辑 0)。图 2-6 给出了异步传输的数据结构。

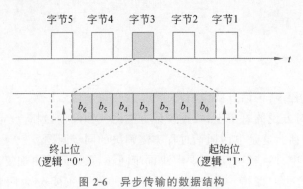

图 2-6　异步传输的数据结构

在实际应用中,同步传输又被称为同步通信,异步传输又被称为异步通信。由于同步通信比异步通信的传输效率高,因此同步通信更适用于高速数据传输。

2.2　传输介质的基本概念

2.2.1　双绞线、同轴电缆与光纤

传输介质是在网络中连接收发双方的物理线路,也是在通信中实际用于传输数据的载体。在计算机网络中,常用的传输介质包括双绞线、同轴电缆、光纤、无线信道、卫星信道等。

1. 双绞线

双绞线(twisted pair)是当前最常用的传输介质。双绞线由按螺旋结构排列的 2 根、4 根或 8 根绝缘导线组成。一对绝缘导线可作为一条通信线路,各个线对螺旋排列的目的是减小各线对之间的电磁干扰。图 2-7 给出了双绞线的结构。双绞线主要分为两种类型:屏蔽双绞线(Shielded Twisted Pair,STP)与非屏蔽双绞线(Unshielded Twisted Pair,UTP)。其中,屏蔽双绞线由外部保护层、外屏蔽层与多对双绞线组成,如图 2-7(a)所示。非屏蔽双绞线由外部保护层与多对双绞线组成,如图 2-7(b)所示。

根据介质支持的传输特性,双绞线主要分为以下这些类型:一类线、二类线、三类线、四类线、五类线、超五类线与六类线。其中,常用于局域网组网的是三类线、五类线、超五类线与六类线。三类线支持的最大传输速率为 10Mb/s,常用于语音传输与传统以太网的组网;五类线

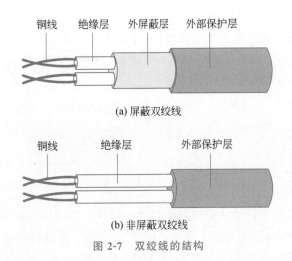

(a) 屏蔽双绞线

(b) 非屏蔽双绞线

图 2-7　双绞线的结构

支持的最大传输速率为 100Mb/s,常用于快速以太网的组网;超五类线支持的最大传输速率为 1Gb/s,常用于千兆以太网的组网;六类线的传输性能远高于超五类线,常用于千兆以太网以上的网络应用中。

双绞线可与集线器构成共享介质以太网,或者与交换机构成交换式以太网。由于双绞线的传输距离有限,单根双绞线的最大长度为 100m,因此它适用于有限范围的局域网组网。双绞线的主要优点是:价格低于其他介质,安装与维护方便。

2. 同轴电缆

同轴电缆(coaxial cable)是早期网络中常用的传输介质。图 2-8 给出了同轴电缆的结构。同轴电缆的组成部分从内至外依次为:内导体、绝缘层、导电层与外部保护层。其中,内导体是位于中心的铜线,绝缘层是塑料材质的绝缘体,导电层是网状的导电材料,外部保护层是同轴电缆的外皮。中心铜线和网状导电层形成电流回路。由于内导体与导电层为同轴关系,因此获得了同轴电缆这个名称。

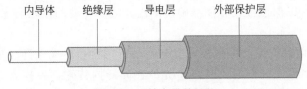

图 2-8　同轴电缆的结构

根据支持的带宽不同,同轴电缆主要分为两种类型:基带同轴电缆与宽带同轴电缆。其中,基带同轴电缆是 50Ω 的同轴电缆,也就是常说的细同轴电缆(简称细缆),主要用于基带信号传输;宽带同轴电缆是 75Ω 的同轴电缆,也就是常说的粗同轴电缆(简称粗缆),主要用于宽带信号传输。粗缆主要应用于有线电视网中,实际上就是常用的 CATV 电缆。粗缆与细缆被用于早期的传统以太网组网,随着双绞线的出现与广泛应用,粗缆与细缆已经不用于局域网组网中。

3. 光纤

光纤(optical fiber)是一种性能很好的传输介质。光纤是一种柔软、能传导光波的介质,有多种玻璃和塑料可用于制造光纤,其中,超高纯度石英玻璃纤维制作的纤芯的性能最好。在折射率较高的纤芯外面,以折射率较低的玻璃材质的包层包裹,最外层是 PVC 材质的外部保护层。图 2-9 给出了光纤的结构。光缆(optical cable)可由一根或多根光纤构成。描述光纤尺寸的参数主要有两个：纤芯直径与包层直径，计量单位均为微米(μm)。常见的光缆有三种尺寸：$50/125\mu$m、$62.5/125\mu$m 与 $100/140\mu$m。例如，对于 $50/125\mu$m 的光缆，其纤芯直径为 50μm，包层直径为 125μm。

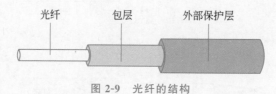

图 2-9　光纤的结构

光纤通过内部全反射来传输一束经过编码的光信号。纤芯的折射系数高于包层的折射系数，可形成光波在纤芯与包层表面的全反射。图 2-10 给出了光纤传输的工作原理。发送方使用发光二极管(LED)或注入型激光二极管(ILD)生成光波，光波沿着纤芯内部向前传输。包层的作用是将光波反射回纤芯内部。接收方使用检波器将光信号转换成电信号。光波调制方法采用振幅键控(ASK)方法。

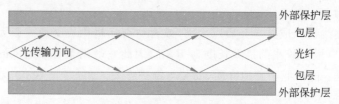

图 2-10　光纤传输的工作原理

在光纤中传输数据时，传输性能与光的波长有关。有些波长的光在光纤中传输更有效率。波长的计量单位为纳米(nm)。可见光的波长范围为 400～700nm，它在光纤中的传输效率并不高。红外线的波长范围为 700～1600nm，它在光纤中的传输效率相对较高。光波传输的理想波长主要有三个：850nm、1300nm 与 1550nm。在光纤中进行数据传输时，光波到达接收方时必须有足够的强度，以保证接收方能准确检测出光波。光波的衰减与光纤长度、弯曲程度等参数相关。

光纤通常可分为两种类型：单模光纤与多模光纤。其中，单模光纤在某个时刻只能有一个光波在光纤内传；多模光纤同时支持多个光波在光纤内传输。单模光纤的纤芯直径为 8～10μm。单模光纤使用的光波是激光，光波信号的强度很大，主要用于高速率、长距离的传输。多模光纤的纤芯直径为 50～100μm。多模光纤使用的光波是红外线，光波信号的强度较小，它在传输距离上比单模光纤要短。在局域网组网环境中，光缆的常见用途是建筑物之间的互联。

由于数据是通过光波进行传输，光纤中不存在电磁干扰问题，并且数据传输过程是纯数字的，因此光纤传输具有带宽大、损耗小、速率高与距离远的特点。由于光纤及其连接器的安装比较复杂，需要经过特殊培训的人完成，因此光纤的安全性比其他传输介质好。光纤的主要缺点是造价较高。

2.2.2　无线与卫星通信

1. 电磁波谱与移动通信

英国物理学家麦克斯韦指出：变化的电场激发变化的磁场，变化的电场与变化的磁场不是彼此孤立,而是相互联系、相互激发,这样就形成了电磁场。1862 年,麦克斯韦从大量实验与理论中,推导出描述电磁场的麦克斯韦方程。该研究成果预言了电磁波的存在,揭示了电磁波的传播速度等于光速,并断言光波就是一种电磁波,光现象是一种电磁现象。麦克斯韦将表面上看来互不相关的现象统一起来,使人们对无线电波、微波、光波、X 射线、γ 射线的内在联系有了深刻认识,揭示了电磁波谱的秘密。1887 年,德国物理学家赫兹利用实验方法产生了电磁波,证明了麦克斯韦的预言,为通信技术的发展奠定了基础。图 2-11 给出了电磁波谱与通信类型的关系。

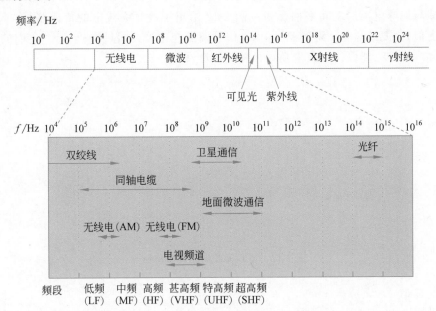

图 2-11　电磁波谱与通信类型的关系

描述电磁波的参数有三个:波长 λ、频率 f 与光速 C。它们三者之间的关系为

$$\lambda \times f = C$$

其中,光速 C 为 $3\times10^8\,\mathrm{m/s}$,频率 f 的单位为 Hz。

电磁波的传播有两种方式:一种是在自由空间中传播,即无线方式;另一种是在有限的空间内传播,即有线方式。采用同轴电缆、双绞线、光纤来传输电磁波的方式属于有线方式。在同轴电缆中,电磁波传播的速度大约等于光速的 2/3。从电磁波谱中可看出,按照频率由低向高排列,电磁波可分为无线电(radio)、微波(microwave)、红外线(infrared)、可见光(visible light)、紫外线(ultraviolet)、X 射线(X-rays)与 γ 射线(γ-rays)。目前,无线通信主要使用无线电、微波、红外线与可见光。

不同传输介质可以传输不同频率的信号。例如,普通双绞线可传输低频与中频信号,同轴电缆可传输低频到甚高频信号,光纤可传输可见光信号。采用双绞线、同轴电缆与光纤的通信系统,通常只用于固定物体之间的通信。

移动物体与固定物体、移动物体与移动物体之间的通信,这些都属于移动通信的范畴,例如,人、汽车、轮船、飞机等移动物体之间的通信。移动物体之间的通信只能依靠无线通信手段。目前,实际应用的移动通信系统主要包括:蜂房移动通信系统、无线电话系统、无线寻呼系统、无线本地环路、卫星移动通信系统等。

2. 无线通信

从电磁波谱中可看出，无线通信使用的频段覆盖低频到超高频。其中，调频无线电通信使用低频到中频，调频无线电广播使用高频到甚高频，电视广播使用甚高频到特高频，地面微波通信使用特高频到超高频。国际通信组织对各个频段都规定特定的服务。以高频为例，频率为 3～30MHz，划分为多个频段，并分配给移动通信、广播、无线电导航、宇宙通信、射电天文等应用。

高频无线电信号由天线发出后，沿着两条路径在空中传播。其中，地波沿地球表面传播，天波在地球与地球电离层之间来回反射。图 2-12 给出了高频无线电的传播路径。高频与甚高频通信类似，主要缺点是：易受天气影响，信号幅度变化较大，容易被干扰。它们的优点是：技术成熟，应用广泛，能以较小发射功率传输较远距离。

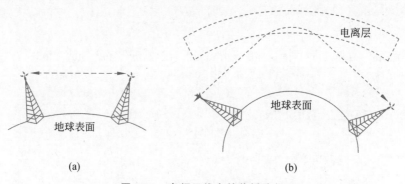

图 2-12　高频无线电的传播路径

3. 微波通信

在电磁波谱中，频率在 100MHz～10GHz 的信号称为微波信号，它们对应的信号波长为 3cm～3m。微波信号只能进行视距传播。由于微波信号没有绕射功能，因此两个微波天线只能在可视的情况下才能正常接收。

大气对微波信号的吸收与散射影响较大。由于微波信号波长较短，因此利用机械尺寸相对较小的抛物面天线，可将微波信号能量集中在一个很小的波束内发送，这样就可用很小的发射功率进行远距离通信。同时，由于微波的频率很高，因此可获得较大的通信带宽，特别适用于卫星通信与城市建筑物之间的通信。

由于微波天线的高度方向性，因此在地面通常采用点-点方式通信。如果通信双方之间的距离较远，可采用微波接力方式作为城市之间的电话中继干线。在卫星通信中，微波通信也可以用于多点通信。

4. 移动无线通信

1947 年，美国贝尔实验室提出蜂窝移动通信（cellular mobile communication）的概念；1958 年，贝尔实验室向美国联邦通信委员会（FCC）提出建议；1978 年，贝尔实验室开发了先进移动电话业务（Advanced Mobile Phone Service，AMPS）系统；1983 年，AMPS 在美国多个大城市完成部署，并正式投入运营。AMPS 的发展促进了全球范围内对蜂窝移动通信技术的研究。到 20 世纪 80 年代中期，欧洲和日本纷纷建立自己的蜂窝移动通信网，主要包括英国的 ETACS，北欧的 NMT-450，日本的 NTT 等。

早期的移动通信系统采用的是大区制，需要建立一个大型的无线基站，架设高达 30m 的天线塔，发射功率为 50～200W，覆盖半径可达 30～50km。大区制的优点是结构简单、无须交换,但是可提供的频道数量较少。为了提高覆盖区域的系统容量以及充分利用有限的频率资源,研究者提出了小区制的概念。

在小区制中,大区的覆盖区域划分成多个小区,每个小区设立一个基站(base station),通过基站在移动用户之间建立通信。小区的覆盖半径较小(通常为 1~20km),可用较小的发射功率实现双向通信。如果每个基站都提供几个频道,则容纳的移动用户数可达几百个。由多个小区构成的覆盖区称为区群。由于区群的结构酷似大自然中的蜂房,因此小区制系统经常被形象地称为蜂窝移动通信系统,其结构如图 2-13 所示。

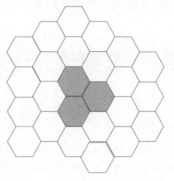

图 2-13　蜂窝移动通信系统结构

1995 年,第一代移动通信(First Generation,1G)商用,主要采用模拟方式与 FDMA 技术,仅支持语音通话与短信息服务。从第二代移动通信开始都采用数字方式。1997 年,第二代移动通信(Second Generation,2G)商用,主要标准包括 GSM、CDMA 等,开始提供数据(例如邮件、网页)接收服务。

2007 年,第三代移动通信(Third Generation,3G)商用,主要标准包括 WCDMA、CDMA2000、TD-SCDMA 等,可提供更高速率的数据传输服务。2010 年,第四代移动通信(Fourth Generation,4G)商用,主要标准是 LTE-Advanced(包括 FDD 与 TDD 制式),重点满足数据通信与多媒体业务需求。2019 年,第五代移动通信(Fifth Generation,5G)商用,主要标准是 3GPP 制定的 5G NR,重点考虑满足移动互联网与物联网业务需求。

5. 卫星通信

1945 年,英国小说家克拉克在其科幻作品中提出卫星通信的设想。1957 年,苏联发射第一颗人造卫星 Sputnik,使人类看到实现卫星通信的希望。1962 年,美国发射第一颗通信卫星 Telsat,完成横跨大西洋的电话和电视传输实验。卫星通信的主要优点是:通信距离远,覆盖面积大,信道带宽大,受地理条件限制小,支持多址通信与移动通信。卫星通信在最近三十多年得到快速发展,并成为现代主要通信手段之一。

图 2-14 给出了卫星通信的工作原理。图 2-14(a)采用的是点-点通信线路,包括一颗卫星与两个地球站(发送站、接收站)。卫星上可以有多个转发器,用于接收、放大与发送信息。目前,通常是 12 个转发器拥有一条信道(带宽为 36MHz),不同转发器使用不同频率。发送站使用上行链路(uplink)向卫星发射微波信号。卫星起中继器的作用,它接收上行链路中的微波信号,经过放大后用下行链路(downlink)发送给接收站。由于上行链路与下行链路使用的频率不同,因此可以区分发送信号与接收信号。图 2-14(b)采用的是广播式通信线路。

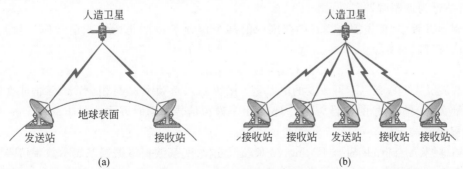

(a)　　　　　　　　　　　　　　　(b)

图 2-14　卫星通信的工作原理

　　卫星通信的主要问题是传输延时较大。发送站需要经卫星转发信号到接收站,如果从发送站到卫星的信号传输时间为 Δt,不考虑转发中的处理时间,则信号从发送到接收的传输延迟为 $2\Delta t$。Δt 取决于卫星距地面的高度,通常为 $250\sim300\text{ms}$。在设计卫星通信系统时,Δt 是需要考虑的一个重要参数。

2.3　数据编码技术

2.3.1　数据编码类型

　　在计算机系统中,数据的表示方式是二进制 0、1 比特序列。计算机数据在传输过程中的数据编码类型,取决于通信信道支持的数据通信类型。根据数据通信类型来划分,网络中常用的通信信道可分为两类:模拟信道与数字信道。因此,数据编码方式也相应分为两类:模拟数据编码与数字数据编码。图 2-15 给出了基本数据编码方式。

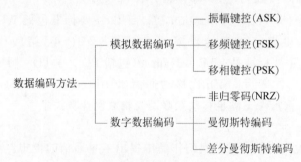

图 2-15　基本数据编码方式

2.3.2　模拟数据编码方法

　　电话信道是一种典型的模拟信道,它是目前覆盖面最广的通信信道。无论网络与通信技术如何发展,电话仍然是一种基本通信手段。传统的电话信道是为传输语音信号而设计的,只适用于传输音频($300\sim3400\text{Hz}$)的模拟信号,无法直接传输计算机生成的数字信号。为了利用电话交换网实现数字信号传输,首先需要将数字信号转换成模拟信号。

　　如果通信信道不支持直接传输数字信号,发送方要将数字信号变换成模拟信号,接收方再将模拟信号还原成数字信号,这个过程称为调制与解调。这种可以实现调制与解调功能的设备,通常被称为调制解调器(modem)。

　　在调制过程中,首先需选择音频范围内的某个角频率 ω 的正(余)弦信号作为载波,该正(余)弦信号可以写为

$$u(t) = U_m \cdot \sin(\omega_t + \varphi_0)$$

　　在载波 $u(t)$ 中,有三个可改变的电参量:振幅 U_m、角频率 ω 与相位 φ。可通过改变这三个电参量实现模拟信号的编码。图 2-16 给出了模拟信号的编码方法。

　　1. 振幅键控

　　振幅键控(Amplitude-Shift Keying,ASK)是通过改变载波信号振幅来表示数字信号 1、0 的方法。例如,载波幅度为 U_m 表示数字 1,载波幅度为 0 表示数字 0。ASK 信号波形如图 2-16(a)

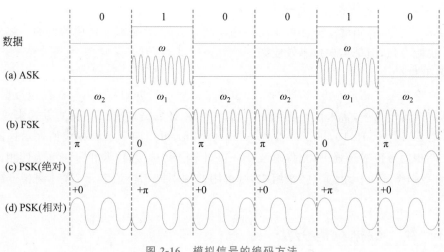

图 2-16 模拟信号的编码方法

所示,其数学表达式为

$$u(t) = \begin{cases} U_m \cdot \sin(\omega_{1t} + \phi_0) & \text{数字 1} \\ 0 & \text{数字 0} \end{cases}$$

振幅键控信号实现容易,技术简单,但是抗干扰能力较差。

2. 移频键控

移频键控(Frequency-Shift Keying,FSK)是通过改变载波信号角频率来表示数字信号 1、0 的方法。例如,角频率 ω_1 表示数字 1,角频率 ω_2 表示数字 0。FSK 信号波形如图 2-16(b) 所示,其数学表达式为

$$u(t) = \begin{cases} U_m \cdot \sin(\omega_{1t} + \phi_0) & \text{数字 1} \\ U_m \cdot \sin(\omega_{2t} + \phi_0) & \text{数字 0} \end{cases}$$

移频键控信号实现容易,技术简单,抗干扰能力较强。它是目前最常用的调制方法之一。

3. 移相键控

移相键控(Phase-Shift Keying,PSK)是通过改变载波信号的相位值来表示数字信号 1、0 的方法。如果用相位的绝对值表示数字信号 1、0,则称为绝对调相。如果用相位的相对偏移值表示数字信号 1、0,则称为相对调相。

1)绝对调相

在载波信号 $u(t)$ 中,φ_0 为载波信号的相位。最简单的情况是:相位的绝对值表示它对应的数字信号。在表示数字 1 时,取 $\varphi_0 = 0$;在表示数字 0 时,取 $\varphi_0 = \pi$。这种绝对调相方法可用下式表示:

$$u(t) = \begin{cases} U_m \cdot \sin(\omega_t + 0) & \text{数字 1} \\ U_m \cdot \sin(\omega_t + \pi) & \text{数字 0} \end{cases}$$

接收方通过检测载波相位的方法确定它表示的数字信号值。绝对调相波形如图 2-16(c) 所示。

2)相对调相

相对调相用载波在两位数字信号交接处产生的相位偏移表示数字信号 1、0。最简单的相对调相方法是:两位数字信号交接处为 0,载波信号相位不变;两位数字信号交接处为 1,载波

信号相位偏移 π。相对调相波形如图 2-16(d)所示。

在实际使用中,移相键控方法可采用多相调制方法,以达到高速传输的目的。移相键控方法的抗干扰能力强,但是实现技术较复杂。

3)多相调制

以上讨论的是二相调制方法,即两个相位值分别表示二进制数 0、1。在模拟数据通信中,为了提高数据传输速率,常采用多相调制方法。例如,将数据按两位一组的方式来组织,则可以有四种组合,即 00、01、10、11。每组是一个双位码元,可用四个不同相位值表示这四组双位码元。在调相信号传输过程中,相位每改变一次,传输两位。这种调相方法称为四相调制。同理,如果将数据按三位一组的方式来组织,则可用八种不同相位值表示,这种调相方法称为八相调制。

2.3.3　数字数据编码方法

在数据通信技术中,利用模拟信道通过调制解调器传输模拟信号的方法,称为频带传输;利用数字信道直接传输数字信号的方法,称为基带传输。频带传输的优点是可利用目前应用广泛的电话交换网,缺点是数据传输速率较低。基带传输无须改变数据信号的频带(即波形),可以达到很高的数据传输速率。因此,基带传输是目前快速发展的数据通信方式。图 2-17 给出了数字信号的编码方法。

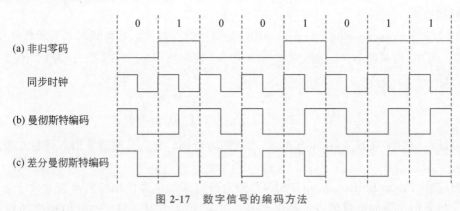

图 2-17　数字信号的编码方法

1. 非归零码

非归零码(Non-Return to Zero,NRZ)的波形如图 2-17(a)所示。NRZ 码可用负电平表示逻辑"0",正电平表示逻辑"1"。NRZ 码的缺点是无法判断每位的开始与结束,收发双方难以保持同步。为了保证收发双方的同步,必须在发送 NRZ 码的同时,用另一个信道同时传输同步信号。

2. 曼彻斯特编码

曼彻斯特(Manchester)编码是目前应用广泛的编码方法之一。典型的曼彻斯特编码波形如图 2-17(b)所示。曼彻斯特编码的规则是:每位的周期 T 分为前 $T/2$ 与后 $T/2$ 部分;通过前 $T/2$ 传输该位的反码,通过后 $T/2$ 传输该位的原码。

曼彻斯特编码的优点是:每位的中间有一次电平跳变,两次电平跳变的间隔可以是 $T/2$ 或 T,利用电平跳变可产生收发双方的同步信号。因此,曼彻斯特编码信号又称为自含钟编码信号。曼彻斯特编码信号不含直流分量。曼彻斯特编码的缺点是效率较低,如果数据的传输速率为 10Mb/s,则发送时钟信号频率应为 20MHz。

3. 差分曼彻斯特编码

差分曼彻斯特(difference Manchester)编码是对曼彻斯特编码的改进。典型的差分曼彻斯特编码波形如图 2-17(c)所示。差分曼彻斯特编码与曼彻斯特编码的不同之处是:每位的中间跳变只起同步作用,每位的值由其开始边界是否发生跳变决定。

下面比较曼彻斯特编码与差分曼彻斯特编码的区别。数据 $b_0 = 0$,根据曼彻斯特编码规则,前 $T/2$ 取 0 的反码(高电平),后 $T/2$ 取 0 的原码(低电平)。数据 $b_1 = 1$,根据曼彻斯特编码规则,前 $T/2$ 取 1 的反码(低电平),后 $T/2$ 取 1 的原码(高电平)。对于差分曼彻斯特编码规则,b_0 之后的 b_1 为 1,在两位交接处不发生电平跳变,则 b_0 的后 $T/2$ 是低电平,b_1 的前 $T/2$ 为低电平,后 $T/2$ 为高电平。数据 $b_3 = 0$,根据曼彻斯特编码规则,b_3 的前 $T/2$ 为高电平,后 $T/2$ 为低电平。根据差分曼彻斯特编码,$b_3 = 0$,在 b_2 与 b_3 交接处发生电平跳变,则 b_2 的后 $T/2$ 为高电平,b_3 的前 $T/2$ 为低电平,后 $T/2$ 为高电平。按照这个规律,可画出曼彻斯特编码与差分曼彻斯特编码的波形。

曼彻斯特编码与差分曼彻斯特编码是最常用的数字信号编码方式,它们的优点很明显。但是,它们也有缺点,那就是编码所需的时钟信号频率是发送信号频率的两倍。例如,如果发送速率为 10Mb/s,则发送时钟频率为 20MHz;如果发送速率为 100Mb/s,则发送时钟频率要达到 200MHz。因此,在高速网络研究中,提出了其他数字数据编码方法。

2.3.4　脉冲编码调制方法

由于数字信号传输失真小、误码率低与传输速率高,因此除了计算机产生的数字信号之外,语音、图像等模拟信号的数字化已成为发展趋势。脉冲编码调制(Pulse Code Modulation, PCM)是模拟数据数字化的主要方法。

PCM 的典型应用是语音数字化。语音以模拟信号形式通过电话线路传输,但在网络中传输首先需要将语音信号数字化。发送方通过 PCM 编码器将语音信号变换为数字信号,并通过通信信道传输到接收方,接收方再通过 PCM 解码器还原成语音信号。PCM 操作需要经过三个步骤:采样、量化与编码。

1. 采样

模拟信号数字化的第一步是采样。模拟信号是电平连续变化的信号。采样是指间隔一定的时间,将模拟信号的电平幅度取出作为样本,让其表示原来的信号。采样频率 f 应为

$$f \geqslant 2B \quad 或 \quad f = 1/T \geqslant 2 \times f_{max}$$

式中,B 为信道带宽,T 为采样周期,f_{max} 为信道允许通过信号的最高频率。

研究结果表明,如果以大于或等于信道带宽 2 倍的速率对信号定时采样,其样本可包含足以重构原模拟信号的所有信息。

2. 量化

量化是将样本幅度按量化级来决定取值的过程。经过量化后的样本幅度为离散的量化级,这时已不是连续值。

量化之前需要规定将信号分为若干量化级,例如 8 级或 16 级,也可以是更多的量化级,这是由精度要求所决定的。同时,需要规定好每级对应的幅度范围,然后将样本幅值与上述量化级幅值比较。例如,1.28 取值为 1.3,1.52 取值为 1.5,通过取整来定级。图 2-18 给出了采样与量化的工作原理。

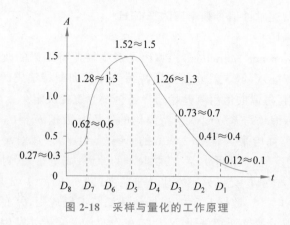

图 2-18　采样与量化的工作原理

3. 编码

编码是用相应位数的二进制编码表示量化后的样本量级。如果有 k 个量化级,则位数为 $\log_2 k$。例如,如果量化级有 16 个,需要 4 位编码。在常用的 PCM 系统中,多数采用 128 个量级,需要 7 位编码。经过编码后,每个样本使用相应的编码脉冲来表示。如图 2-19 所示,D_5 取样幅度为 1.52,取整后为 1.5,量化级为 15,样本编码为 1111。将二进制编码 1111 发送到接收方,接收方将它还原成量化级 15,对应的电平幅度为 1.5。

样本	量化级	二进制编码	编码信号
D_1	1	0001	
D_2	4	0100	
D_3	7	0111	
D_4	13	1101	
D_5	15	1111	
D_6	13	1101	
D_7	6	0110	
D_8	3	0011	

图 2-19　PCM 编码原理示意图

当 PCM 用于语音数字化时,将声音分为 128 个量化级,每个量化级用 7 位二进制编码来表示。由于采样速率为 8000 样本/秒,因此传输速率可达到 $7 \times 8000 = 56 \text{kb/s}$。另外,PCM 也可用于计算机中的图形、图像的数字化处理。PCM 采用二进制编码的缺点:使用的二进制位数较多,编码效率较低。

2.4　基带传输的基本概念

2.4.1　基带传输与传输速率

1. 基带传输

在数据通信中,计算机所生成的数字信号是二进制比特序列,它是一种典型的矩形脉冲信号。这种信号的固有频带称为基本频带(简称基带)。因此,这种矩形脉冲信号就被称为基带信号。在数字信道上直接传输基带信号的方法称为基带传输。基带传输是一种最基本的数据传输方式。

2. 传输速率

传输速率是描述数据传输系统的重要技术指标之一。传输速率在数值上等于每秒传输的二进制比特数,单位是比特/秒(b/s),也记作 bps。对于二进制数据来说,数据传输速率为 $S=1/T$,其中,T 为发送 1b 所需时间。

如果在信道上发送 1b 所需时间是 0.104ms,则该信道的数据传输速率为 9600b/s。在实际的应用中,常用的传输速率单位有:kb/s、Mb/s、Gb/s 与 Tb/s。

$$1\text{kb/s}=10^{3}\,\text{b/s}$$
$$1\text{Mb/s}=10^{6}\,\text{b/s}$$
$$1\text{Gb/s}=10^{9}\,\text{b/s}$$
$$1\text{Tb/s}=10^{12}\,\text{b/s}$$

2.4.2　信道带宽与传输速率的关系

在常见的网络术语中,常使用信道带宽来表示传输速率。例如,以太网的传输速率为 10Mb/s,常说以太网的带宽为 10Mb/s。

为什么可以用信道带宽来描述传输速率? 奈奎斯特(Nyquist)准则与香农(Shannon)定律有助于回答这个问题。这两个定律从定量角度描述了带宽与速率的关系。

由于信道的带宽限制与存在干扰,信道上的传输速率总有一个上限。早在 1924 年,奈奎斯特推导出在无噪声的情况下,信道的最大传输速率与带宽的关系公式,这就是常说的奈奎斯特准则。根据奈奎斯特准则,二进制数据的最大传输速率 R_{max}(单位为 b/s)与理想的信道带宽 B(单位为 Hz)的关系可写为:$R_{\text{max}}=2B$。对于二进制数据,如果信道带宽 $B=3000\text{Hz}$,则最大传输速率为 6000b/s。奈奎斯特准则描述了在有限带宽、无噪声的理想信道中,最大传输速率与信道带宽的关系。

香农定理则描述了在有限带宽、有随机热噪声的信道中,最大传输速率与信道带宽、信号噪声功率比之间的关系。香农定理指出:在有随机热噪声的信道中传输数据时,最大传输速率 R_{max} 与信道带宽 B、信噪比 S/N 的关系为:$R_{\text{max}}=B\times\log_{2}(1+S/N)$。这里,信噪比是信号功率与噪声功率的比值。$S/N=1000$ 表示该信道的信号功率是噪声功率的 1000 倍。如果 $S/N=1000$ 与 $B=3000\text{Hz}$,则该信道的最大传输速率 $R_{\text{max}}\approx30\text{kb/s}$。香农定律给出了一个有限带宽、有热噪声信道的最大传输速率的极限值。它表示对带宽只有 3000Hz 的信道,当信噪比为 1000 时,无论数据采用二进制方式还是更多离散电平值表示,数据都不能以超过 30kb/s 的速率来传输。

由于最大传输速率与信道带宽之间存在明确的关系,因此也可以用带宽来表示传输速率。例如,在对网络的描述中,"高传输速率"可用"高带宽"来表述。因此,"带宽"与"传输速率"几乎成为同义词。

2.5　差错控制的基本概念

2.5.1　差错的定义

数据传输过程中总是有可能出现错误。接收的数据与发送的数据不一致的现象称为传输差错,通常简称为差错。差错的产生是不可避免的,研究者的任务是分析差错产生原因,并研究有效的差错控制方法。

1. 差错产生原因

图 2-20 给出了差错产生过程示意图。

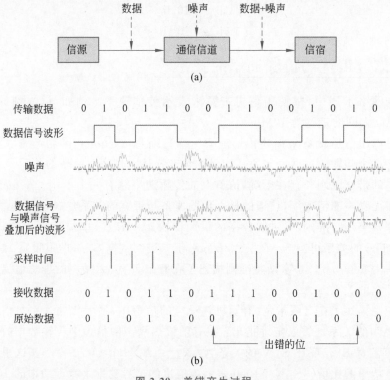

图 2-20　差错产生过程

当数据经过通信信道传输时,由于通信信道总有一定的噪声存在,因此接收方获得的数据是信号与噪声的叠加。在接收方,接收电路在取样时需要判断信号电平。如果信号与噪声叠加的结果,致使接收方在判断电平时出错,这种情况下就会出现传输差错。

2. 差错类型

通信信道的噪声分为两类:热噪声与冲击噪声。

1)热噪声

热噪声是由传输介质的导体电子热运动而产生的噪声。热噪声的特点主要表现在:噪声时刻存在,幅度较小,强度与频率无关,但是频谱很宽。由于热噪声是一种随机噪声,因此热噪声引起的差错是一种随机差错。

2）冲击噪声

冲击噪声是由外界的电磁干扰而产生的噪声。与热噪声相比,冲击噪声的幅度较大,它是引起传输差错的主要原因。冲击噪声持续时间与每比特发送时间相比较长,因此冲击噪声引起的相邻多个比特出错呈现突发性。冲击噪声引起的传输差错为突发差错。

在通信过程中产生的传输差错由随机差错与突发差错构成。

2.5.2　误码率的定义

误码率是指二进制码元在数据传输系统中被传错的概率,它在数值上近似等于:

$$P_{E}=N_{E}/N$$

其中,N 是传输的二进制码元总数,N_{E} 是被传错的码元数。

在理解误码率的定义时,应注意以下几个问题。

（1）误码率是衡量数据传输系统在正常状态下的传输可靠性的参数。

（2）对于数据传输系统来说,不能笼统地说误码率越低越好,应根据实际需求提出误码率要求。在传输速率确定后,误码率越低,系统越复杂,造价越高。

（3）如果传输的不是二进制码元,需要折算成二进制码元来计算。

在实际的数据传输系统中,需要对通信信道进行大量重复测试,求出该信道的平均误码率,或给出某些特殊情况下的平均误码率。根据测试,电话线路在 $300\sim2400\mathrm{b/s}$ 传输速率时,平均误码率为 $10^{-4}\sim10^{-6}$;在 $4800\sim9600\mathrm{b/s}$ 传输速率时,平均误码率为 $10^{-2}\sim10^{-4}$。计算机通信的平均误码率要求低于 10^{-9},如果不采取差错控制技术,普通电话线无法直接满足计算机通信的要求。

2.5.3　循环冗余编码的工作原理

常用的检错码主要有两种:奇偶校验码与循环冗余编码。其中,奇偶校验码是一种常见的检错码,主要分为水平奇(偶)校验码、垂直奇(偶)校验码、水平垂直奇(偶)校验码(即方阵码)等。奇偶校验方法简单,但是检错能力差,通常仅用于通信要求较低的环境。循环冗余编码(Cyclic Redundancy Code,CRC)的检错能力强,实现起来比较容易。目前,CRC 校验是应用最广泛的检错码。

图 2-21 给出了 CRC 校验的工作原理。发送方将数据比特序列作为一个数据多项式 $f(x)$,除以收发双方预先约定的生成多项式 $G(x)$,求得一个余数多项式。发送方将余数多项式添加到数据多项式之后发送给接收方。接收方用接收到的数据多项式除以同样的生成多项式 $G(x)$,求得一个余数多项式。如果计算出的余数多项式与接收到的余数多项式相同,则表示传输正确;否则,表示传输出错。

在实际的网络应用中,CRC 生成与校验过程可通过软件或硬件方法实现。目前,用于通信的大多数芯片硬件可方便、快速地实现 CRC 生成与校验功能。

CRC 校验的检错能力很强,除了能检查出离散错之外,还能检查出突发错。CRC 校验具有以下检错能力。

（1）CRC 校验能检查出全部单个错。

（2）CRC 校验能检查出全部奇数个错。

（3）CRC 校验能检查出全部离散的 2 位错。

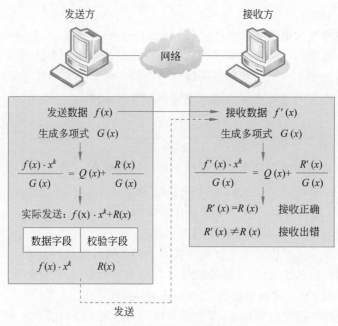

图 2-21　CRC 校验的工作原理

(4) CRC 校验能检查出全部长度小于或等于 k 位的突发错。

(5) CRC 校验能以 $1-(1/2)^{k-1}$ 的概率检查出长度为 $k+1$ 位的突发错。

2.5.4　差错控制机制

接收方通过检错码检查传输数据是否出错,如果发现传输错误,通常采用的是反馈重发 (Automatic ReQuest for repeat,ARQ)方法来纠正。反馈重发纠错方法主要有两种:停止等待方式与连续工作方式。

1. 停止等待方式

图 2-22 给出了停止等待方式的工作原理。发送方在发送一个数据帧后,需要等待接收方返回的那个应答帧。应答帧表示接收方已正确接收上一帧。如果发送方接收到应答帧,它可以发送下一个数据帧;否则,它需要重新发送上一帧。停止等待方式的协议简单,但是它的通信效率较低。

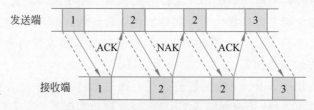

图 2-22　停止等待方式的工作原理

2. 连续工作方式

为了克服停止等待方式的缺点,研究者提出了连续工作方式。它主要有以下两种方式。

1) 拉回方式

图 2-23(a)给出了拉回方式的工作原理。发送方连续向接收方发送多个数据帧,接收方对

接收到的数据帧进行校验,然后向发送方返回相应的应答帧。如果发送方在发送 0~5 号的数据帧后,通过应答发现 2 号数据帧传输出错,则发送方会停止发送当前的数据帧,并重新发送 2~5 号数据帧。在拉回状态结束后,接着发送 6 号数据帧。

　　2) 选择重发方式

　　图 2-23(b)给出了选择重发方式的工作原理。选择重发方式与拉回方式的区别:如果发送方在发送 0~5 号的数据帧后,通过应答发现 2 号数据帧传输出错,则发送方仅重发出错的 2 号数据帧。在选择重发状态结束后,接着发送 6 号数据帧。显然,选择重发方式的效率要高于拉回方式。

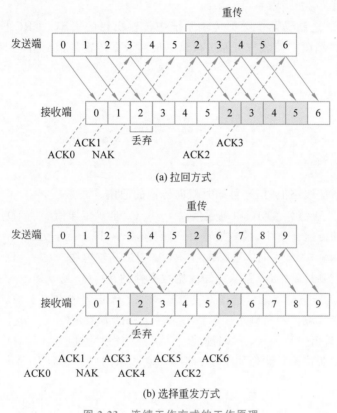

图 2-23　连续工作方式的工作原理

小结

　　本章主要讲述了以下内容。

　　(1) 数据通信是在不同计算机之间传输表示字母、数字或符号的二进制编码序列的过程。信号是数据在传输过程中的电信号表示形式。信号类型可分为两类:模拟信号与数字信号。数据通信相应分为两类:模拟通信与数字通信。

　　(2) 按传输数据使用的信道数,数据通信可分为两类:串行通信与并行通信。按信号传输方向与时间关系,数据通信可分为三类:单工通信、半双工通信与全双工通信。数据通信中的同步可分为两类:位同步与字符同步。

（3）传输介质是网络中连接通信双方的物理通路。常用的传输介质包括双绞线、同轴电缆、光纤、无线信道、卫星信道等。传输介质特性对网络的通信质量影响很大。光纤是一种传输性能很好的传输介质。

（4）频带传输是利用模拟信道通过调制解调器传输数字信号的方法。基带传输是利用数字信道直接传输数字信号的方法。频带传输的数据编码方法包括振幅键控、移频键控、移相键控等。基带传输的数据编码方法包括非归零码、曼彻斯特编码、差分曼彻斯特编码等。

（5）传输速率是描述数据传输系统性能的重要指标之一。传输速率是每秒传输构成数据的二进制比特数，单位为比特/秒(b/s)。

（6）误码率是二进制码元在数据传输系统中传输出错的概率。CRC校验是一种应用广泛、检错能力强的检错码。接收方可通过检错码检测数据传输是否出错，发现出错时可采用反馈重发方法来纠正。

习题

1. 单项选择题

2.1 在一条通信线路上，信号可同时双向传输的通信方式是（　　）。

　　A. 半双工通信　　　　B. 单工通信　　　　C. 全双工通信　　　　D. 同步通信

2.2 在常用的传输介质中，带宽最宽、信号衰减最小、抗干扰能力最强的是（　　）。

　　A. 光纤　　　　　　　B. 双绞线　　　　　C. 同轴电缆　　　　　D. 无线信道

2.3 在差错控制机制中，仅重新传输出错数据帧的是（　　）。

　　A. 同步工作方式　　　B. 选择重发方式　　C. 停止等待方式　　　D. 拉回方式

2.4 通过改变载波信号角频率表示数字信号1、0的方法是（　　）。

　　A. 绝对调相　　　　　B. 振幅键控　　　　C. 相对调相　　　　　D. 移频键控

2.5 差分曼彻斯特编码波形如图2-24所示，它表示的二进制数为（　　）。

图2-24　差分曼彻斯特编码波形

　　A. 10010111　　　　B. 11010111　　　　C. 10111100　　　　D. 11010110

2.6 曼彻斯特编码波形如图2-25所示，它表示的二进制数为（　　）。

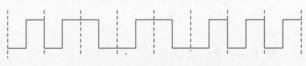

图2-25　曼彻斯特编码波形

　　A. 10010111　　　　B. 11010111　　　　C. 11010001　　　　D. 11010110

2.7 如果在信道上发送1b所需时间为0.2ms，则该信道的传输速率为（　　）。

　　A. 2kb/s　　　　　　B. 20kb/s　　　　　C. 5kb/s　　　　　　D. 50kb/s

2.8　以下关于数据编码方法的描述中,错误的是(　　)。

　　A. 移频键控是一种模拟数据编码方法

　　B. 绝对调相是一种模拟数据编码方法

　　C. 非归零码是一种数字数据编码方法

　　D. 振幅键控是一种数字数据编码方法

2.9　以下关于误码率定义的描述中,错误的是(　　)。

　　A. 误码率是二进制数据在传输系统中传输出错的概率

　　B. 误码率是衡量传输系统不正常状态下传输可靠性的参数

　　C. 在传输速率确定后,误码率要求越低,传输系统造价越高

　　D. 如果传输的不是二进制数据,需要折算成二进制数再计算

2.10　以下关于位同步的描述中,错误的是(　　)。

　　A. 同步要求发送方根据接收方时钟频率来校正自己

　　B. 计算机时钟频率积累的误差足以造成传输错误

　　C. 位同步的实现方法主要包括外同步法与内同步法

　　D. 内同步法是从数据的时钟编码中提取同步时钟的方法

2. 填空题

2.11　PCM 操作主要包括采样、_____与编码。

2.12　信号只能向一个方向传输的通信方式称为_____。

2.13　光纤通过内部的_____传输一束经过编码的光信号。

2.14　利用数字信道直接传输数字信号的方法称为_____。

2.15　常用的传输介质主要包括:同轴电缆、_____、光纤、无线信道与卫星信道。

2.16　相对于曼彻斯特编码,移相键控是一种_____数据编码方法。

2.17　由热噪声引起的差错属于_____。

2.18　CRC 校验使用生成多项式 $G(x)$ 求出一个余数_____。

2.19　屏蔽双绞线由外部保护层、_____、绝缘层与多对双绞线组成。

2.20　在拉回方式与选择重发方式中,_____方式的工作效率更高。

第 3 章　传输网技术

传输网是由多种异构的网络互联起来的网际网,这些网络包括广域网、城域网、局域网与个域网等。本章将在介绍传输网概念的基础上,系统地讨论各类网络的概念、技术特点、发展与演变过程,以及关键技术与协议标准等。

3.1　传输网的基本概念

3.1.1　层次化的网络结构模型

对于进行分布式进程通信的两台计算机,无须了解网络拓扑、传输路径、交换过程等细节。也就是说,网络环境对于用户是透明的。对于网络技术研究人员,这是他们希望实现的运行效果。但是,实际网络工作过程远比想象复杂得多。在研究复杂的网络系统时,可采用"化繁为简"的抽象方法。图 3-1 给出了层次化的网络结构模型。

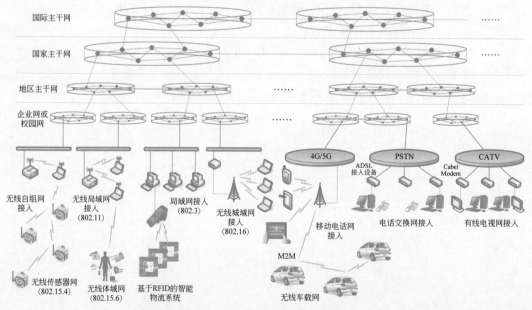

图 3-1　层次化的网络结构模型

图 3-1 中是以我国的 CERNET 为主要研究对象,针对大学实验室之间协作研究所实际面对的大型计算机网络系统做出的抽象。如果范围扩大到国内大学通过 Internet 与美国大学之

间协作,则面对的网络环境远比图 3-1 描述的结构复杂得多。这时,自顶向下的计算机网络分析和设计方法提供了一个很好的思路。

3.1.2　自顶向下的分析和设计方法

自顶向下的分析和设计方法将一个大型网络系统分解为两大部分:边缘部分(端系统)与核心交换部分(传输网)。构成边缘部分的端系统由接入网络的计算机、智能终端等设备组成,主要通过分布式进程通信完成网络服务功能。核心交换部分的传输网主要由路由器与传输介质组成,主要为应用软件的进程通信提供数据传输服务。图 3-2 给出了 Internet 端系统与传输网的结构模型。

自顶向下的网络结构抽象描述方法可以很好地描述复杂的 Internet 结构,其中的传输网主要包括:计算机网络中的广域网(WAN)、城域网(MAN)、局域网(LAN)、个域网(PAN)与体域网(BAN),电信公司的移动通信网(4G/5G)与电话交换网(PSTN),以及广电部门的电视传输网(CATV)等。因此,Internet 的传输网是由多种异构的网络互联起来的网际网。

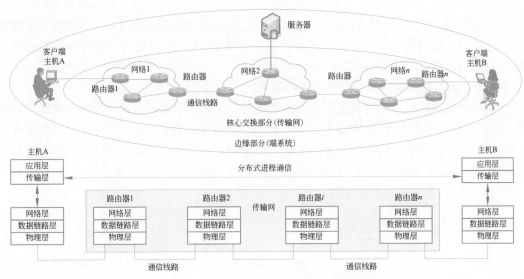

图 3-2　Internet 端系统与传输网的结构模型

基于自顶向下的分析和设计方法对 Internet 所做的抽象模型具有以下几个优点。

(1) 使复杂大系统的描述变得简洁。

随着广域网、城域网、局域网、个域网以及各种接入技术的发展,当前用户实际面对的 Internet 结构越来越复杂,这就促使适应 Internet 结构与网络系统的描述方法研究。实践证明,自顶向下的分析与设计思路对于解决互联网应用系统设计与应用软件开发是有效的。根据自顶向下的分析与设计思路,将结构复杂、规模很大的 Internet 划分为端系统与传输网两大部分,并提出网络应用程序体系结构的概念。端系统必须具备执行从应用层到物理层协议的能力,传输网中的路由器需具备执行网络层、数据链路层与物理层协议的能力。

(2) 使网络系统的设计、实现与管理的界限变得清晰。

自顶向下的网络结构抽象描述方法对于网络系统的设计、实现与管理有利。网络应用系统设计人员的任务是:按照网络应用程序体系结构的思想,设计网络应用系统功能与结构,完成网络应用软件编程;利用传输网提供的数据传输服务,解决互联的计算机之间分布式进程通信问题,实现预定的网络服务功能。网络运维与管理人员的任务是:运行与管理传输网中的路由器、通信线路,为互联的计算机之间的可靠数据传输提供支持。

(3) 使网络应用系统的设计、实现方法与步骤变得清晰。

按照网络应用程序体系结构的分析与设计方法,计算机网络与软件工程师在设计一个大型网络应用系统时,可以按照以下步骤开展工作。

① 根据应用需求规划应用层功能,设计网络应用软件工作模式,并选择应用层协议;再根据应用层协议的要求,选择传输层采用 TCP、UDP 还是其他协议。

② 根据网络应用对数据传输的具体要求,选择适当的传输网类型、结构与 QoS 指标,进而选择能满足要求的网络服务提供商。

③ 根据应用层协议开发网络应用软件。在完成网络应用软件编程后,在实际的网络中调试网络应用软件,在调试通过后进入使用阶段。

④ 在网络应用系统运行过程中,应用软件的维护、升级由计算机工程师负责;而数据传输中存在的问题,由网络服务提供商的通信工程师解决。

因此,计算机工程师在设计一种新的网络应用时,只需考虑如何充分利用核心交换部分的传输网所能提供的服务,不涉及传输网中的路由器、交换机等低层设备或通信协议软件的编程问题。这种分工明确与密切协作的模式保证了互联网、移动互联网与物联网等各种网络应用系统可以快速地设计、开发与稳定地运行。

(4) 使互联网产业链的结构与分工变得清晰。

一个成功的设计思想同时会使产业链的结构与分工非常清晰。在开发实际的网络应用系统中,除了有特殊需要之外,几乎没有任何个人、单位、网络运营商、网络系统集成商或软件公司,能独立完成一个跨地区、跨国的大型网络应用系统,或者承担从规划、设计、软件开发到传输网的组建、运行管理的全过程。跨地区的传输网通常由电信运营商或 ISP 来运营,传输网的日常运营、维护任务也由它们来承担。

3.1.3　传输网技术发展

经过几十年的发展,传输网已从早期的广域网(WAN)、局域网(LAN)与城域网(MAN),逐步扩展出个域网(PAN)与体域网(BAN)。通过分析不同阶段出现的传输网技术,按 WAN、MAN、LAN 与 PAN/BAN 这四条主线,可以将各个阶段出现的主要技术按时间顺序加以归纳。图 3-3 给出了传输网技术发展过程。

目前,可清晰地看到两大融合的发展趋势:计算机网络、电信网与有线电视网在技术与业务的三网融合,以及计算机网络中的局域网、城域网与广域网技术的三网融合。从技术融合的角度来看,电信网、有线电视网都统一到计算机网络的 IP 上,通过网关实现电信网、有线电视网与计算机网络的互联。从业务融合的角度来看,无论是电话用户、有线电视用户还是Internet 用户,都希望在自己网络上能使用以前仅由其他网络提供的业务。以太网具有成本、可扩展性和易用性等方面的优势。光以太网技术发展将导致广域网、城域网与局域网在技术上的融合。

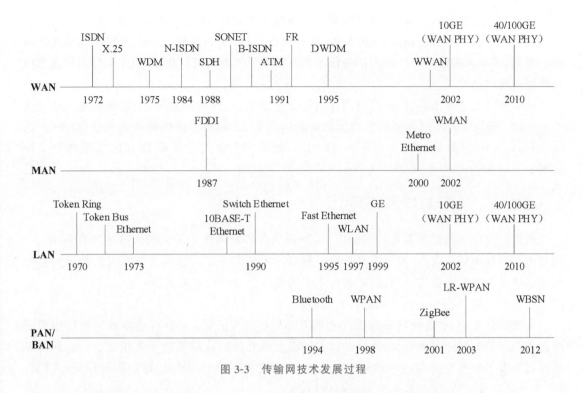

图 3-3 传输网技术发展过程

3.2 广域网技术

3.2.1 广域网的主要特点

通常作为网际网的主干网使用的广域网,具有以下两个最基本的特点。

1. 广域网是一种公共数据网络

局域网、个人区域网与人体区域网通常属于一个单位或个人所有,组建成本低、易于建立与维护,通常是自建、自管、自用。广域网建设投资很大,管理困难,通常由电信运营商负责组建、运营与维护。对于那些有特殊需要的国家部门与大型企业,它们也可以组建自己使用和管理的专用广域网。

网络运营商组建的广域网为广大用户提供数据传输服务,因此这类广域网属于公共数据网络(Public Data Network,PDN)的性质。用户可以在公共数据网络上开发与运行各种网络服务系统。如果用户想要使用广域网服务,需要向网络运营商租用通信线路或其他资源。网络运营商需要按照合同的要求,为用户提供电信级 7×24(每个星期 7 天、每天 24h)服务。

2. 广域网研发重点是宽带核心交换技术

早期的广域网主要用于大型计算机、中型计算机与小型计算机系统的互联。用户终端接入本地主机系统,本地主机系统再接入广域网。用户通过终端登录到本地主机系统之后,才能实现对异地互联网的其他主机系统的硬件、软件或数据资源的访问和共享。针对这样一种工作方式,研究人员提出了资源子网与通信子网的两级结构。随着互联网应用的发展,广域网更多是作为覆盖地区、国家或洲际地理区域的核心交换网络平台。

目前,大量用户通过局域网或其他接入技术接入城域网,城域网接入连接不同城市的广域网,大量广域网互联形成 Internet 的宽带、核心交换平台,从而构成了层次结构的大型互联网络。因此,简单地描述单个广域网的通信子网与资源子网的两级结构,已不能准确地描述当前互联网的网络结构。

随着网络互联技术的发展,广域网作为互联网的宽带、核心交换平台,其研究重点已经从开始阶段"如何接入不同类型的异构主机系统",转变为"如何提供保证服务质量(Quality of Service,QoS)的宽带核心交换服务"。因此,广域网研究重点是保证 QoS 的宽带核心交换技术。

3.2.2 广域网的技术路线

通过研究广域网的发展与演变的历史,发现从事广域网技术研究的人员主要有两类:一类是电信网技术研究人员,另一类是计算机网络技术研究人员。这两类技术人员的研究思路与协议表述方法有明显的差异,两者在技术上表现出竞争与互补关系。

1. 电信网技术研究人员采取的技术路线

从事电话交换、电信网技术的研究人员考虑问题的方法是:如何在技术成熟和使用广泛的已有电信传输网的基础上,将传统的语音传输业务和新的数据传输业务相结合。这种研究思路就导致了综合业务数字网(ISDN)、X.25 分组交换网、帧中继网、异步传输模式(ATM)网、光纤波分复用(WDM)技术的研究与应用。

早期人们利用电话交换网的模拟信道,使用调制解调器完成计算机之间的低速数据通信。1974 年,X.25 网技术出现。随着光纤的大规模应用,1991 年简化 X.25 协议的帧中继技术得到广泛应用。这几种技术在早期广域网建设中发挥了一定的作用。

ATM 网络最初是从事电话交换与电信网的技术人员提出的。在早期跟踪 ATM 技术时发现:电信网技术研究人员有一个宏伟的蓝图,试图将语音传输与数据传输在一个 ATM 网络中完成,从而实现覆盖从局部到广域范围的整个领域。但是,这条技术路线是不成功的。尽管目前某些广域网仍在用 ATM 技术,但是它的发展空间已经很小。

20 世纪 80 年代,光纤波分复用(WDM)是面向传统电话传输,它并不适合于传输 IP 分组。出于经济上的原因,电信网技术人员不会放弃大量已有的、成熟的、覆盖面很广的同步光网络/同步数据体系(SONET/SDH)技术。为了适应数据业务发展的需要,电信运营商采取在 SDH 的基础上支持 IP 协议,并不断融合 ATM 和路由交换功能,构成以 SDH 为基础的广域网平台。广域网发展的一个重要趋势是 IP over SONET/SDH。

2. 计算机网络技术研究人员采取的技术路线

早期从事计算机网络的研究人员的研究思路是:在电话传输网(PSTN)的基础上,考虑如何在物理层利用已有的通信设备和线路,实现分布在不同地理位置的计算机之间的数据通信。因此,研究重点放在物理层接口标准、数据链路层协议与网络层协议标准上。当光以太网(optical Ethernet)技术日趋成熟并广泛应用时,他们调整了高速局域网的设计思路,在传输速率达到 1Gb/s、10Gb/s 甚至 100Gb/s 以太网物理层设计中,利用光纤作为传输介质,设计了两种物理层标准:广域网物理层(WAN PHY)与局域网物理层(LAN PHY),将光以太网技术从局域网扩大到城域网、广域网。从目前的应用效果看,这种技术路线有着很好的发展前景。

3.2.3 光传输网技术发展

1. SONET 与 SDH

早期的电话运营商在电话交换网中使用光纤,采用的是时分多路复用(Time Division Multiplexing,TDM),各个运营商的设备与标准各不相同。1988 年,美国国家标准化组织(ANSI)的 T1.105 与 T1.106 定义了光纤传输系统的线路速率等级,即同步光纤网(Synchronous Optical NETwork,SONET)与同步数据体系(Synchronous Data Hierarchy,SDH)。SONET 的速率标准是 51.84~2488.32Mb/s,基本速率(STS-1)是 51.84Mb/s。SONET 标准不仅适用于光纤传输系统,也适用于微波与卫星传输体系。

在实际的使用中,SDH 速率体系涉及三种速率:SONET 的 STS 标准与 OC 标准以及 SDH 的 STM 标准。它们之间的区别表现在:

(1) STS 定义的是数字电路接口的电信号传输速率。

(2) OC 定义的是光纤上传输的光信号速率。

(3) STM 是电话公司为国家之间主干线路的数字信号规定的速率标准。

表 3-1 给出了 SONET 的速率对应关系。这里,STS-1 信号的传输速率为 51.84Mb/s,对应 810 路电话线路。根据 STS 信号的复用关系,STS-3 信号复用 3 路 STS-1 信号,传输速率为 51.84×3=155.52Mb/s,对应 810×3=2430 路电话线路;STS-9 信号复用 9 路 STS-1 信号,传输速率为 51.84×9=466.56Mb/s,对应 810×9=7290 路电话线路;STS-12 信号复用 12 路 STS-1 信号,传输速率为 51.84×12=622.08Mb/s,对应 810×12=9720 路电话线路。根据 STS 与 STM 信号的对应关系,STM-1 等于 STS-3,STM-4 等于 STS-12。

表 3-1 SONET 的速率对应关系

传输速率/Mb·s⁻¹	OC 级	STS 级	STM 级
51.84	OC-1	STS-1	
155.52	OC-3	STS-3	STM-1
466.56	OC-9	STS-9	
622.08	OC-12	STS-12	STM-4
933.12	OC-18	STS-18	
1243.16	OC-24	STS-24	STM-8
1866.24	OC-36	STS-36	STM-12
2488.32	OC-48	STS-48	STM-16
9952.28	OC-192	STS-192	STM-64

2. 光传输网技术发展

现有的传输网由光传输系统和交换结点的电子设备(例如路由器)组成。光纤用于两个交换结点之间的点-点的数据传输。在每个交换结点中,光信号被转换成电信号后由路由器处理。在 SONET/SDH 技术出现以后,这种光传输与电交换结合的技术很快成为主流的广域网组网技术。随着 Internet 业务和其他宽带业务剧增,已经铺设的光纤带宽消耗殆尽,必须寻找更适合的技术来解决这个问题,这时就出现了以下三种技术。

(1) 在 SDH 系统中进一步挖掘光缆的带宽潜力。

(2) 采用光时分复用(OTDM)技术,增加单根光纤中的 SDH 传输容量。

(3) 采用光波分复用(WDM)技术,在单根光纤中进行波分复用。

在不断研究和比较的过程中,WDM 技术获得充分肯定与优先发展,并在广域网主干网中取代了 SDH 技术,成为宽带广域网组网的首选方案。WDM 技术不仅具有 SDH 一样灵活的保护和恢复方式,并且使光纤的传输容量增加几倍甚至几十倍。

WDM 技术在传输网中的应用,经历了从"线"到"面"的发展过程,即从点-点的密集波分复用(DWDM)系统到环网,再向网状结构的方向发展。点-点的 DWDM 传输技术已经比较成熟。目前,WDM 技术研究主要集中在两个方向:一是朝着更多波长、单波长更高速率的方向发展;二是朝着 WDM 联网的方向发展。

随着可用波长数的增加、光放大与光交换等技术的发展,以及越来越多的光传输系统升级为 WDM 或 DWDM 系统,下层的光传输系统不断向多功能、可重构、高灵活性、高性价比和支持多种恢复能力等方面发展。在 DWDM 从主干网向城域网和接入网扩展的过程中,人们发现波分复用技术不仅可充分利用光纤中的带宽,而且其多波长特性还促使波分复用系统由传统的点-点传输系统向光传输联网的方向发展,这样就形成了多波长波分复用光网络,即光传输网(Optical Transport Network,OTN)。

3. 光以太网技术

以太网大规模应用与高速以太网技术发展给研究人员一个启示:能否将在办公环境中广泛应用的以太网技术,从局域网扩展到城域网甚至广域网。这个思路导致了应用于广域网的光以太网技术研究。

从提供电信级运营要求的角度,传统的以太网技术达不到要求。存在这个问题的原因很容易理解:在初期设计以太网时,研究人员只考虑如何将局部地区,例如实验室、办公室中的多台计算机互联成局域网。

光以太网术语是北电(Nortel)等电信设备制造商于 2000 年提出的,并得到网络界与电信界的认同和支持。光以太网设计的出发点是:利用光纤的巨大带宽资源,以及成熟和广泛应用的以太网技术,为运营商建造新一代网络提供技术支持。基于这样一个设计思想,一种可达到电信级运营要求的光以太网技术应运而生,并从根本上影响到电信运营商规划、建设、管理传输网的技术路线。

1998 年,以光纤为传输介质、速率为 1Gb/s 的 GE 物理层标准 IEEE 802.3z 问世。2001 年,以光纤为传输介质、速率为 10Gb/s 的 10GE 物理层标准 IEEE 802.3ae 问世。2010 年,IEEE 通过了传输速率为 100Gb/s 的 IEEE 802.3ba 标准,其中包括用于广域网的物理层标准(WAN PHY)。

对于电信级运营要求的光以太网设备和线路,它们必须满足电信网 99.999% 的高可靠性要求。光以太网必须克服传统以太网的不足,具备以下特征。

(1) 根据终端用户的实际应用需求分配带宽,保证带宽资源充分、合理应用。

(2) 用户访问网络资源必须经过认证和授权,确保用户对网络资源的安全使用。

(3) 及时获得用户的上网时间和流量记录,支持按上网时间、用户流量实时计费,或者提供包月计费功能。

(4) 支持 VPN 和防火墙,有效保证网络安全。

(5) 提供分级的 QoS 服务。

（6）方便、快速、灵活地适应用户和业务的扩展。

因此，研究可运营的光以太网已不是单一技术研究，而是需要提出一个解决方案。光以太网是以太网与密集波分复用（DWDM）结合的产物，它在广域网与城域网的组网应用中具有明显的优势。

3.3　局域网技术

3.3.1　局域网技术发展

在局域网研究领域中，以太网技术并不是最早的，但它是最成功的技术。20 世纪 70 年代初，欧美一些研究机构开始研究局域网技术。1972 年，美国加州大学提出 Newhall 环网。1974 年，英国剑桥大学提出 Cambridge Ring 环网。这些研究成果对局域网技术发展起到重要作用。20 世纪 80 年代，局域网领域出现以太网与令牌总线、令牌环三足鼎立的局面，并且各自形成相应的国际标准。20 世纪 90 年代，以太网开始受到业界认可并广泛应用。进入 21 世纪，以太网成为局域网领域的主流技术。

尽管以太网技术已获得重大成功，但是它的发展道路也很艰难。1980 年，以太网技术在当时是有争议的。当时，存在 IBM 公司的令牌环网（Token Ring）和通用汽车公司为实时控制系统设计的令牌总线网（Token Bus），三者之间竞争激烈。与采用随机型介质访问控制方法的以太网相比，采用确定型介质访问控制方法的令牌总线网、令牌环网的共同特点是：适用于对数据传输实性要求高的环境（例如生产过程控制），适用于通信负荷较重的环境，但是环维护工作复杂，实现起来相对困难。

早期以太网使用的传输介质（同轴电缆）造价较高。1990 年，IEEE 802.3 的物理层标准 10BASE-T 推出，普通双绞线可作为 10Mb/s 传输介质。在使用双绞线之后，以太网组网的造价降低，性价比获得极大的提高。

以太网协议开放性使它很快获得很多集成电路制造商、软件开发商的支持，出现多种实现以太网算法的集成电路芯片，以及很多支持以太网的操作系统与应用软件，使以太网在与其他局域网的竞争中具有优势。以太网交换机的面世标志着交换式以太网的出现，进一步增强了以太网的竞争优势。NetWare、Windows NT 与 UNIX 操作系统的应用，使以太网技术进入成熟阶段。基于传统以太网的高速以太网、交换式以太网与局域网互联等技术的研究，使以太网获得更广泛的应用。图 3-4 给出了局域网技术演变过程。

3.3.2　IEEE 802 参考模型

为了解决局域网协议标准化问题，IEEE 在 1980 年专门成立 IEEE 802 委员会，并制定 IEEE 802 系列标准。IEEE 802 研究重点是解决局部范围内的计算机联网问题，研究者仅需面对 OSI 参考模型中的数据链路层与物理层，网络层及以上高层不属于其研究范围。这就是 IEEE 802 标准只制定对应数据链路层与物理层协议的原因。

在成立 IEEE 802 委员会时，局域网领域已有三类典型技术：以太网、令牌总线网与令牌环网。同时，市场上有多个厂家的局域网产品，它们的数据链路层与物理层协议各不相同。面对这样一个复杂的局面，要想为多种局域网技术和产品制定一个共用的模型，IEEE 802 标准

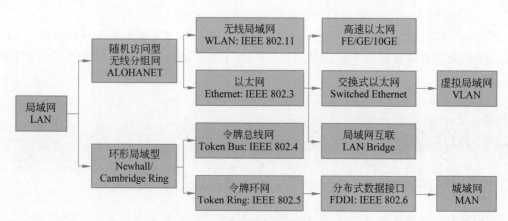

图 3-4　局域网技术演变过程

设计者提出将数据链路层划分为两个子层：逻辑链路控制(Logical Link Control,LLC)子层与介质访问控制(Media Access Control,MAC)子层。

不同局域网在 MAC 子层和物理层可采用不同协议,但在 LLC 子层必须采用相同协议。这一点与网络层 IP 的设计思路相类似。尽管局域网采用的传输介质与访问控制方法不同,LLC 子层统一将它们封装到固定格式的 LLC 帧中。LLC 子层与低层具体采用的传输介质、访问控制方法无关,网络层可以不考虑局域网采用哪种传输介质、介质访问控制方法和拓扑构型。这种方法在解决异构的局域网互联问题上是有效的。

经过多年激烈的市场竞争,局域网从开始的混战局面转化到以太网、令牌总线网与令牌环网的三足鼎立局面,最终以太网突破重围形成一枝独秀的格局。从目前局域网实际应用情况来看,几乎所有办公环境的局域网(例如企业网、校园网)都采用以太网,因此是否使用 LLC 子层已变得不重要,很多硬件和软件厂商已不使用 LLC 协议,而是直接将数据封装在以太网协议的 MAC 帧中。整个协议处理过程变得简洁,因此现在已很少讨论 LLC 协议。

IEEE 802 委员会为制定标准而成立一系列组织,例如,制定某类协议的工作组(WG)或技术行动组(TAG),它们制定的标准统称 IEEE 802 标准。随着局域网技术的发展,IEEE 802.4、IEEE 802.6、IEEE 802.7、IEEE 802.12 等已停止工作。目前,仍处于活跃状态的是 IEEE 802.3、IEEE 802.10、IEEE 802.11 等工作组。

IEEE 802 委员会公布了很多标准,这些协议可以分为以下 3 类。

(1) 定义局域网体系结构、网络互联、网络管理与性能测试的 IEEE 802.1 标准。

(2) 定义逻辑链路控制(LLC)子层功能与服务的 IEEE 802.2 标准。

(3) 定义不同介质访问控制技术的相关标准。

第三类标准曾经多达 16 个。随着局域网技术的发展,目前应用较多和仍在发展的标准主要有 4 个,其中 3 个是无线局域网标准,而其他标准已很少使用。图 3-5 给出了简化的 IEEE 802 协议结构。其中,4 个主要的 IEEE 802 标准如下。

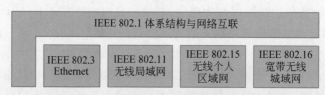

图 3-5　简化的 IEEE 802 协议结构

（1）IEEE 802.3 标准：定义以太网的 MAC 子层与物理层标准。

（2）IEEE 802.11 标准：定义无线局域网的 MAC 子层与物理层标准。

（3）IEEE 802.15 标准：定义无线个人区域网的 MAC 子层与物理层标准。

（4）IEEE 802.16 标准：定义宽带无线城域网的 MAC 子层与物理层标准。

3.3.3　以太网工作原理

以太网（Ethernet）核心技术是共享总线的介质访问控制方法，而它的设计思想来源于 20 世纪 60 年代末出现的 ALOHANET。

1. 以太网的形成背景

为了在位于夏威夷各个岛屿上的不同校区之间进行计算机通信，夏威夷大学的 Norman Abramson 研究了一种以无线方式工作的分组交换网。ALOHANET 使用一个共用的无线信道，支持多个结点对该信道的多路访问。ALOHANET 中心结点是一台位于瓦胡岛校区的 IBM 360 主机，它通过无线网络与分布在各个岛屿的终端通信。最初设计时的传输速率为 4800b/s，后来提高到 9600b/s。从主机到终端的无线信道为下行信道，而从终端到主机的无线信道为上行信道。在下行信道中，主机通过广播方式向多个终端发送数据，不会出现冲突。但是，当多个终端利用上行信道向主机发送数据时，可能因两个或多个终端同时争用信道而冲突。解决冲突的办法有两种：一种是集中控制方法，另一种是分布控制方法。集中控制是一种传统的方法，需要在系统中设置一个控制结点，由它决定哪个终端可使用信道。但是，控制结点会成为系统性能与可靠性瓶颈。ALOHANET 采用了分布式控制方法。

1972 年，Xerox 公司的 Bob Metcalfe 和 David Boggs 开发了第一个实验性的局域网系统，其数据传输率可达 2.94Mb/s。1973 年，两人在论文 *Alto Ethernet* 中提出了以太网设计方案。1976 年，两人发表了具有里程碑意义的论文“以太网：局部计算机网络的分布式包交换”。在以太网中，任何结点都没有可预约的发送时间，它们的发送都是随机的，并且网络中不存在集中控制的结点，所有结点必须平等地争用发送时间，这种介质访问控制属于随机争用型方法。1977 年，Bob Metcalfe 和同事们申请了以太网专利。1978 年，以太网中继器也获得了专利。

1980 年，Xerox、DEC 与 Intel 等公司合作，第一次公布以太网的物理层、数据链路层规范。1981 年，Ethernet V2.0 规范发布。IEEE 802.3 标准是建立在 Ethernet V2.0 的基础上。1982 年，第一片支持 IEEE 802.3 标准的 VLSI 芯片（以太网控制器）问世。同期，很多软件公司开始开发支持该标准的操作系统与应用软件。1990 年，IEEE 802.3 标准中的物理层标准 10BASE-T 出现，双绞线可作为 10Mb/s 以太网的传输介质。1993 年，随着全双工以太网技术出现，改变传统以太网的半双工模式，并将以太网带宽增加一倍。在此基础上，以光纤作为传输介质的 10BASE-F 标准出现，促使以太网技术最终从三足鼎立中脱颖而出。

2. CSMA/CD 访问控制方法

以太网是一种典型的总线型局域网。图 3-6 给出了总线型局域网的拓扑结构。总线型局域网采用共享介质方式。所有结点都通过网卡连接到作为公共介质的总线上。总线通常采用的是双绞线或同轴电缆。所有结点都可通过总线发送或接收数据，但一段时间内只允许一个结点通过总线发送数据。当一个结点通过总线以广播方式发送数据时，其他结点只能以收听方式来接收数据。

总线（bus）作为公共的传输介质被多个结点共享，可能出现两个或多个结点同时发送数据

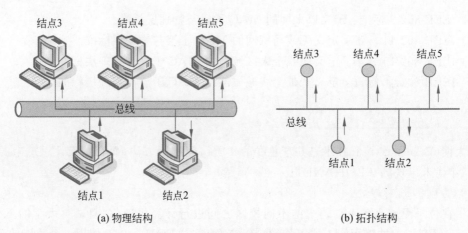

(a) 物理结构　　　　　　　　　　　　　(b) 拓扑结构

图 3-6　总线型局域网的拓扑结构

的情况,这时由于信号叠加而出现冲突(collision),这种情况下的数据传输将会失败。图 3-7
给出了总线型局域网的冲突情况。因此,在总线型的以太网实现技术中,必须解决多个结点访
问总线的介质访问控制问题。

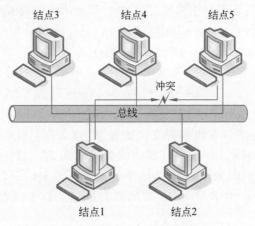

图 3-7　总线型局域网的冲突情况

　　　介质访问控制方法是指控制多个结点利用公共介质发送和接收数据的方法,它是所有共
享介质型的局域网都需要考虑的问题。介质访问控制方法需要解决 3 个问题:哪个结点可以
发送数据? 发送时是否出现冲突? 出现冲突后怎么处理? 以太网核心技术是带冲突检测的载
波侦听多路访问(Carrier Sense Multiple Access with Collision Detection,CSMA/CD)方法。
CSMA/CD 方法用于解决多结点如何共享总线的问题。

　　　下面通过会议的例子来说明局域网访问控制的设计思想。在班会上,每次只能由一个人
发言。如果有两个或多个人同时发言,则其他人听不清任何一个人的发言。解决方法主要有
三种:一是由会议主持人决定谁发言;二是按照一定的顺序依次发言;三是打算发言的人举
手,先举手的人先发言。

　　　第一种方法最简单且最有效,但是需要有一个主持人。按照这种思路,需要在局域网中专
门设置一台计算机,由它决定哪台计算机可发送数据。如果这台计算机出现故障,整个局域网
就会瘫痪。采用这种方式的局域网属于集中控制的局域网。

第二种方法属于分布式控制方法,并且也很有效,但是如果有人临时退出或加入会场,人们之间需要重新调整发言次序。这种方法的好处是每人都有机会发言,并且经过多长时间可以发言是能确定的,因此它属于确定型的控制方法。这种方法的缺点是:在新结点加入与结点退出时,控制访问用到的令牌机制复杂,实现成本高。

第三种方法属于分布式、随机访问的控制类型,由局域网中的每台计算机自己确定是否可发言。更恰当的比喻是多人在一间黑屋子中举行会议,参加者都只能听到其他人的声音。每个人在说话前必须先倾听,只有等会场安静下来后发言。在发言前需要监听以确定是否已有人发言,称为"载波侦听";在会场安静的情况下每人都有平等的机会发言,称为"多路访问";如果有两人或两人以上同时说话,大家无法听清任何一人的发言,称为发生"冲突";发言人在发言过程中需及时发现是否冲突,称为"冲突检测"。

CSMA/CD 访问控制方法与上面描述的过程相似。在以太网中,如果一个结点要发送数据,它以广播方式将数据通过总线发送出去,连接在总线上的所有结点都能接收该数据。由于所有结点都可利用总线发送数据,并且网络中没有控制中心,因此冲突的发生将不可避免。为了有效实现多个结点访问总线的控制策略,CSMA/CD 发送流程可简单概括为"先听后发,边听边发,冲突停止,延迟重发"。

如果一个结点获得利用总线发送数据的权力,其他结点都应处于接收状态。IEEE 802.3 协议规定了数据(即帧)的最小与最大长度,当一个结点接收到一个帧之后,首先需要判断接收帧的长度。如果帧长度小于规定的最小长度,说明冲突发生,这时结点应丢弃该帧,并重新进入等待接收状态;否则,说明冲突未发生,这时结点应检查该帧的目的地址。如果目的地址是单播地址,并且是本结点的地址,则接收该帧;如果目的地址是组地址,并且结点属于该组,则接收该帧;如果目的地址是广播地址,则接收该帧;如果目的地址不符,则丢弃该帧。如果确认是应接收的帧,则下一步进行 CRC 校验。

3. 以太网帧结构

Ethernet V2.0 是对 Xerox、DEC 与 Intel 公司的以太网规范的改进,而 IEEE 802.3 是由 IEEE 定义的以太网标准。Ethernet V2.0 和 IEEE 802.3 定义的帧结构有一定差别,这是由于 IEEE 802.3 标准需考虑 IEEE 802.4、IEEE 802.5 等标准的兼容问题。目前,IEEE 802.4、IEEE 802.5 标准已很少使用,基本都采用 Ethernet V2.0 规定的帧结构。

图 3-8 给出了以太网帧结构。这里是 Ethernet V2.0 规范的帧结构。在 IEEE 802.3 标准定义的以太网帧结构中,"类型"字段由"类型/长度"字段来代替。在处理 IEEE 802.3 标准的以太网帧时,需要确定字段是"类型"还是"长度"。

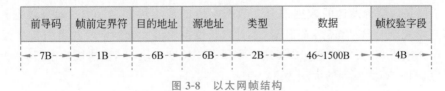

图 3-8　以太网帧结构

以太网帧结构由以下几个部分组成。

(1)前导码与帧前定界符字段。

前导码是 56 位(7B)的 10101010…101010 比特序列。帧前定界符是 8 位(1B)的 10101011。前导码与帧前定界符用于接收同步阶段。由于曼彻斯特解码采用锁相电路实现同步,锁相电路达到稳定状态需要 $10\sim20\mu s$,因此设计前导码与帧前定界符是为了满足接收电路的要求,保证接收电路在目的地址到达之前进入稳定状态。前导码与帧前定界符在接收后不保留,也不计入帧头长度中。

(2) 目的地址与源地址字段。

目的地址与源地址分别是接收结点与发送结点的硬件地址。硬件地址一般称为 MAC 地址、物理地址或以太网地址。图 3-9 给出了 MAC 地址的例子。MAC 地址长度为 48b。目的地址可以分为 3 类:单播地址(unicast address)、多播地址(multicast address)与广播地址(broadcast address)。其中,目的地址第 1 位为 0 表示单播地址,该帧可被目的地址所在结点接收;目的地址第 1 位为 1 表示多播地址,该帧可被一组结点接收;目的地址全为 1 表示广播地址,该帧可被所有结点接收。

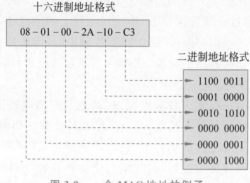

图 3-9　一个 MAC 地址的例子

每块以太网卡的 MAC 地址需要保证唯一。IEEE 注册认证委员会(Registration Authority Committee,RAC)为每个生产商分配地址的前三字节,即机构唯一标识符(Organizationally Unique Identifier,OUI)。MAC 地址的后三字节由网卡的生产商自行分配。一个生产商获得前三字节后,可生产的网卡数量是 2^{24}。例如,IEEE 分配给某个公司的前三字节是 08-01-00,在 MAC 地址中表示为 08-01-00;该公司为生产的网卡分配后三字节(例如 2A-10-C3),则该网卡的 MAC 地址为 08-01-00-2A-10-C3。

(3) 类型字段。

类型字段表示网络层使用的协议类型。例如,0x0800 表示网络层使用 IP 协议,0x8137 表示网络层使用 NetWare 的 IPX 协议。

(4) 数据字段。

数据字段是高层待发送的数据部分。数据字段的最小长度为 46B。如果数据长度小于 46B,应将它填充至 46B。填充字符任意,不计入长度字段值。数据字段的最大长度为 1500B。由于帧头部分包括 6B 目的地址、6B 源地址字段、2B 长度字段与 4B 帧校验字段,因此帧头部分的长度为 18B。以太网帧的大小为 64～1518B。

(5) 帧校验字段。

帧校验字段采用 32 位的 CRC 校验。CRC 校验的范围包括:目的地址、源地址、长度、数据等部分。CRC 校验的生成多项式为:$G(X)=X^{32}+X^{26}+X^{23}+X^{22}+X^{16}+X^{12}+X^{11}+X^{10}+X^{8}+X^{7}+X^{5}+X^{4}+X^{2}+X+1$。

4. 以太网实现方法

很多计算机与芯片生产商支持 IEEE 802.3 标准,促使以太网更有生命力与竞争力。从实现的角度来看,以太网连接设备包括:网络接口卡(简称网卡)、收发器和收发器电缆。从功能的角度来看,以太网连接设备包括:发送与接收信号的收发器、曼彻斯特编码与解码器、数据链路控制、帧装配及主机接口。从层次的角度来看,这些功能覆盖 IEEE 802.3 协议的 MAC 子层与物理层。

网卡可以连接计算机与传输介质。网卡的主要功能包括:数据编码与解码、CRC 生成与校验、帧装配与拆封,以及 CSMA/CD 访问控制等功能。实际的以太网卡均采用专用芯片,该芯片可实现介质访问控制、CRC 校验、曼彻斯特编码、收发器与冲突检测等功能。很多厂商提供支持以太网专用芯片,例如 Intel、Motorola、AMD 公司等。例如,利用 Intel 公司的 82588 链路控制处理器与 82501 串行接口、82502 收发器就能构成以太网卡(如图 3-10 所示)。

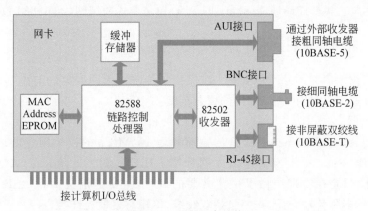

图 3-10　以太网卡结构

5. 以太网技术发展

促进局域网发展的直接因素是个人计算机(PC)的广泛应用。在过去 20 年中,计算机的处理速度已提高了数百万倍,但是网络的传输速率仅提高了几千倍。从理论上来说,一台计算机每秒能产生大约 250MB 数据,如果以太网仍保持 10Mb/s 传输速率,这显然难以适应实际的应用需求变化。

计算机的处理速度迅速上升,而产品价格却在持续下降,这进一步促进了计算机的广泛应用。这些用于办公与信息处理的计算机必然要求联网,这就造成局域网规模和通信量的不断增加。随着各种新的网络应用的出现,计算机已从初期简单的文字处理、信息管理等,逐步发展为后来的分布式计算、在线多媒体等应用,它们对局域网的带宽与性能提出更高的要求。这些因素促使研究者开始研究高速局域网,希望通过提高局域网带宽来改善性能,以便适应各种新应用对网络的需求。

传统局域网技术建立在共享介质的基础上,所有结点共享一条共用的传输介质。访问控制方法用来保证每个结点都能公平使用传输介质。在网络技术讨论中,人们经常将数据传输速率称为网络带宽。例如,以太网传输速率为 10Mb/s,则其带宽为 10Mb/s。如果局域网中有 N 个结点,则每个结点的平均带宽为 $10/N$。显然,随着局域网规模的不断扩大,如果局域网带宽不变,则每个结点平均带宽将越来越少。也就是说,随着网络结点数的增加,网络通信负荷在变大,冲突和重发次数将大幅增长,网络利用率急剧下降,传输延迟明显增加,这时网络服务质量将显著下降。

为了克服网络规模与性能之间的矛盾,研究者提出了以下 3 种可能的解决方案。

（1）将以太网传输速率从 10Mb/s 提高到 100Mb/s、1Gb/s 甚至 10Gb/s，这就导致了高速局域网技术的研究。在这个方案中，无论以太网传输速率提高到多高，以太网帧结构都基本保持不变。

（2）将一个大型的局域网划分成多个用网桥或路由器互联的子网，这就导致了局域网互联技术的发展。网桥与路由器可隔离子网之间的通信量，使每个子网成为一个独立的小型局域网。通过减少每个子网的内部结点数量，每个子网的网络性能可得到改善，而介质访问控制仍采用 CSMA/CD 方法。

（3）将以太网从共享介质方式改为交换方式，这就导致了交换式局域网技术的发展。交换局域网的核心设备是局域网交换机，可在多个端口之间建立多个并发连接。这种方案导致局域网被分为两类：共享式局域网(shared LAN)和交换式局域网(switched LAN)。

3.3.4　高速以太网技术

高速以太网技术研究的基本原则是：在保持与传统以太网兼容的前提下，尽力提高以太网能提供的传输速率，以及扩大以太网的覆盖范围。

1. 快速以太网

快速以太网(Fast Ethernet，FE)是传输速率为 100Mb/s 的以太网。1995 年，IEEE 802 委员会批准 IEEE 802.3u 作为快速以太网标准。IEEE 802.3u 标准在 MAC 子层仍使用 CSMA/CD 方法，只是在物理层做了一些必要的调整，主要是定义 100BASE 系列物理层标准，它们可以支持多种传输介质，主要包括双绞线、单模与多模光纤等。

IEEE 802.3u 标准定义了介质专用接口(Media Independent Interface，MII)，用于对 MAC 子层与物理层加以分隔。这样，在物理层实现 100Mb/s 传输速率的同时，传输介质和信号编码方式的变化不影响 MAC 子层。为了支持不同传输速率的设备共同组网，IEEE 802.3u 标准提出了速率自动协商的概念。

2. 千兆以太网

千兆以太网(Gigabit Ethernet，GE)是传输速率为 1Gb/s 的以太网。1998 年，IEEE 802 委员会批准 IEEE 802.3z 作为千兆以太网标准。IEEE 802.3z 标准在 MAC 子层仍使用 CSMA/CD 方法，只是在物理层做了一些必要的调整，主要是定义 1000BASE 系列物理层标准，它们可以支持多种传输介质，主要包括双绞线、单模与多模光纤等。

IEEE 802.3z 标准定义了千兆介质专用接口(Gigabit MII，GMII)，用于对 MAC 子层与物理层加以分隔。这样，在物理层实现 1Gb/s 传输速率的同时，传输介质和信号编码方式的变化不影响 MAC 子层。为了适应传输速率提高带来的变化，它对 CSMA/CD 访问控制方法加以修改，包括冲突窗口处理、载波扩展、短帧发送等。IEEE 802.3z 标准延续了速率自动协商的概念，并将它扩展到光纤连接上。

3. 万兆以太网

万兆以太网(10 Gigabit Ethernet，10GE)是传输速率为 10Gb/s 的以太网。2002 年，IEEE 802 委员会批准 IEEE 802.3ae 作为万兆以太网标准。万兆以太网并非简单地将千兆以太网的速率提高 10 倍。万兆以太网的物理层使用光纤通道技术，它的物理层协议需要进行修改。万兆以太网定义了两类物理层标准：以太局域网(Ethernet LAN，ELAN)与以太广域网(Ethernet WAN，EWAN)。万兆以太网致力于将覆盖范围从局域网扩展到城域网、广域网，成为城域网与广域网主干网的主流组网技术。

万兆以太网主要具有以下几个特点。

(1) 保留 IEEE 802.3 标准对以太网的最小和最大帧长度的规定,以便用户在将其已有的 Ethernet 升级为万兆以太网时,仍可与低速率以太网之间通信。

(2) 提供的传输速率高达 10Gb/s,不再使用铜质的双绞线,而仅使用光纤作为传输介质,以便在城域网和广域网范围内工作。

(3) 仅支持全双工方式,不存在介质争用的问题。由于无须使用 CSMA/CD 方法,因此传输距离不再受冲突检测的限制。

4. 更高速率的以太网

随着用户对网络接入带宽的要求不断提升,流媒体、移动互联网、物联网等应用的兴起,城域网与广域网的主干网带宽面临巨大的挑战,现有的万兆以太网已难以应对日益增长的需求,更高速率的 40Gb/s、100Gb/s 以太网研究被提上了日程,并开始呈现从 10Gb/s 以太网向 40/100Gb/s 以太网过渡的发展趋势。

1996 年,40Gb/s 的波分复用 WDM 技术出现;2004 年,个别路由器产品开始提供 40Gb/s 接口;2007 年,多个厂商开始提供 40Gb/s 波分复用设备。同时,电信业对 40Gb/s 波分复用设备的业务需求日益增多,大量应用于数据中心、高性能服务器集群与云计算平台。2004 年,100Gb/s 以太网技术开始出现。它不是一个单项技术的研究,而是一系列技术的综合研究,包括以太网、DWDM 以及相关的技术标准等。

为了适应数据中心、运营商网络和其他高性能计算环境的需求,IEEE 于 2007 年专门成立了 IEEE 802.3ba 工作组,开始研究 40/100 Gigabit Ethernet 标准。2010 年,IEEE 802 委员会批准 IEEE 802.3ba 作为十万兆以太网(100 Gigabit Ethernet,100GE)标准。100GE 仍保留传统以太网帧格式与最小、最大帧长度的规定。

100GE 物理接口主要有以下三种类型。

(1) 10×10Gb/s 短距离互联的 LAN 接口技术。

该方案采用并行的 10 根光纤,每根光纤的传输速率为 10Gb/s,以便达到 100Gb/s 的传输速率。这种方案的优点是可沿用现有的万兆以太网设备,技术比较成熟。

(2) 4×25Gb/s 中短距离互联的 LAN 接口技术。

该方案采用波分复用的方法,在一根光纤上复用 4 路 25Gb/s 信号,以便达到 100Gb/s 的传输速率。这种方案主要考虑的是性价比,需要选择合适的编码、调制与 WDM 技术,技术相对不成熟。

(3) 10m 铜缆接口和 1m 系统背板互联技术。

该方案采用并行的 10 对铜缆,每对的传输速率为 10Gb/s,以便达到 100Gb/s 的传输速率。这种方案主要面向的是数据中心的短距离和内部互联。

3.3.5　交换式局域网与虚拟局域网

交换技术在高速局域网实现技术中占据了重要的地位。在传统的共享介质局域网中,所有结点共享一条传输介质,因此不可避免会发生冲突。随着局域网规模的扩大,网络性能会急剧下降。为了克服网络规模与性能之间的矛盾,研究者提出将共享介质方式改为交换方式,这就导致了交换式局域网技术的研究。

1. 交换机的工作原理

交换式局域网中的核心设备是局域网交换机,通常简称为交换机(switch)。如果一个交换式局域网是以太网,则它被称为交换式以太网(switched Ethernet)。交换机可在多对端口之间建立多个并发连接,多个以太网帧可在不同连接上同时传输。图 3-11 给出了交换机的工作原理。交换机通常包括以下几个组成部分:地址映射表、转发器、缓冲器与端口。其中,地址映射表是交换机的核心部分,实现端口与结点 MAC 地址的映射关系。端口既可以连接单个结点,也可以连接一个局域网。

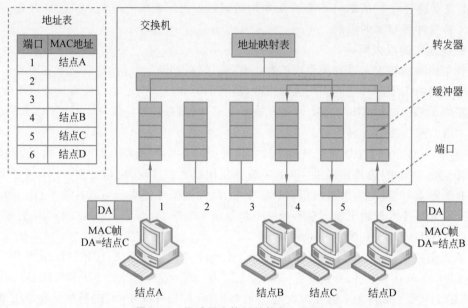

图 3-11 局域网交换机结构与工作原理

如图 3-11 所示的交换机共有六个端口,其中端口 1、4、5、6 分别连接结点 A、B、C、D。地址映射表的建立是根据端口与结点 MAC 地址的对应关系。如果结点 A、D 同时需要发送数据,则它们分别填写各自帧的目的地址。例如,结点 A 向结点 C 发送帧,则目的地址为结点 C;结点 D 要向结点 B 发送帧,则目的地址为结点 B。交换机根据地址映射表的对应关系,找到对应于该目的地址的输出端口,为结点 A 到 C 建立端口 1 到 5 的连接,为结点 D 到 B 建立端口 6 到 4 的连接,然后在两个连接上传输相应的帧。

2. 交换机的交换方式

交换机的交换方式有多种类型,例如,直接交换方式、存储转发交换方式与改进的直接交换方式。

1)直接交换方式

在直接交换(cut through)方式中,交换机只要接收并检测到目的地址,就立即转发该帧,而不管该帧是否出错。帧校验操作由结点负责完成。这种交换方式的优点是交换延迟较短,但是缺乏差错检测能力。

2)存储转发交换方式

在存储转发(store and forward)方式中,交换机首先需要接收整个帧,然后对该帧执行帧校验操作,如果没有出错则转发。这种交换方式的优点是具有差错检测能力,支持不同速率的端口之间转发,缺点是交换延迟将会增大。

3)改进的直接交换方式

改进的直接交换方式将上述两种方式相结合。交换机在接收到一个帧的前 64B 后,检测帧头中的各个字段是否出错,如果没有出错则转发。对于短的以太网帧,该方法的交换延迟与直接交换方式相近;对于长的以太网帧,由于仅对地址等字段进行帧校验,因此交换延迟将会减小。

3. 交换机的性能参数

衡量交换机性能的参数主要包括以下几个。

(1) 最大转发速率是指两个端口之间每秒最多能转发的帧数量。

(2) 汇集转发速率是指所有端口之间每秒最多能转发的帧数量总和。

(3) 转发等待时间是交换机做出转发决策所需时间,它与交换机采用的交换技术相关。

由于交换机完成以太网帧的交换,并且工作在数据链路层上,因此它被称为第二层交换机。交换机具有交换延迟低、支持不同速率和工作模式、支持虚拟局域网等优点。

4. 虚拟局域网技术

虚拟局域网(Virtual LAN,VLAN)并不是一种新型局域网,而是局域网为用户提供的一种新型服务。VLAN 是用户与局域网资源的一种逻辑组合,而交换式局域网技术是实现 VLAN 的基础。1999 年,IEEE 发布了有关 VLAN 的 IEEE 802.1q 标准。因此,建立 VLAN 需要利用交换式局域网的核心设备——交换机。

在传统的局域网中,一个工作组的成员必须位于同一网段。多个工作组之间通过互联的网桥或路由器来交换数据。如果一个工作组中的结点要转移到其他工作组,需要将该结点从自己连接的网段撤出,并将它连接到相应的网段中,有时甚至需要重新布线。因此,工作组受到结点所处网段的物理位置限制。

图 3-12 给出了 VLAN 的工作原理。如果将结点按需划分成多个逻辑工作组,则每个工作组就是一个 VLAN。例如,结点 N1-1 至 N1-4、N2-1 至 N2-4、N3-1 至 N3-4 分别连接在交换机 1、2、3 的网段,它们分布于 3 个楼层。如果希望划分 4 个逻辑工作组(N1-1、N2-1 与 N3-1)、(N1-2、N2-2 与 N3-2)、(N1-3、N2-3 与 N3-3)和(N1-4、N2-4 与 N3-4),建立产品、财务、营销与售后 4 个专用子网,最简单的方法是通过软件在交换机中设置 4 个 VLAN。

VLAN 是建立在局域网中的交换机之上,以软件方式划分与管理逻辑工作组,工作组中的结点不受物理位置限制。工作组成员不一定连接在同一网段,它们可连接在同一交换机,也可连接在不同交换机,只要这些交换机之间互联即可。如果某个结点要转移到其他工作组,只需通过软件设定来改变工作组,而无须改变它在网络中的位置。VLAN 的设置可基于交换机端口、MAC 地址、IP 地址或网络层协议等。VLAN 的主要优点表现在:方便用户管理,改善服务质量,可增强安全性。

3.3.6　无线局域网技术

无线局域网(Wireless LAN,WLAN)是实现移动计算的关键技术之一。无线局域网以微波、激光与红外线等无线电波作为传输介质,部分代替传统局域网中的同轴电缆、双绞线与光纤等有线传输介质,实现移动结点的物理层与数据链路层功能。

1. 无线局域网的应用领域

1987 年,IEEE 802.4 工作组开始无线局域网研究。最初目标是研究一种基于无线令牌总线网的 MAC 协议。经过一段时间的研究之后,研究者发现令牌方式不适合无线信道控制。1990 年,IEEE 802 委员会成立 IEEE 802.11 工作组,从事无线局域网 MAC 子层的访问控制协议和物理层的传输介质标准的研究。无线局域网能满足移动和特殊应用需求。无线局域网的应用领域主要有以下三个方面。

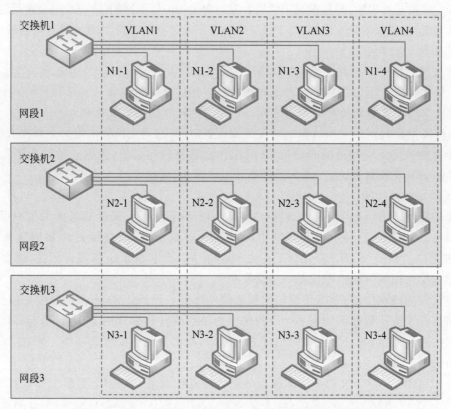

图 3-12　VLAN 的工作原理

（1）作为传统局域网的扩充。

有线局域网以双绞线实现 10Mb/s～1Gb/s 甚至更高速率,促使结构化布线技术获得广泛的应用。很多建筑物在建设过程中预先布好双绞线。在某些特殊的环境中,无线局域网能发挥传统局域网难以起到的作用。这类环境主要是建筑物群、工业厂房、不允许布线的历史古建筑,以及临时性的大型展览会等。无线局域网提供一种更有效的联网方式。在大多数情况下,有线局域网用于连接服务器和易布线的固定结点,无线局域网用于连接移动结点和不易布线的固定结点。图 3-13 给出了典型的无线局域网结构。

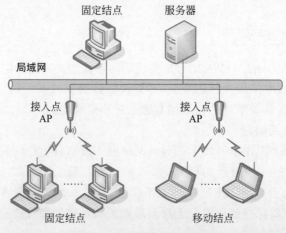

图 3-13　典型的无线局域网结构

（2）用于移动结点的漫游访问。

带天线的移动设备（例如笔记本）与 AP 之间可实现漫游访问。例如，展览会场的工作人员在向听众做报告时，通过笔记本访问位于服务器中的文件。漫游访问在大学校园或业务分布于多幢建筑物的环境也很有用。用户可以带着笔记本随意走动，从其中某些地点的接入设备接入无线局域网。

（3）用于构建特殊的移动网络。

一群工作人员每人携带一台笔记本，他们在一个房间中召开一次临时性会议，这些笔记本可临时自组织成一个无线网络，这个网络在会议结束后将自行消失。这种情况在军事应用中也很常见。这种类型的无线网络被称为无线自组网（Ad hoc）。图 3-14 给出了无线自组网的典型结构。

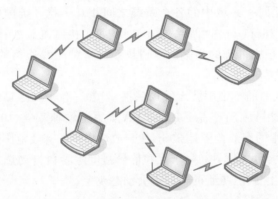

图 3-14　无线自组网的典型结构

2. 无线局域网的技术分类

无线局域网采用的是无线传输介质，按传输技术可分为三种类型：红外无线局域网、扩频无线局域网和窄带微波无线局域网。

1）红外无线局域网

红外线（Infrared Radio，IR）信号按视距方式传播，发送方必须能够直接看到接收方。由于红外线的频谱非常宽，因此它可提供很高的传输速率。红外线与可见光的部分特性一致，它可以被浅色的物体漫反射，可通过天花板反射覆盖整个房间。但是，红外线不会穿过墙壁或其他不透明物体。

红外传输技术主要有三种类型：定向光束红外传输、全方位红外传输与漫反射红外传输。其中，定向光束红外传输可用于点到点链路，传输范围取决于发射强度与接收设备的性能；全方位红外传输需要在天花板安装基站，它能看到局域网中的所有结点；漫反射红外传输不需要在天花板安装基站，所有结点的发射器对准天花板漫反射区。

红外无线局域网的优点是：通信安全性好，抗干扰性强，安装简单，易于管理。但是，其传输距离受到一定的限制。

2）扩频无线局域网

扩频通信是军事电子对抗中经常使用的方法，将数据的基带信号频谱扩展几倍或几十倍，以牺牲通信频带宽度为代价，提高无线通信的抗干扰性与安全性。与传统的利用较窄频谱的调频、调幅无线通信相比，它需要将信号扩展到更宽的频谱上传输，因此这种技术被称为扩频通信。目前，无线局域网最常用的是扩频通信技术。

扩频技术主要分为两种类型：跳频扩频与直接序列扩频。其中,跳频扩频(Frequency Hopping Spread Spectrum,FHSS)将可用频带划分成多个带宽相同的信道,中心频率由伪随机数发生器产生的随机数决定,变化频率值称为跳跃值,接收方与发送方采用相同的跳跃值以保证正确接收。直接序列扩频(Direct Sequence Spread Spectrum,DSSS)使用 2.4GHz 的工业、科学与医药(Industrial Scientific and Medicine,ISM)频段,数据由伪随机数发生器产生的伪随机数进行异或操作,然后将数据经过调制后发送,接收方与发送方采用相同的伪随机数来保证正确接收。

3) 窄带微波无线局域网

窄带微波(narrowband microwave)是指使用微波无线电频带来传输数据。最初的窄带微波无线局域网都需要申请执照。用于声音、数据传输的微波无线电频率需要申请执照,并且彼此之间需要协调,以避免同一区域中的各个系统之间相互干扰。美国由 FCC 来控制执照发放。每个区域的半径为 28km,同时可容纳 5 个执照,每个执照覆盖 2 个频率。在整个频带中,每个相邻单元避免使用互相重叠的频率。申请执照的窄带无线通信的优点是可保证通信无干扰。

后来,出现免申请执照的窄带微波无线局域网。1995 年,Radio LAN 成为第一个免申请执照(使用 ISM)的无线局域网产品。Radio LAN 的传输速率是 10Mb/s,使用的频率是 5.8GHz,在半开放环境中的有效范围是 50m,在开放环境中的有效范围是 100m。Radio LAN 采用对等方式的网络结构,可根据位置、干扰和信号强度等参数自动选择一个结点作为主管。随着网络结点的位置发生变化,主管的情况也会动态改变。

3. IEEE 802.11 标准的发展

1997 年,IEEE 802.11 正式成为 WLAN 标准,它使用 ISM 的 2.4GHz 频段,可提供最大 2Mb/s 的传输速率,包括 MAC 子层与物理层的相关协议。IEEE 802.11 标准在实现细节上的规定不够全面,不同厂商的 WLAN 产品可能出现不兼容情况。

1999 年,350 个产业界成员(包括 Cisco、Intel、Apple 等)创建 Wi-Fi 联盟(Wi-Fi Alliance),其中,Wi-Fi(Wireless Fidelity)涵盖"无线兼容性认证"的含义。Wi-Fi 联盟是一个非盈利的产业组织,它授权在 8 个国家建立测试实验室,对不同厂商生产的支持 IEEE 802.11 的无线局域网接入设备,以及采用 IEEE 802.11 接口的笔记本、Pad、智能手机等设备进行互操作性测试。

此后,IEEE 陆续成立新的工作组,补充和扩展 IEEE 802.11 标准。1999 年,出现 IEEE 802.11a 标准,采用 5GHz 频段,传输速率为 54Mb/s。同年,出现 IEEE 802.11b 标准,采用 2.4GHz 频段,传输速率为 11Mb/s。IEEE 802.11a 产品造价比 802.11b 高,同时两种标准互不兼容。2003 年,出现 IEEE 802.11g 标准,采用 2.4GHz 频段,传输速率提高到 54Mb/s。从 IEEE 802.11b 过渡到 802.11g 时,只需购买 IEEE 802.11g 接入设备,原有 IEEE 802.11b 无线网卡仍可使用。因此,IEEE 802.11a 产品逐渐退出市场。

尽管从 IEEE 802.11b 过渡到 802.11g 已升级带宽,但是 IEEE 802.11 仍需解决带宽不够、覆盖范围小、漫游不便、安全性不好等问题。2009 年,出现了 IEEE 802.11n 标准,相对于 IEEE 802.11g 可以说是一次换代。

IEEE 802.11n 标准具有以下几个特点。

(1) 可工作在 2.4GHz 与 5GHz 两个频段,传输速率最高可达 600Mb/s。

(2) 采用智能天线技术,通过多组独立的天线阵列,动态调整天线的方向图,有效减少噪声干扰,提高无线信号稳定性,并有效扩大覆盖范围。

(3)采取软件无线电技术,解决不同频段、信号调制方式带来的不兼容问题。它既能与IEEE 802.11a/b/g 标准兼容,还能与 IEEE 802.16 标准兼容。

IEEE 802.11n 正是凭借以上特点成为无线城市建设中的首选技术,并大量进入家庭与办公室环境中。

IEEE802.11ac 与 802.11ad 草案被称为千兆 Wi-Fi 标准。2011 年,IEEE 802.11ac 草案发布,工作在 5GHz 频段,传输速率为 1Gb/s。2012 年,IEEE 802.11ad 草案抛弃拥挤的 2.4GHz 与 5GHz 频段,工作在 60GHz 频段,传输速率为 7Gb/s。这些技术都需要考虑与 IEEE 802.11a/b/g/n 标准兼容的问题。由于 IEEE 802.11ad 使用的频段在 60GHz,因此其信号覆盖范围较小,更适于家庭的高速 Internet 接入。

IEEE 802.11 协议定义了三种类型的帧:管理帧、控制帧与数据帧。其中,管理帧主要用于无线结点与 AP 之间建立连接,目前定义了 14 种管理帧,例如,信标(beacon)、探测(probe)、关联(association)、认证(authentication)等。在 BSS 模式中,AP 以 0.1~0.01s 间隔周期广播信标帧。只有在 Ad hoc 中,无线结点可以发送信标帧。控制帧主要用于预约信道、确认数据帧,目前定义了 9 种控制帧,例如,请求发送(RTS)、允许发送(CTS)、确认(ACK)等。无线结点可通过 RTS/CTS 机制来预约信道。

IEEE 802.11 数据帧由 3 个部分组成:帧头、数据与帧尾。其中,帧头的长度为 30B,数据部分的长度为 0~2312B,帧尾的长度为 2B。帧头主要由 4 个部分组成:帧控制、持续时间、地址 1~地址 4 与序号。其中,帧控制字段长度是 2B,包括 11 个子字段,主要有版本、帧类型、分片、重传、电源管理等。持续时间是结点从发送到接收确认的信道占用时间。当数据帧从源主机经 AP 转发到目的主机时,将会使用三个 MAC 地址:源地址、目的地址与 AP 地址。在IEEE 802.11 系列协议中,数据帧结构可能会有所不同,例如,IEEE 802.11n 在数据帧中增加QoS 与 HT 字段。

4. 无线局域网的工作原理

IEEE 802.11 协议采用层次模型结构,其物理层定义了红外、扩频等传输标准。图 3-15 给出了 IEEE 802.11 协议结构模型。MAC 层负责对无线信道的访问控制,主要支持两种访问方式:无争用服务与争用服务。其中,无争用服务系统中存在中心结点,该结点提供点协调功能(Point Coordination Function,PCF)。争用服务类似于以太网的随机争用访问模式,它被称为分布协调功能(Distributed Coordination Function,DCF)。MAC 层采用的介质访问控制方法是带冲突避免的载波侦听多路访问(Carrier Sense Multiple Access with Collision Avoid,CSMA/CA)方法。

根据 CSMA/CA 方法的要求,每个结点在发送数据之前,首先需要侦听信道。如果信道空闲,则该结点可发送一个帧。在源结点发送一个帧之后,必须等待一个时间间隔,检查目的结点是否返回确认帧。如果在规定时间内接收到确认,表示本次发送成功;否则,表示发送失败,源结点将重发该帧,这里有规定的最大重发次数。这个时间间隔被称为帧间间隔(Inter Frame Space,IFS)。IFS 的长短取决于帧的类型。高优先级帧的 IFS 短,它可以优先获得信道的使用权。

常用的 IFS 主要包括三种类型:短帧间间隔(Short IFS,SIFS)、点帧间间隔(Point IFS,PIFS)和分布帧间间隔(Distributed IFS,DIFS)。其中,SIFS 用于分隔属于一次对话的各个帧,例如数据帧与确认帧,其值与物理层协议相关。例如,IR 的 SIFS 为 $7\mu s$,DSSS 的 SIFS 为

$10\mu s$,FHSS 的 SIFS 为 $28\mu s$。PIFS 等于 SIFS 加一个 $50\mu s$ 的时间片。DIFS 等于 PIFS 加一个 $50\mu s$ 的时间片。

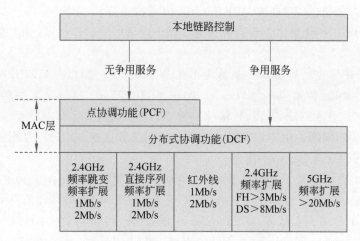

图 3-15　IEEE 802.11 协议结构模型

图 3-16 给出了 IEEE 802.11 结点发送数据帧的过程。IEEE 802.11 的 MAC 层采用 CSMA/CA 方法,物理层执行信道载波监听功能。当源结点确定信道空闲时,在等待一个 DIFS 之后,如果信道仍空闲,则该结点可发送一个帧。当源结点结束一次发送后,需要等待接收确认帧。当目的结点正确接收一个帧时,在等待一个 SIFS 之后,则该结点将返回一个确认帧。如果源结点在规定时间内接收到确认,表示本次发送成功。当一个结点正在发送数据帧时,其他结点不能利用该信道发送数据。

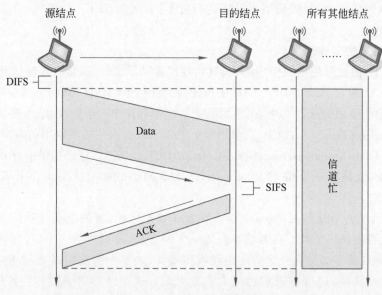

图 3-16　IEEE 802.11 结点发送数据帧的过程

IEEE 802.11 的 MAC 层还提供了虚拟监听(Virtual Carrier Sense,VCS)机制,用于进一步减少发生冲突的概率。MAC 层在帧的第 2 字段设置一个持续时间。当源结点发送一个帧时,在该字段填入以 μs 为单位的值,表示在该帧发送结束后,还要占用信道多长时间。当其他结点接收到信道中传输帧的持续时间之后,它们调整自己的网络分配向量(Network Allocation Vector,NAV)。NAV 等于源结点发送一个帧的时间、一个 SIFS 和目的结点返回一个确认的时间之和,表示信道在经过 NAV 之后才进入空闲状态。需要发送帧的结点在信道空闲后,再经过一个 DIFS 进入争用窗口。

由于 CSMA/CA 没有采用类似以太网的冲突检测机制,因此当信道从忙转到空闲时,各个结点不仅要等待一个 DIFS,还必须执行一个退避算法,以进一步减少碰撞。IEEE 802.11 采用了二进制指数退避算法,它与以太网不同的地方是第 i 次退避在 2^{2+i} 个时间片中随机选择一个。当一个结点进入争用窗口时,它将启动一个退避计时器,按二进制指数退避算法随机选择退避时间。当退避计时器的时间为 0 时,结点可以开始发送。如果此时信道已经转入忙,则结点将退避计时器复位,重新进入退避争用状态,直到成功发送。

IEEE 802.11 标准定义了两类网络拓扑:基础设施模式(infrastructure mode)与独立模式(independent mode)。其中,基础设施模式的网络依赖于基站(即接入点),以实现网络中的无线结点之间的通信。它进一步可分为两种模式:基本服务集(Basic Service Set,BSS)与扩展服务集(Extended Service Set,ESS)。BSS 是构成无线局域网的基本单元,而 ESS 用于扩大无线局域网的覆盖范围。独立模式的网络中不需要基站,网络中的无线结点之间以对等方式通信,它对应的是独立基本服务集(Independent BSS,IBSS)。IEEE 802.11s 标准增加了一种混合模式,对应的是 Mesh 基本服务集(Mesh BSS,MBSS)。

无线局域网主要包括四个组成部分:无线结点、接入点、接入控制器与 AAA 服务器。这里,无线结点通常是一台带无线网卡的计算机,当然也可以是手机、Pad 或其他移动终端。接入点(Access Point,AP)是无线局域网中的基站,可将多个无线结点接入网络。接入控制器(Access Controller,AC)是无线局域网与外部网络之间的网关,它将来自不同 AP 的数据汇聚后发送到外部网络。实际上,AC 与 AP 的功能可在一台设备中实现。AAA 服务器负责完成用户认证、授权和计费功能,并支持拨号用户的远程认证服务(Remote Access Dial In User Service,RADIUS)。

3.4　宽带城域网技术

3.4.1　城域网概念的演变

Internet 广泛应用推动电信网技术的高速发展,电信运营商的业务从以语音服务为主,逐步向基于 IP 网络的数据业务方向发展。

1. 城域网的研究背景

2000 年前后,北美电信市场出现长途线路带宽过剩局面,很多长途电话公司和广域网运营公司倒闭。造成这种现象的主要原因是:以低速的调制解调器和电话线接入 Internet 的方式已不能满足用户需求。调制解调器速率和电话线路带宽已成为接入瓶颈,使很多希望享受 Internet 服务的用户无法有效接入。很多电信运营商虽然拥有大量广域网带宽资源,却无法有效解决本地大量用户的接入问题。人们发现,制约大规模 Internet 接入的瓶颈在城域网。为了满足大规模 Internet 接入并提供多种服务,电信运营商必须提供全程、全网、端到端和灵活配置的宽带城域网。

各国信息高速公路建设促进电信产业结构调整,出现了大规模的企业重组和业务转移。在这样一个社会需求的驱动下,电信运营商纷纷将竞争重点和资金投入,从广域主干网建设转移到支持大量用户接入和支持多业务的城域网建设中,导致世界性的信息高速公路建设高潮,为信息产业高速发展打下坚实的基础。

2. 早期城域网的技术定位

20 世纪 80 年代后期,在计算机网络的类型划分中,以网络所覆盖的地理范围为依据,研究者提出了城域网的概念,并将城域网业务定位为城市范围内的大量局域网互联。IEEE 802 委员会对城域网的定义是在总结 FDDI 技术特点的基础上提出的,它是相对于广域网与局域网而产生的。计算机网络按覆盖范围来划分,城域网是覆盖一个城市范围的计算机网络,主要用于很多局域网之间的互联。

根据 IEEE 802 委员会的最初表述,城域网是以光纤为传输介质,提供 45～150Mb/s 高传输速率,支持数据、语音与视频等业务的综合数据传输,覆盖范围是 50～100km 的城市范围,能实现高速宽带传输的数据通信网络。早期城域网的首选技术是光纤环网,典型产品是光纤分布式数据接口(Fiber Distributed Data Interface,FDDI)。FDDI 设计目标是实现高速、高可靠性和大范围的局域网互联。FDDI 采用光纤作为传输介质,传输速率为 100Mb/s。FDDI 支持双环结构,具备快速环自愈能力,能适应城域网主干网建设要求。IEEE 802.5 规定 FDDI 在 MAC 子层使用令牌环网控制方法。

现在看来,IEEE 802 委员会对城域网的最初表述有一点是准确的,那就是光纤一定会成为城域网的主要传输介质,但是它对传输速率的估计明显保守。随着 Internet 的应用和新服务的不断出现,以及三网融合的发展趋势,城域网业务扩展到几乎所有信息服务领域,城域网的概念也随之发生重要变化。

3. 宽带城域网的定义

从现在的城域网技术与应用现状来看,现代城域网一定是宽带城域网,它是网络运营商在城市范围内组建、提供各种信息服务业务的综合网络。

宽带城域网的定义是:以宽带光传输网为开放平台,采用 TCP/IP 作为基础,通过各种网络互联设备,实现数据、语音、视频、IP 电话、IP 电视、IP 接入和各种增值业务,并与广域网、广播电视网、电话交换网互联互通的本地综合业务网络。为了满足数据、语音、视频等多媒体应用的需求。现实意义上的城域网一定是能提供高传输速率和保证服务质量的网络,这样已将传统意义上的城域网扩展为宽带城域网。

应用需求与技术发展总是相互促进、协调发展。Internet 应用的快速增长,要求通信网络满足用户的新需求;新技术的出现又促进新应用的出现与发展。这点在宽带城域网的建设与应用中表现得更突出。低成本的千兆以太网、万兆以太网技术的应用,促使局域网带宽得到了快速增长。同时,光纤的广泛应用导致广域网主干带宽的大扩展。宽带城域网设计人员可以利用这些新技术,在广域网与局域网之间建立起桥梁。这些技术既支持传统语音业务,也支持 QoS 需求明确、基于 IP 的新型应用。宽带城域网建设给世界电信业的传输网和业务都带来重大影响。

宽带城域网的出现促使传统城域网在概念与技术上发生很大变化。宽带城域网的建设与应用引起世界范围的大规模产业结构调整和企业重组,它已成为现代化城市建设中的重要基础设施之一。图 3-17 给出了现代化城市中的宽带城域网功能。推动宽带城域网发展的应用和业务主要包括:大规模 Internet 接入与交互式应用;远程办公、视频会议、网上教育等新兴的办公与生活方式;网络电视、视频点播与网络电话,以及由此引起的新型服务;家庭网络的应用。

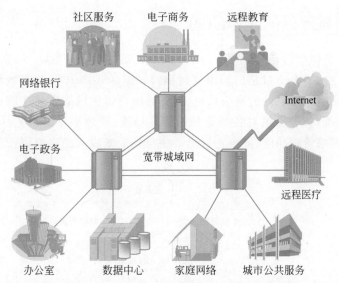

图 3-17　现代化城市中的宽带城域网功能

4. 宽带城域网的主要特征

宽带城域网是基于计算机网络与 IP 协议,以电信网的可扩展、可管理为基础,在城市范围内汇聚宽带和窄带用户的接入,以满足政府、企业、学校等单位用户,以及个人用户对 Internet 和多媒体服务需求为目标,而组建的宽带、多业务的综合性网络。

从传输技术的角度来看,宽带城域网能在电话交换网、移动通信网、有线电视网和计算机网络的基础上,为数据、语音、视频业务提供一个互连互通的平台。宽带城域网是传统的计算机网络、电信网络与有线电视网的技术融合,也是传统的电信服务、有线电视服务与现代 Internet 服务的融合。

城域网与广域网在设计上的着眼点不同。广域网要求重点保证数据传输容量,而城域网要求重点保证数据交换容量。广域网的设计重点是保证大量用户共享主干线路容量,而城域网的设计重点不在线路,而是在于交换结点的性能与容量。城域网的交换结点需要保证大量接入的最终用户的服务质量。当然,城域网连接不同交换结点的线路带宽需要保证。因此,不能简单认为城域网是广域网的缩微,也不能认为城域网是局域网的自然延伸。宽带城域网是一个在城市区域内,接入大量用户和提供各种服务的网络平台。

无论今后宽带城域网如何发展,它最基本的特征是不会改变的,那就是:以光传输网络为基础,以 IP 技术为核心,并且支持多种业务。

通过近年来宽带城域网发展的实践,研究者已在以下问题上取得共识。

(1) 完善的光纤传输网是宽带城域网的基础。

(2) 传统电信、有线电视与 IP 业务的融合成为宽带城域网的核心业务。

(3) 高端路由器和多层交换机是宽带城域网设备的核心。

(4) 扩大宽带接入是发展宽带城域网应用的关键。

由于宽带城域网是多种技术和业务的交叉,因此它具有重大的应用价值和产业化前景。在讨论宽带城域网技术时,涉及的技术比较复杂,通常会超出传统的计算机网络与电信技术研究范畴,同时也是一项正在发展中的新技术。因此,在很多关于计算机网络技术的著作中,很少会系统地讨论这部分的内容。

3.4.2　宽带城域网的基本结构

宽带城域网的整体结构是"三个平台与一个出口"的结构。这里,三个平台是指网络平台、业务平台与管理平台,一个出口是指城市宽带出口。图 3-18 给出了宽带城域网的整体结构。其中,网络平台是指宽带城域网的网络系统,负责为用户提供网络通信功能;业务平台是指宽带城域网的业务系统,负责提供对各类业务的管理功能;管理平台是指宽带城域网的网管系统,负责提供综合网络管理功能;城市宽带出口是与其他城域网的接口,负责与其他城市的相应网络之间互联。

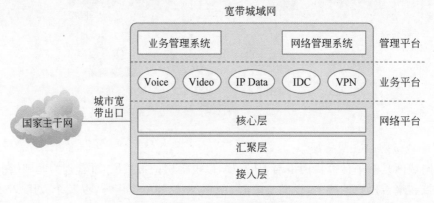

图 3-18　宽带城域网的整体结构

网络平台可进一步划分为三个层次:核心交换层、边缘汇聚层与用户接入层。图 3-19 给出了宽带城域网的网络结构。其中,核心交换层又称为核心层,主要提供主干线路与高速交换功能;边缘汇聚层又称为汇聚层,主要提供路由选择与流量汇聚功能;用户接入层又称为接入

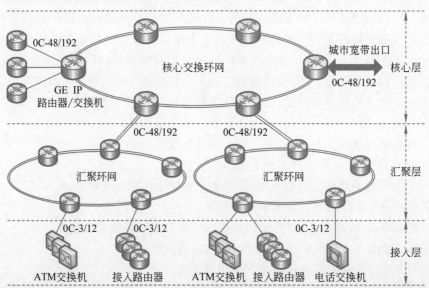

图 3-19　宽带城域网的网络结构

层,主要提供用户接入与本地流量控制功能。采用层次结构的优点是:结构清晰,接口开放,标准规范,便于组建和管理。

核心层位于宽带城域网的核心部分,其结构设计重点考虑可靠性、可扩展性与开放性。核心层的主要功能包括:

(1) 将多个汇聚层网络互相联接,提供高速数据转发服务,为整个城域网提供一个高速、安全、保证 QoS 的主干网环境。

(2) 与其他地区和国家主干网互联,提供城市的宽带 IP 出口。

(3) 为用户访问 Internet 提供路由服务。

汇聚层位于宽带城域网核心层的边缘。汇聚层的主要功能包括:

(1) 完成用户数据的汇聚、转发与交换。

(2) 根据接入层的用户流量,执行本地路由、流量过滤、负载均衡,以及安全控制、IP 地址转换、流量整形等。

(3) 将用户流量转发到核心层或汇聚层进行路由处理。

接入层连接宽带城域网的最终用户,负责解决"最后一千米"问题。接入层通过各种接入技术为用户提供网络访问和其他信息服务。

3.4.3　宽带城域网的设计问题

在讨论宽带城域网的设计与组建时,需要注意以下几个问题。

(1) 根据实际需求确定网络结构。

宽带城域网的核心层、汇聚层与接入层是一个完整集合。在实际应用中,可根据城市的覆盖范围、网络规模、用户数量与承载业务采用它的子集。例如,对于一个大城市的宽带城域网,通常采用核心层、汇聚层与接入层的完整结构;对于一个中、小城市的宽带城域网,初期通常仅需采用核心层与汇聚层的两层结构,并将汇聚层与接入层合并起来考虑。运营商可根据自己的实际情况,考虑宽带城域网的结构与层次。宽带城域网设计的一个重要出发点是:在降低网络造价的前提下,满足当前数据流量、用户数量与业务类型的要求,并具有一定的可扩展能力。

(2) 宽带城域网的可运营性。

宽带城域网是一个提供电信服务的系统,它必须能够提供 $7 \times 24h$ 的服务,并且能够保证服务质量。宽带城域网的核心链路与关键设备是电信级的。在组建一个可运营的宽带城域网时,首先需解决技术选择与设备选型问题。宽带城域网采用的不一定是最先进,但应该是最适合的技术。

(3) 宽带城域网的可管理性。

对于一个实际运营的宽带城域网来说,不同于向内部用户提供服务的局域网,它需要具备足够的网络管理能力。这种能力表现为电信级的接入管理、业务管理、网络安全、计费能力、IP 地址分配、QoS 保证等。

(4) 宽带城域网的可营利性。

组建宽带城域网一定是可盈利的,这是每个运营商首先考虑的问题。因此,组建宽带城域网必须定位在可开展的业务上,例如,Internet 接入、VPN、语音、视频与流媒体、内容提供等业务。根据自身优势确定重点发展的业务,同时兼顾其他业务。建设可盈利的宽带城域网需要正确定位客户群,发现盈利点,培育和构建产业和服务链。

　　(5) 宽带城域网的可扩展性。

　　设计宽带城域网必须注意组网的灵活性,以及对新业务与网络规模、用户数量增长的适应性。宽带网络发展具有很大的不确定性,难以准确预测网络应用的发展,尤其是难于预测一种新应用的出现。因此,在方案与设备的选择时必须慎重,以便降低运营商的投资风险。组建宽带城域网受到技术发展与投资规模限制,一步到位的想法是不现实的。网络运营商应制定统一的规划,分阶段与分步骤实施,并根据业务的发展来加以调整。

　　(6) 宽带城域网运营的关键技术。

　　在讨论宽带城域网的设计与组建时,同时应关注支持网络运营的关键技术。管理和运营宽带城域网的关键技术主要包括:带宽管理、QoS 保证、网络管理、用户管理、多业务接入、统计与计费、IP 地址分配与转换、网络安全等。

　　构建宽带城域网的基本技术与方案主要有以下两种。

　　(1) 基于 SDH 的城域网方案。

　　(2) 基于 10GE 的城域网方案。

　　宽带城域网建设的最大风险是基本技术与方案的选择,因为它决定了主要的资金投向和风险。到底哪种方案比较适合,不同的城市、基础与应用领域的运营商会有不同选择。如果说宽带城域网选择网络方案的三大驱动因素是成本、可扩展性和易用性,基于光以太网的 10GE 技术作为构建宽带城域网主要技术是更好的选择。

3.4.4　接入网技术

1. 接入网的概念

　　如果将国家级的广域主干网比作高速公路,将城市或地区的宽带城域网比作快速环路,那么接入网就相当于将各类用户接入环路的城市道路。对于 Internet 来说,任何一个机关、企业、家庭的计算机首先要接入本地网络,才能通过城域网、广域网接入 Internet。这个问题被形象地称为信息高速公路中的“最后一千米”问题。接入网技术解决的就是这个问题,即将最终用户接入宽带城域网的问题。随着 Internet 应用越来越广泛,社会对接入网技术的需求也越来越强烈。

　　我国工业和信息化部对接入服务有明确的界定:电信业务中的第二类增值业务。Internet 接入服务的定义是:利用接入服务器和相应的软硬件资源建立业务结点,利用公用电信基础设施将业务结点与 Internet 主干网连接,为各类用户提供 Internet 接入服务。Internet 接入服务主要有两种应用:为信息服务业务经营者提供接入服务,它们从事信息提供、网上交易、在线应用等服务;为普通用户提供接入服务。

　　从计算机网络层次的角度来看,接入网属于物理层的问题。但是,接入网技术与电信网、有线电视网都有密切的联系。为了支持各种类型数据的传输,满足电子政务、电子商务、远程教育、远程医疗、IP 电话、视频会议与流媒体播放等应用,研究者将发展重点放在宽带主干网与接入网的建设上。

2. 接入技术的类型

　　接入技术关系到如何将成千上万的用户接入 Internet,以及用户能获得的服务质量、资费标准等问题,它是网络基础设施建设中需重点解决的问题。从用户类型的角度,接入技术可分为三种:家庭接入、校园接入、企业接入等。从通信信道的角度,接入技术可分为两种:有线接入与无线接入。从实现技术的角度,接入技术主要有以下几种:局域网、数字用户线、光纤同轴电缆混合网、光纤入户、无线接入等。无线接入又分为以下几种：无线局域网、无线城域网与无线自组网。

1）数字用户线技术

目前，很多电信公司倾向于推动数字用户线（Digital Subscriber Line，DSL）的应用。DSL是从用户到本地电话交换中心的一对铜双绞线，又称为数字用户环路。本地电话交换中心通常被称为中心局。DSL是美国贝尔实验室在1989年为推动视频点播业务而开发，它是一种基于传统电话线的高速数据传输技术。其中，x表示这种技术有不同类型，例如，ADSL、HDSL、VDSL、RADSL等。

公用电话网是可在全球范围为住宅和商业用户提供接入的网络。全球的电话用户数量是相当庞大的。电话线最初设计是传输模拟的语音信号，采用调制解调器后可传输数字的数据信号。近年来，电信公司的主干网已采用2.5～10Gb/s的光纤，但是用户和交换局之间的电话线采用调制技术无法满足高速接入需求。DSL技术可在电话线上提供几Mb/s的数据传输速率，并可同时提供电话和高速数据业务。

非对称数字用户线（Asymmetric DSL，ADSL）技术最初是由Intel、Compaq、Microsoft等公司提出，如今已包括大多数设备制造商和网络运营商。图3-20给出了家庭使用ADSL的结构。由于ADSL的上行和下行带宽不对称，因此它被称为非对称数字用户线。ADSL采用频分复用技术将电话线分为电话、上行和下行三个独立信道，从而避免了相互之间的干扰。即使打电话与上网同时进行，也不会造成上网速率或通话质量下降。ADSL提供的上行速率可达3.5Mb/s，下行速率可达24Mb/s。由于ADSL可利用现有电话线而无须重新布线，因此用户端的投资相对较小，并且推广容易。

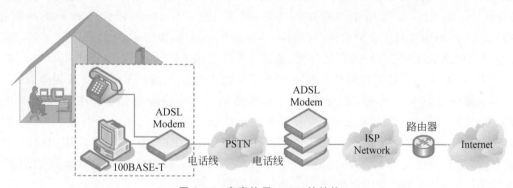

图 3-20　家庭使用 ADSL 的结构

2）光纤同轴电缆混合网

20世纪70年代，有线电视网（CATV）仅能提供单向的广播业务，当时的网络采用共享同轴电缆的树状拓扑结构。随着有线电视网的双向传输改造完成，利用有线电视网同时双向传输数据成为可能。目前，我国的有线电视网覆盖面非常广，在进行有线电视网的改造之后，为家庭用户提供了一种经济、便捷的宽带接入方法。

光纤同轴电缆混合网（Hybrid Fiber Coax，HFC）是新一代有线电视网，它是一个双向的电视信号传输系统。在住宅小区中，光纤结点将光纤干线和同轴电缆相连，通过下引线为500～2000个用户提供服务，这些用户可共享同一根传输介质。HFC可改善信号质量和提高可靠性。用户既可接收传统电视节目，又可实现视频点播、IP电话、Web浏览等双向服务。HFC是一种比较有竞争力的宽带接入技术。

3）光纤接入技术

多数网络运营商认为理想的宽带接入网是基于光纤的网络。无论采用哪种接入技术,传统电缆的带宽瓶颈是难以克服的。与双绞线、同轴电缆或无线技术相比,光纤的带宽容量几乎是无限的,光信号可传输很远而无须中继。因此,网络运营商非常关注光纤接入网建设,光纤接入直接向用户端延伸的趋势已很明朗。

目前,已出现多种光纤接入方法,主要包括:光纤到路边(Fiber To The Curb,FTTC)、光纤到小区(Fiber To The Zone,FTTZ)、光纤到大楼(Fiber To The Building,FTTB)、光纤到办公室(Fiber To The Office,FTTO)与光纤到家庭(Fiber To The Home,FTTH)等。其中,FTTH方式是家庭用户常用的方式,它将光纤直接铺设入户连接光调制解调器,然后通过双绞线连接用户的计算机。

3.4.5　无线宽带城域网技术

IEEE一直在推动建立全球统一的无线宽带城域网接入标准。1999年,IEEE 802委员会专门成立了一个工作组,开始研究无线宽带接入技术标准。2002年,该工作组公布了IEEE 802.16标准,它的全称是固定带宽无线访问系统空间接口(air interface for fixed broadband wireless access system),又被称为无线城域网(Wireless MAN,WMAN)或无线本地环路(wireless local loop)。

无线接入是指在用户端和交换局之间的接入网,全部或部分采用无线传输技术,为用户提供固定或移动的接入服务。IEEE 802.16定义了工作在2～66GHz频段的无线接入系统,包括MAC子层与物理层的相关协议。IEEE 802.16标准分为视距(LOS)与非视距(NLOS)两种,其中,2～11GHz频段用于非视距类的应用,而12～66GHz频段用于视距类的应用。IEEE 802.16a增加了对无线网格网(Wireless Mesh Network,WMN)的支持。2004年,IEEE 802.16与IEEE 802.16a标准经过修订后,被统一命名为IEEE 802.16d。

IEEE 802.16标准的无线网络需要在每个建筑物上建立基站。基站之间采用全双工、宽带的方式来进行通信。后来,IEEE 802.16标准增加了两个物理层标准:IEEE 802.16d与IEEE 802.16e。其中,IEEE 802.16d主要针对固定结点之间的无线通信,IEEE 802.16e主要针对火车、汽车等移动物体之间的无线通信。2011年4月,IEEE正式批准了IEEE 802.16m标准,它是为下一代无线城域网而设计的。IEEE 802.16m标准可在固定的基站之间提供1Gb/s的传输速率,为移动用户提供100Mb/s的传输速率。

尽管IEEE 802.11与IEEE 802.16都针对无线环境,但是由于两者的应用对象不同,其采用的技术与解决问题的侧重点均不同。IEEE 802.11侧重于局域网范围的无线结点之间的通信,而IEEE 802.16侧重于城市范围内建筑物之间的数据通信问题。从基础设施的角度来看,IEEE 802.16与移动通信4G技术有一些相似之处。WiMAX论坛是由众多的网络设备生产商、电信运营商等自发建立的组织,它致力于推广WMAN应用与IEEE 802.16标准。近年来,WiMAX几乎成为可代表WMAN的专用术语。

3.5 无线个域网技术

3.5.1 个域网的概念

随着笔记本、智能手机、Pad 与智能家电的广泛应用,人们提出了自身附近 10m 范围内的个人操作空间(Personal Operating Space,POS)的移动数字终端设备的联网需求。个域网(Personal Area Network,PAN)主要采用无线技术实现联网设备之间的通信,在此基础上出现了无线个域网(Wireless PAN,WPAN)的概念。目前,可供 WPAN 使用的无线通信技术主要有以下几种:IEEE 802.11 标准的 WLAN、IEEE 802.15.4 标准的 6LoWPAN、蓝牙、ZigBee 等。

IEEE 802.15 工作组致力于 WPAN 的标准化工作,其任务组 TG4 制定了 IEEE 802.15.4 标准,主要考虑低速无线个域网(Low-Rate WPAN,LR-WPAN)应用问题。LR-WPAN 设计目标是解决近距离、低速率、低功耗、低成本、低复杂度的嵌入式无线传感器,以及自动控制设备、自动读表设备之间的数据传输问题。按照网络体系结构的设计思想,IEEE 802.15.4 协议只包括物理层与数据链路层。

IEEE 802.15 工作组下设了以下几个任务组。

(1) TG1 任务组制定了 IEEE 802.15.1 标准,针对与蓝牙协议兼容的、近距离、中等传输速率的 WPAN 应用。

(2) TG2 任务组制定了 IEEE 802.15.2 标准,解决 IEEE 802.15.1 与 IEEE 802.11 标准的兼容问题。

(3) TG3 任务组制定了 IEEE 802.15.3 标准,针对高传输速率的 WPAN 应用。

(4) TG4 任务组制定了 IEEE 802.15.4 标准,针对低传输速率的 WPAN 应用。

IEEE 802.15.4 规定了长寿命电池、低复杂度的无线收发机技术规范,主要面向靠电池运行 1～5 年的紧凑型、低功耗、廉价的嵌入式设备,例如,无线传感器网中的传感器结点。IEEE 802.15.4 将通信频段分为三段:2.4GHz(全球)、915MHz(美国)和 868MHz(欧洲)。与采用 2.4GHz 频段的 WLAN 相比,IEEE 802.15.4 结点的发射功率只是 WLAN 的 1%。实际上,WLAN 与蓝牙已被认为不适于低功耗的传感器应用。目前,大多数无线传感器网采用的是 IEEE 802.15.4 标准。

IEEE 802.15.4 标准主要有以下几个特点。

(1) 在不同载波频率下实现 20kb/s、40kb/s 和 250kb/s 的传输速率。

(2) 支持星状、点-点两种网络拓扑。

(3) 使用 16 位和 64 位两种地址格式,其中 64 位地址是全球唯一的扩展地址。

(4) 支持冲突避免的载波多路侦听 CSMA/CA 技术。

(5) 支持确认机制,保证传输可靠性。

尽管 IEEE 希望将 802.15.4 推荐为近距离范围内移动设备之间的低速互连标准,但是产业界已存在两个有影响力的竞争性技术,即蓝牙技术与 ZigBee 技术。

3.5.2　蓝牙技术

1994 年,Ericsson 与 IBM、Intel、Nokia 等公司共同倡议,开发一个用于将计算机与通信设备、附件和外部设备等通过短距离、低功耗、低成本的无线信道连接的通信标准。这项技术被命名为蓝牙(Bluetooth)技术。

1. 蓝牙技术的研究背景

对于"蓝牙"名字的选用众说纷纭,但有一个已被普遍接受的说法,它与一位丹麦国王的名字相关。Harald Blatand 是一位丹麦国王,在他统治期间曾统一丹麦和挪威,人们将 Blatand 称为 Bluetooth,中文直译为"蓝牙"。由于这项技术是在斯堪的纳维亚地区产生,因此创始人就用这个名字来命名,表达了希望像当年的丹麦国王那样,统一多家公司的短距离无线通信技术和产品的初衷。

很多国家的电信业受到严格的限制,电话系统必须遵守本国政府的规定,而电话系统的标准又会因国家而不同,很多无线通信设备也受到类似的限制。无线频段的使用通常需申请许可证,并且在使用中受到一定的限制。蓝牙技术使用的 ISM 频段无须申请,用户可在任何地方使用支持蓝牙的设备。目前,蓝牙已广泛应用于通信设备及外设中,例如,智能手机、笔记本、耳机、音箱、投影仪、鼠标与键盘等。

1998 年 5 月,Ericsson、Intel、IBM、Nokia 等公司成立特别兴趣组(Special Interest Group,SIG)。SIG 不是由任何一个公司单独控制,而是由其成员共同管理的组织。目前,SIG 共有一千八百多个成员,包括电子产品制造商、芯片制造商与电信运营商等。SIG 的主要任务是致力于蓝牙技术的推广。蓝牙技术已经出现了很多的版本,例如,从蓝牙 1.0 至蓝牙 4.0。特别是,蓝牙 4.0 在工作频段与低功耗方面的改进,使其与之前版本出现大规模的不兼容。因此,SIG 后期关注蓝牙版本的兼容性问题。

2. 蓝牙规范与 IEEE 802.15 标准

1999 年 7 月,SIG 发布蓝牙规范 1.0 版。整个规范长达 1500 页,其中,卷 1 是核心规范,卷 2 是协议子集。虽然蓝牙最初目标只是去掉设备之间的连接电缆,但它很快就扩大了研究范畴,开始涉足无线局域网的工作领域。蓝牙规范是一个针对整个系统的细致规范。1998 年 3 月,IEEE 成立了 802.15 工作组,开始 WPAN 相关层次的协议研究。在蓝牙 1.0 版发布后不久,IEEE 802.15 以它为基础并加以修订。尽管这样做使该标准更有应用价值,但也造成它与 IEEE 802.11 标准的竞争。

大多数网络协议只涉及为通信设备提供信道的相关协议,并不会涉及应用层协议的内容。IEEE 802.3 与 802.11 遵循传统网络体系结构思想,只回答物理层与数据链路层的问题,并不涉及高层协议。蓝牙技术的设计思路不一样,除了对信道与通信过程做出详细规定,它还规定了 13 种网络应用的专门协议。由于蓝牙设备的工作范围不大,从网络层到传输层都必须设计得很简单,每个协议仅考虑支持某种具体的应用。但是,这种做法可能导致协议的庞大与复杂,蓝牙 1.0 版的文本长达 1500 页。

IEEE 802.15 工作组设有 4 个任务组(TG)。任务组 TG1 制定了 IEEE 802.15.1 标准,它是基于蓝牙规范而改进的 WPAN 标准,主要考虑智能手机、可穿戴计算设备、物联网终端设备的近距离通信。IEEE 802.15 仅对物理层和 MAC 子层进行标准化,蓝牙规范的其他部分并没有被纳入该标准。尽管由 IEEE 来管理一个开放的标准,通常有助于一项技术的推广和应用,但在一项事实上的工业标准出现之后,又出现一个与它不兼容的新规范,对技术发展来说未必就是一件好事。

3.5.3　ZigBee 技术

ZigBee 是一种面向自动控制的低速率、低功耗、低价格的无线网络技术。ZigBee 对于通信速率的要求低于蓝牙。ZigBee 设备同样工作在 ISM 频道,工作在 2.4GHz 频段时传输速率为 250kb/s,工作在 915MHz 时传输速率为 40kb/s。ZigBee 设备对功耗的要求更低,通常由电池供电,在不更换电池的情况下可工作几个月,甚至几年。但是,ZigBee 网络的结点数、覆盖规模比蓝牙大得多,传输距离为 10~75m。

ZigBee 适用于数据采集与控制结点多、数据传输量小、覆盖面大、造价低的应用领域。近年来,它在家庭网络、医疗保健、工业控制、安全监控等领域展现出良好的前景。同时,ZigBee 也是物联网智能终端设备在近距离、低速接入时常用的方法之一。

IEEE 802.15.4 已被广泛采纳为低功耗通信系统的物理层和 MAC 层标准,这样可将不同的无线通信平台融合于同一网络中。由于 ZigBee 在低层采用 IEEE 802.15.4 标准,因此常将 ZigBee 与 IEEE 802.15.标准混淆,而实际上这两种标准在体系结构上有很大区别。图 3-21 给出了 ZigBee 与 IEEE 802.15.4 标准的关系。

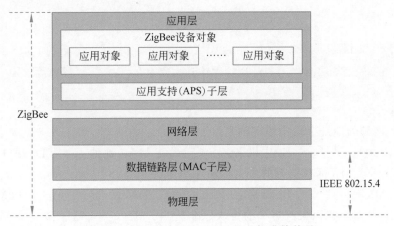

图 3-21　ZigBee 与 IEEE 802.15.4 标准的关系

IEEE 802.15.4 标准制定严格按照网络体系结构方法,它仅涉及物理层与数据链路层。ZigBee 标准覆盖网络体系结构的多数层次,从物理层、数据链路层、网络层直到应用层。在物理层与数据链路层,ZigBee 采用了 IEEE 802.15.4 标准。在网络层,ZigBee 定义了三种传输方式:用于监测应用的周期性数据传输,基于事件触发应用的间歇性数据传输,以及基于特定应用的重复低延时传输。在应用层,ZigBee 针对不同应用对象来设计专用协议,并引入应用支持(APS)子层来提供服务。

小结

本章主要讲述了以下内容。

(1) 广域网是一种覆盖范围很大的公共数据网络。光以太网是最适合构建广域网的技术,能满足从广域网、城域网到局域网的各种需求。广域网技术研究重点是宽带核心交换技术。

(2) 局域网是一种覆盖范围较小的网络。以太网是一种主流的局域网技术,从传统以太网发展到快速以太网、千兆以太网和万兆以太网,并从共享介质方式发展到交换式以太网。无线局域网作为传统局域网的补充,已在移动结点的组网中获得大量应用。

(3) Internet 接入需求促使城域网概念与技术演变。宽带城域网是以宽带光传输网为开放平台,采用 TCP/IP 作为基础,通过各种网络互联设备,实现数据、语音、视频、IP 电话、IP 电视、IP 接入和各种增值业务,并与广域网、广播电视网、电话交换网之间互联的本地综合业务网络。

(4) 宽带城域网包括网络平台、业务平台、管理平台与城市宽带出口。网络平台可进一步划分为:核心层、汇聚层与接入层。核心层提供高速数据交换功能,汇聚层提供路由与流量汇聚功能,接入层利用各种接入网技术提供接入服务。接入网技术主要包括:局域网、ADSL、HFC、光纤入户、无线接入等。

(5) 个域网是一种覆盖范围很小的网络,实现自身附近 10m 范围内的设备联网,主要采用无线技术实现设备之间的通信,这些技术主要包括 IEEE 802.15.4 标准的 6LoWPAN、蓝牙、ZigBee 等。

习题

1. 单项选择题

3.1　以太网帧的地址字段中填写的是(　　)。
　　A. IP 地址　　　　　　B. 主机名　　　　　　C. MAC 地址　　　　D. 端口号

3.2　IEEE 802.11n 标准支持的最大传输速率是(　　)。
　　A. 2Mb/s　　　　　　B. 11Mb/s　　　　　　C. 54Mb/s　　　　　D. 600Mb/s

3.3　IEEE 针对万兆以太网定义的协议标准是(　　)。
　　A. IEEE 802.11ae　　　　　　　　　　B. IEEE 802.11z
　　C. IEEE 802.11ba　　　　　　　　　　D. IEEE 802.11u

3.4　以下关于广域网的描述中,错误的是(　　)。
　　A. 广域网是一种公共数据网络
　　B. 广域网的研究重点是用户接入方式
　　C. 广域网的覆盖范围超过了城域网
　　D. 早期广域网结构分为通信子网与资源子网

3.5　以下关于传统以太网的描述中,错误的是(　　)。
　　A. 所有结点通过网卡连接到传输介质
　　B. 传输介质通常采用双绞线或同轴电缆
　　C. 结点通过共享介质以广播方式发送数据
　　D. 采用 CSMA/CA 控制方法可避免冲突发生

3.6　以下关于快速以太网的描述中,错误的是(　　)。
　　A. 快速以太网的协议标准是 IEEE 802.3z

B. 快速以太网使用传统以太网的帧结构与帧大小

C. 快速以太网定义了分隔物理层和 MAC 层的 MII 接口

D. 快速以太网通常提供 10Mb/s 与 100Mb/s 自动协商功能

3.7　以下关于千兆以太网的描述中,错误的是(　　)。

A. 千兆以太网的物理层协议是 1000BASE 系列标准

B. 千兆以太网采用光纤时的最大传输速率可达 10Gb/s

C. 千兆以太网将传输速率的自动协商功能扩展到光纤中

D. 千兆以太网定义了分隔物理层和 MAC 层的 GMII 接口

3.8　以下关于 IEEE 802.15.4 标准的描述中,错误的是(　　)。

A. 支持近距离的无线个域网应用

B. 通过不同载波频率实现不同传输速率

C. 支持星状、环状、树状等拓扑结构

D. 支持用于避免冲突的 CDMA/CA 方法

3.9　以下关于宽带城域网概念的描述中,错误的是(　　)。

A. 网络平台可分为核心层、汇聚层与接入层

B. 核心层主要承担高速数据交换功能

C. 汇聚层主要承担流量汇聚功能

D. 接入层主要承担路由与负载均衡功能

3.10　以下关于宽带城域网建设的描述中,错误的是(　　)。

A. 完善的光纤传输网是宽带城域网的基础

B. 增强路由能力是发展宽带城域网的重点问题

C. 高端路由器和多层交换机是宽带城域网的核心设备

D. 电信、电视与 IP 业务融合是宽带城域网的核心业务

2. 填空题

3.11　CSMA/CD 发送流程可以概括为:先听后发,_____,冲突停止,延迟重发。

3.12　万兆以太网的工作状态只能是_____。

3.13　千兆以太网的协议标准是_____。

3.14　交换机的交换方式主要包括:直接交换、_____与改进直接交换。

3.15　_____是指交换机的所有端口每秒最多能转发的帧数量总和。

3.16　虚拟局域网以软件方式实现_____工作组的划分与管理。

3.17　扩频技术主要包括跳频扩频与_____。

3.18　非对称数字用户线的英文缩写是_____。

3.19　无线局域网的传输技术主要包括_____、扩频与窄带微波。

3.20　光纤同轴电缆混合网是一个支持双向传输的_____。

第4章 TCP/IP 协议体系

TCP/IP 是支持当前 Internet 的核心协议。本章将系统地讨论网络体系结构与网络协议的基本概念,OSI 参考模型与 TCP/IP 参考模型,并重点讨论 TCP/IP 中的 IP 与传输层协议。

4.1 网络体系结构的基本概念

4.1.1 网络体系结构与网络协议

网络体系结构与网络协议是网络技术中的两个基本概念。

1. 网络协议的概念

计算机网络是由多个网络结点组成,结点之间需要交换数据与控制信息。为了保证结点之间有条不紊地交换数据,每个结点都必须遵守一些事先约定的规则。这些规则明确规定交换数据的格式和时序。这些为网络数据交换而制定的规则、约定与标准称为网络协议。网络协议主要由以下 3 个要素组成。

(1) 语法:用户数据与控制信息的结构与格式。

(2) 语义:需要发送何种控制信息,以及完成的动作与响应。

(3) 时序:对事件实现顺序的详细说明。

在现实生活的邮政系统中,存在很多通信规则与约定。例如,写信人需要确定使用中文、英文或其他文字。如果收信人只懂英文,而发信人使用中文书写信件,对方需要请人译成英文才能阅读。不管选择中文或英文,发信人需严格遵照相应的写作规范(包括语义、语法等)。实际上,语言本身就是一种协议。

协议的另一个例子是信封书写规范。图 4-1 比较了中英文信封书写规范。如果信件需要寄给美国朋友,则信封需要用英文书写,并且左上方是发信人姓名与地址,中间部分是收信人姓名与地址。显然,中文与英文信件书写格式不同。这本身也是一种通信规范。邮递员可能

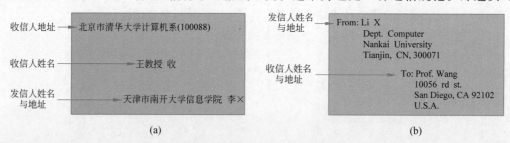

图 4-1　中英文信封书写规范

不懂英文,但不管信件寄到哪里,只需按信件收集方法送到邮政枢纽局,由分拣人员阅读信封的目的地址,并确定邮寄信件的路由过程。

从广义的角度来看,人们之间的交往是一种信息交互过程,每件事都必须遵循一种事先规定好的规则与约定。人与人之间交谈需要使用同种语言。如果一人讲中文,另一人讲英文,则需要找一个翻译,否则两人无法沟通信息。计算机之间的通信过程与人们之间的交谈过程相似,只是前者由计算机控制,后者由参加交谈的人控制。为了保证网络中的计算机之间有条不紊地交换数据,就必须制定一系列的通信协议。

2. 层次与接口的概念

无论是邮政系统还是计算机网络,它们都有以下几个重要概念:层次(layer)、接口(interface)、体系结构(architecture)、协议(protocol)等。

1) 层次

层次是人们处理复杂问题的基本方法。对于一些难以处理的复杂问题,通常可分解为多个相对容易处理的小问题。对于邮政系统来说,这是一个涉及全国乃至世界亿万人之间信件传送的复杂问题。邮政系统采用的方法如下。

(1) 将需要实现的功能分配在不同层次,明确规定每层完成的服务及实现过程。

(2) 不同地区的系统具有相同层次。

(3) 不同系统的同等层次具有相同功能。

(4) 高层使用低层提供的服务时,无须知道低层服务的具体实现方法。

邮政系统的层次结构方法与计算机网络的层次体系结构有相似之处。层次结构体现出对复杂问题采取分而治之的模块化处理方法。它将一个复杂问题分解为多个可控的小问题,极大地降低了复杂问题的处理难度,这是网络研究中采用层次结构的动力。因此,层次是网络体系结构中的一个重要概念。

2) 接口

接口是同一结点中相邻层之间交换信息的连接点。在邮政系统中,邮箱就是发信人与邮递员之间的接口。同一结点的相邻层之间存在明确的接口,低层通过接口向高层提供服务。只要接口条件与低层功能不变,低层功能实现方法与技术变化不会影响整个系统运行。因此,接口是网络实现中的一个重要概念。

3. 网络体系结构的概念

网络协议对计算机网络是不可缺少的,一个功能完备的网络需要制定整套协议集。对于结构复杂的网络协议,最好的组织方式是层次结构模型。网络协议是按照层次结构模型来组织的。层次结构模型与各层协议的集合被称为网络体系结构(network architecture)。网络体系结构精确定义了网络实现的功能,而这些功能采用怎样的硬件与软件是具体的实现问题。网络体系结构是抽象的,而网络实现是具体的。

计算机网络采用层次结构有以下几个优点。

(1) 各层之间相互独立,高层无须知道低层如何实现,仅须知道低层通过层间的接口提供的服务。

(2) 当任何一层发生变化时,只要接口保持不变,该层以上或以下各层均不受影响。

(3) 各层都可采用最合适的技术来实现,实现技术的改变不影响其他层。

(4) 整个系统被分解为多个易于处理的部分,这种结构使一个庞大而复杂系统的实现和维护变得容易控制。

(5) 每层的功能与提供的服务都有明确说明,这有利于促进标准化过程。

1974 年,IBM 公司提出第一个网络体系结构,这就是系统网络体系结构(System Network Architecture,SNA)。此后,很多公司提出各自的网络体系结构。这些网络体系结构的共同之处在于它们都采用分层技术,但是层次划分、功能分配与技术术语不同。随着计算机应用的发展与普及,各种网络互联成为迫切需要解决的课题。OSI 参考模型就是在这个背景下提出与研究的。

4.1.2　OSI 参考模型的概念

1. OSI 参考模型的提出

在计算机网络标准的制定方面,起到重要作用的两个国际组织是:国际电报与电话咨询委员会(Consultative Committee on International Telegraph and Telephone,CCITT)与国际标准化组织(International Standards Organization,ISO)。CCITT 与 ISO 的工作领域与侧重点有所不同。CCITT 主要研究和制定通信标准,而 ISO 重点关注网络体系结构与协议标准的研究与制定。

1974 年,ISO 发布了著名的 ISO/IEC 7498 标准,它定义了网络互联的七层框架,也就是开放系统互联(Open System Internetwork,OSI)参考模型。在 OSI 整体框架下,详细规定了每层的功能,以实现开放环境中的互联、互操作与应用的可移植。

2. OSI 参考模型的概念

OSI 参考模型中的"开放"是指只要遵循 OSI 标准,一个系统就可与位于任何地方、遵循同一标准的其他系统之间通信。在 OSI 标准的制定过程中,采用的方法是将整个复杂问题划分为若干个容易处理的小问题,这就是分层的体系结构方法。

OSI 参考模型定义了开放系统的层次结构、层次之间的相互关系,以及各层可能包括的服务。它作为一个框架来协调和组织各层协议制定,也是对网络内部结构的精炼概括与描述。OSI 服务定义详细说明了各层提供的服务。某层服务是该层及其以下各层的能力,通过接口来提供给相邻的高层。各层提供的服务与服务怎样实现无关。同时,服务还定义了各层之间的接口与各层使用的原语。

OSI 参考模型中包括不同层次的不同协议,每种协议精确定义了应发送什么控制信息,以及应通过什么过程解释这个控制信息。每种协议的规程说明具有严格的约束条件。OSI 参考模型并没有提供一个可实现的方法。OSI 参考模型只是描述了一些概念,用于协调进程之间的通信标准的制定。也就是说,OSI 参考模型并不是一个标准,而是一个在制定标准时使用的概念性框架。但是,研究 OSI 参考模型的制定原则与设计思想,对于理解网络的基本工作原理是非常有益的。

3. OSI 参考模型的结构

图 4-2 给出了 OSI 参考模型的结构。根据分而治之的思路,OSI 参考模型将整个通信功能划分为七个层次,而划分层次的主要原则如下。

(1) 网络中的各个结点具有相同层次。

(2) 不同结点的同等层具有相同功能。

(3) 同一结点中相邻层之间通过接口来通信。

(4) 每层可使用下层提供的服务,并向其上层提供服务。

(5) 不同结点的同等层通过协议来实现对等层之间的通信。

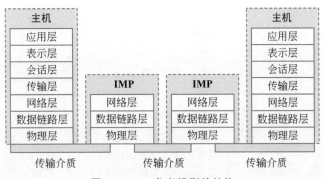

图 4-2 OSI 参考模型的结构

4. OSI 参考模型的各层功能

1) 物理层

物理层(physical layer)的主要功能：利用传输介质为数据链路层提供物理连接,负责处理数据传输并检测传输的误码率,以便实现数据流的透明传输。

2) 数据链路层

数据链路层(data link layer)的主要功能：在物理层提供的服务基础上,在通信实体之间建立数据链路连接,传输以"帧"为单位的数据包,并采用差错控制与流量控制方法,将有差错的物理线路变成无差错的数据链路。

3) 网络层

网络层(network layer)的主要功能：为以分组为单位的数据包通过网络选择合适的路径,实现路由选择、分组转发与拥塞控制等功能。

4) 传输层

传输层(transport layer)的主要功能：为用户提供可靠的端到端(end-to-end)服务,处理数据包错误与次序等问题,向高层屏蔽下层的数据通信细节。

5) 会话层

会话层(session layer)的主要功能：负责维护两台计算机之间的传输链接,确保点-点传输不中断,以及提供对数据交换的管理功能。

6) 表示层

表示层(presentation layer)的主要功能：处理不同通信系统的信息表示方式,主要包括格式变换、加密与解密、压缩与恢复等功能。

7) 应用层

应用层(application layer)的主要功能：通过不同应用软件提供相应的服务,例如,文件服务、数据库服务、电子邮件服务与其他网络服务。

5. OSI 环境中的数据传输过程

OSI 参考模型的描述范围被称为 OSI 环境(OSI Environment,OSIE)。图 4-3 给出了 OSI 环境示意图。OSI 环境包括计算机中的应用层到物理层共七层,以及通信子网中的通信设备的相应层次,即图中虚线圈出的范围。传输介质不包括在 OSI 环境中。当一台主机处于单机状态时,则不需要应用层到物理层的硬件与软件。如果一台主机要接入计算机网络,则需要增加相应的硬件与软件。物理层、数据链路层与网络层大部分可由硬件实现,而高层基本上是通过软件实现的。

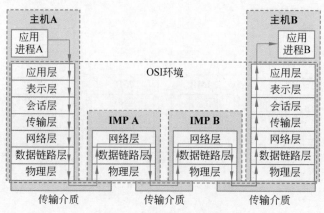

图 4-3　OSI 环境示意图

如果位于不同主机的两个应用程序之间需要通信,发送方的应用程序调用实现应用层的软件模块,应用层将数据传送给表示层,表示层将数据传送给会话层,这样逐层向下传送直至物理层。该主机通过传输介质将数据传送给一个 IMP。该 IMP 的物理层将数据传送给数据链路层,数据链路层将数据传送给网络层。该 IMP 的网络层为数据执行路径选择,并将该数据传送给另一个 IMP,这样逐层传送直至接收方所在的 IMP。该 IMP 通过传输介质将数据传送给接收方。该主机的物理层将数据传送给数据链路层,数据链路层将数据传送给网络层,这样逐层向上传送直至应用层,这样接收方的应用程序就接收到数据。

在 OSI 环境中,数据需要在主机的相邻层之间传输,并保证数据正确传输到不同主机的同等层。服务数据单元(Service Data Unit,SDU)是同一主机的低层为实现高层服务所需的数据单元。协议数据单元(Protocol Data Unit,PDU)是不同主机的对等层为实现该层协议所交换的数据单元。主机通常将 SDU 分成若干段,每段加上报头,并作为单独的 PDU 传送给不同主机的对等层。图 4-4 给出了 OSI 环境中的数据流。

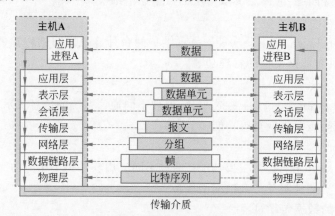

图 4-4　OSI 环境中的数据流

在 OSI 环境中,数据传输过程包括以下几个步骤。

(1) 应用进程 A 的数据传送到主机 A 的应用层,应用层为数据添加应用层的控制报头,形成应用层的服务数据单元,然后传送到表示层。

(2) 表示层接收到该数据单元,添加表示层的控制报头,形成表示层的服务数据单元,然后传送到会话层。表示层按协议要求进行格式变换或加密处理。

（3）会话层接收到该数据单元，添加会话层的控制报头，形成会话层的服务数据单元，然后传送到传输层。会话层报头用于协调通信主机之间的进程通信。

（4）传输层接收到该数据单元，添加传输层的控制报头，形成传输层的服务数据单元，然后传送到网络层。传输层的服务数据单元称为报文（message）。

（5）网络层接收到该数据单元，由于网络层数据单元的长度有限制，传输层报文被分解为多个较短的数据单元，添加网络层的控制报头，形成网络层的服务数据单元，然后传送到数据链路层。网络层的服务数据单元称为分组（packet）。

（6）数据链路层接收到该数据单元，添加数据链路层的控制信息（包括报头与报尾），形成数据链路层的服务数据单元，然后传送到物理层。数据链路层的服务数据单元称为帧（frame）。

（7）物理层接收到该数据单元，形成物理层的服务数据单元，然后通过传输介质传送到下一个主机的物理层。物理层的服务数据单元称为比特序列（bit sequence）。

（8）主机 B 接收到该数据单元，从物理层依层上传，每层拆除该层的控制报头，形成相应层的服务数据单元，直至应用层，最后由应用层将数据传送到应用进程 B。

在 OSI 环境中，尽管应用进程 A 的数据需经过复杂的处理过程，才能被正确传送给另一台主机的应用进程 B，但对于每台主机的应用进程来说，OSI 环境中的数据流处理过程是透明的。应用进程 A 的数据就像直接传送给应用进程 B，最终实现了分布式进程通信功能，这就是开放系统在网络通信中的本质作用。

4.1.3　TCP/IP 参考模型的概念

1. TCP/IP 的特点

在讨论 OSI 参考模型的基本内容后，需要回到现实网络技术发展状况中。OSI 参考模型的研究初衷是希望为网络体系结构与协议发展提供一种国际标准。OSI 参考模型对促进网络理论体系的形成有重要作用，但它制定的很多标准没有成为流行的网络标准。促进 Internet 发展的网络协议标准是 TCP/IP。

TCP/IP 最初是一种简单的网络互联协议，随着它被 ARPANET 采纳并逐渐发展壮大，目前它已成为 Internet 领域中事实上的标准。TCP/IP 是 Internet 主机之间通信需要共同遵循的一种通信规则，它规定了计算机的信息表示格式及含义，计算机之间通信所使用的控制信息，以及针对控制信息应做出的反应。目前，TCP/IP 已发展成包括众多协议的庞大协议集，并形成了分层结构的 TCP/IP 参考模型。

TCP/IP 具有以下几个主要特点。

（1）开放的协议标准。

（2）独立于特定的计算机硬件与操作系统。

（3）独立于特定的网络硬件，适用于网络的互联。

（4）统一的网络地址分配方案，所有设备在网中都具有唯一的地址。

（5）标准化的应用层协议，可提供多种可靠的网络服务。

2. TCP/IP 参考模型的功能

TCP/IP 参考模型可以分为四个层次：应用层、传输层、互联层（internet layer）与主机-网络层（host-network layer）。其中，TCP/IP 参考模型的应用层与 OSI 参考模型的应用层、表示层、会话层对应；TCP/IP 参考模型的传输层与 OSI 参考模型的传输层对应；TCP/IP 参考模型的互联层与 OSI 参考模型的网络层对应;TCP/IP 参考模型的主机-网络层与 OSI 参考模型的数据链路层、物理层对应。图 4-5 给出了两种参考模型的对应关系。

1) 主机-网络层

主机-网络层是 TCP/IP 参考模型的最低层,通过底层的物理网络来发送和接收数据。主机-网络层并没有规定使用哪种协议,它采取了开放性的策略,允许使用广域网、城域网与局域网的各种协议。任何流行的底层网络协议都可为 IP 提供接口。这体现了 TCP/IP 体系的开放性与兼容性,也是 TCP/IP 能够成功的基础。

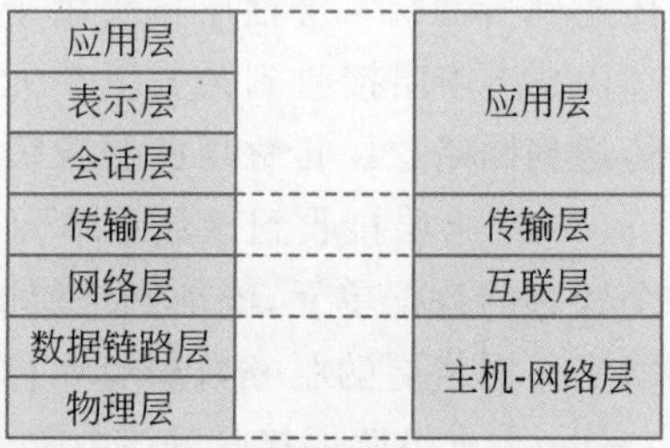

应用层	应用层
表示层	
会话层	
传输层	传输层
网络层	互联层
数据链路层	主机-网络层
物理层	

图 4-5　两种参考模型的对应关系

2) 互联层

互联层是 TCP/IP 参考模型的第二层,通过使用主机-网络层提供的服务,由 IP 提供尽力而为(best effort)的数据传输服务。互联层的核心协议是 Internet 协议(Internet Protocol,IP)。目前,常用的 IP 的版本是 IPv4。下一代的 IP 的版本是 IPv6,它在地址空间、路由寻址、安全性与 QoS 等方面有很大改进。

互联层的主要功能包括:

(1) 处理来自传输层的数据发送请求。

(2) 处理由其他结点转发来的分组。

(3) 处理互联层的流量控制与拥塞控制。

3) 传输层

传输层是 TCP/IP 参考模型的第三层,通过对等实体的应用进程之间的端-端通信,实现分布式进程通信的主要目的。传输层主要定义了以下两种协议。

(1) 传输控制协议(Transport Control Protocol,TCP):它是一种可靠的面向连接协议,将源主机的字节流无差错传送到目的主机。TCP 需要完成流量控制功能,协调通信双方的发送与接收速度,达到保证正确传输的目的。

(2) 用户数据报协议(User Datagram Protocol,UDP):它是一种不可靠的无连接协议,主要用于不要求分组顺序到达的传输服务,分组顺序检查与排序由应用层完成。

4) 应用层

应用层是 TCP/IP 参考模型的最高层,用于提供各种标准化的网络应用或服务。每种网络应用可由一种或多种应用层协议来支持。随着各种新的网络应用不断出现,应用层协议的数量也在随之增长。表 4-1 给出了主要的应用层协议。根据与传输层的依赖关系,应用层协议主要分为 3 种类型:仅依赖 TCP 的应用层协议,例如 TELNET、SMTP、HTTP、FTP 等,这类协议的数量众多;仅依赖 UDP 的应用层协议,例如 SNMP、TFTP 等;可依赖 TCP 或 UDP 的应用层协议,例如 DNS。

表 4-1　主要的应用层协议

协 议 名 称	基 本 功 能
远程登录协议(TELNET)	实现远程登录功能
文件传输协议(FTP)	实现文件传输功能

续表

协 议 名 称	基 本 功 能
超文本传输协议（HTTP）	实现 Web 服务功能
简单邮件传输协议（SMTP）	实现电子邮件发送与转发功能
邮局协议第三版（POP3）	实现电子邮件接收功能
交互式邮件访问协议（IMAP）	实现电子邮件接收功能
域名系统（DNS）	实现域名到 IP 地址映射功能
简单网络管理协议（SNMP）	实现网络监控与管理功能
简单文件传输协议（TFTP）	实现文件传输功能
网络文件系统（NFS）	实现网络文件共享功能

　　TCP/IP 从 20 世纪 70 年代诞生以来，它经受了四十多年的实践检验，并且已经赢得大量的用户和投资。TCP/IP 的成功促进了 Internet 快速发展，而 Internet 的发展也进一步扩大了 TCP/IP 的影响力。

4.2　IP 的基本概念

4.2.1　IP 的主要特点

　　Internet 的核心协议是 IP，上层协议都是以 IP 为基础。伴随着 Internet 规模的扩大和应用的深入，IPv4 一直处于不断自我完善中，但 IPv4 主要内容没有发生实质性变化。实践证明，IPv4 是健壮与易于实现的，并且具有良好的互操作性。IPv4 经过从小型的主要是科研应用的 ARPANET，发展到当前全球性的大规模 Internet 的考验，这些充分说明 IPv4 在设计上是成功的。

　　IPv4 的最早版本是在 1981 年公布，那时 Internet 的前身 ARPANET 规模很小，主要用于科研与部分参与研究的大学，在这样的背景下产生的 IPv4，不可能适应 Internet 规模扩大和应用范围扩张，因此加以修改和完善是必然的。当 Internet 规模扩大与应用深化到一定程度时，部分修改和完善开始显得无济于事，最终会期待出现一种新的网络层协议，这个新的协议就是 IPv6。

　　对于 IPv4 的发展过程，可从不变和变化两个部分来认识。在 IPv4 中，对于分组结构与分组头的基本定义不变；变化部分主要涉及 IP 地址的处理方法、分组交付需要的路由算法与协议，为提高协议可靠性、服务能力与安全性而补充的协议等。IPv4 最初仅规定了 IP 分组格式、标准分类的 IP 地址与分组交付方式，其余部分基本是在应用过程中针对问题，从不断完善协议的角度加以补充的结果。

　　IP 的主要特点表现在以下三个方面。

　　（1）IP 是无连接、不可靠的分组传输协议。

　　IP 提供的是一种无连接的分组传输服务，不提供对分组的差错校验和传输过程跟踪。从这个角度来看，它提供的是一种尽力而为的服务。无连接（connectionless）意味着 IP 不维护

IP 分组发送后的任何状态信息,每个分组的传输过程都是相互独立的。不可靠(unreliable)意味着 IP 不保证分组一定会成功与顺序到达目的地。

IP 在分组传输过程中独立处理每个分组,同一报文的每个分组之间没有关联。在 IP 的最初设计中,如果在传输过程中发生某种错误,IP 只是简单地丢弃该分组。为了提高对分组出错的处理能力,互联层补充了一个互联网控制报文协议(Internet Control Message Protocol,ICMP)。当某个结点丢弃了一个分组后,该结点使用 ICMP 向发送方发送一个通知消息。

从以上分析中可以看出,分组通过 Internet 的传输过程很复杂,IP 的设计者采用一种简单方法处理了复杂问题。从 Internet 发展与应用的角度,IP 的设计无疑是很成功的。由于需要面对各种异构网络以及今后还会出现的各种网络,IP 设计重点放在适应性、简洁性和可操作性上,在分组交付可靠性方面做一定的牺牲。IP 的很多缺点需要由新版的 IP 加以解决。

(2) IP 是点-点的互联层通信协议。

Internet 中的分组交付分为两种类型:直接交付和间接交付。根据分组的目的地址与源地址是否属于同一网络,可以确定分组的交付类型。当目的主机与源主机位于同一网络中,或在最后一台路由器与目的主机之间交付时,这种情况属于直接交付;当在两台路由器之间交付时,这种情况属于间接交付。显然,IP 是针对通过点-点线路连接的两个通信实体的互联层而设计的。

(3) IP 向传输层屏蔽物理网络的差异。

IP 作为一种面向 Internet 的协议,它必须面对各种异构的底层网络。这些网络有可能是广域网、城域网或局域网,而不同网络的物理层、数据链路层协议也可能不同,IP 设计者希望屏蔽这些差异。对于传输层来说,各种网络在帧结构与地址上的差异不复存在。因此,IP 使异构网络的互联变得更容易。

4.2.2　IPv4 地址技术发展

1. 什么是 IP 地址

在传统的有线电话网中,作者所在研究室的电话号码为 23508917,所在地区的区号为 022,我国的电话区号为 086,则这个电话号码可完整表述为:086-022-23508917。这是典型的分层结构定义方法,其定义的电话号码是世界唯一的。

与传统电话网中的电话相似,接入 Internet 的主机必须拥有由授权机构分配的号码,这个号码被称为 IP 地址。IP 地址同样采用的是分层结构。图 4-6 给出了 IP 地址的结构。IP 地址由两部分组成:网络号与主机号。其中,网络号用来标识一个逻辑网络;主机号用来标识网络中的一台主机。一台主机至少拥有一个 IP 地址,并且这个 IP 地址是全网唯一的。当然,一台主机也可拥有两个或多个 IP 地址。

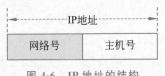

图 4-6　IP 地址的结构

2. 标准的 IPv4 分类地址

IPv4 地址长度为 32 位,采用点分十进制(dotted decimal)表示。通常采用 $x.x.x.x$ 格式来表示,每个 x 为 8 位。例如,202.113.29.119,每个 x 的值为 0~255。

为了理解 IP 地址结构与掌握地址表示方法,首先需要掌握二进制与十进制数的转换。

(1) 二进制数值与十进制数值的转换。

表 4-2 是二进制数值与十进制数值的转换表,它是 IP 地址计算的基础。

表 4-2　二进制数值与十进制数值的转换表

2^7	2^6	2^5	2^4	2^3	2^2	2^1	2^0
128	64	32	16	8	4	2	1

(2) 对应 255 的二进制数。

采用点分十进制表示的 IP 地址格式为 $x.x.x.x$,每个 x 为 8 位。表 4-3 给出了对应 255 的二进制数。由于 $255=1\times128+1\times64+1\times32+1\times16+1\times8+1\times4+1\times2+1\times1$,因此对应的二进制数为 11111111。

表 4-3　对应 255 的二进制数表格

2^7	2^6	2^5	2^4	2^3	2^2	2^1	2^0
128	64	32	16	8	4	2	1
1	1	1	1	1	1	1	1

(3) 将二进制数转换成十进制数。

表 4-4 给出了二进制数 11000000 的二进制表。根据该表,可方便地计算出对应的十进制数。由于 $192=1\times128+1\times64+0\times32+0\times16+0\times8+0\times4+0\times2+0\times1$,因此对应的十进制数为 192。

表 4-4　二进制数 11000000 的二进制表格

2^7	2^6	2^5	2^4	2^3	2^2	2^1	2^0
128	64	32	16	8	4	2	1
1	1	0	0	0	0	0	0

(4) 十进制数转换成二进制数。

表 4-5 给出了十进制数 202 的二进制数转换表。根据该表,可方便地计算出对应的二进制数。由于 $202=1\times128+1\times64+0\times32+0\times16+1\times8+0\times4+1\times2+0\times1$,因此对应的二进制数为 11001010。

表 4-5　十进制数 202 的二进制数表格

2^7	2^6	2^5	2^4	2^3	2^2	2^1	2^0
128	64	32	16	8	4	2	1
1	1	0	0	1	0	1	0

根据不同的取值范围,IP 地址可分为 5 种类型:A 类、B 类、C 类、D 类与 E 类。IP 地址的前 5 位用于标识 IP 地址的类别,A 类地址的第一位为"0",B 类地址的前两位为"10",C 类地址的前三位为"110",D 类地址的前四位为"1110",E 类地址的前五位为"11110"。其中,A 类、B 类与 C 类地址为基本地址。图 4-7 给出了标准分类的 IP 地址范围。

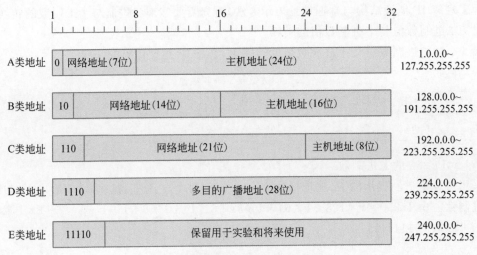

图 4-7　标准分类的 IP 地址范围

3. 实际可分配的网络号与主机号的数量

直接广播地址、受限广播地址、"这个网络上的特定主机"地址与回送地址等特殊地址的存在,决定了实际可分配的网络与主机的数量。另外,网络号与主机号为全 0 或全 1 的地址需要保留用于特殊目的。

1) A 类地址

A 类地址的网络号长度为 7 位,理论上应该有 $2^7 = 128$ 个网络。A 类地址的网络号为 7 位全 0(计入第 1 位的 0,共 8 位全 0)的 IP 地址是"这个网络上的特定主机地址",A 类地址的网络号为 7 位全 1(即网络号为 127)的 IP 地址是"回送地址",这两个特殊地址不能被分配。因此,除了网络号全 0 和全 1(十进制表示为 0 与 127)的两个地址,实际可分配的 A 类地址为126 个(如图 4-8 所示)。

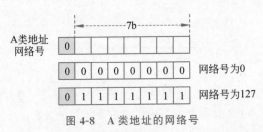

图 4-8　A 类地址的网络号

A 类地址的主机号长度为 24 位,如果某个单位获得一个 A 类地址,则理论上允许分配的主机号数量为 $2^{24} = 16\ 777\ 216$ 个。主机号全 0 和全 1 的两个地址保留用于特殊目的,一个 A 类地址实际可分配的主机号为 16 777 214 个。A 类地址的范围为 1.0.0.0~127.255.255.255。

2) B 类地址

B 类地址的网络号长度为 14 位,理论上应该有 $2^{14} = 16\ 384$ 个网络。由于 B 类地址的网络号不会形成全 0 或全 1 的情况,不需要减 2,因此实际可分配的 B 类地址为 16 384 个(如图 4-9 所示)。

B 类地址的主机号长度为 16 位,如果某个单位获得一个 B 类地址,则理论上允许分配的主机号数量为 $2^{16} = 65\ 536$ 个。主机号全 0 和全 1 的两个地址保留用于特殊目的,一个 B 类地

图 4-9 B 类地址的网络号

址实际可分配的主机号为 65 534 个。B 类地址的范围为 128.0.0.0~191.255.255.255。

3）C 类地址

C 类地址的网络号长度为 21 位,理论上应该有 $2^{21}=2\,097\,154$ 个网络。由于 C 类地址的网络号不会形成全 0 或全 1 的情况,不需要减 2,因此实际可分配的 C 类地址为 2 097 152 个（如图 4-10 所示）。

图 4-10 C 类地址的网络号

C 类地址的主机号长度为 8 位,如果某个单位获得一个 C 类地址,则理论上允许分配的主机号数量为 $2^8=256$ 个。主机号全 0 和全 1 的两个地址保留用于特殊目的,一个 C 类地址实际可分配的主机号为 254 个。C 类地址的范围为 192.0.0.0~223.255.255.255。

4）D 类地址与 E 类地址

D 类地址用于其他特殊的用途,例如,多播（multicast）、广播（broadcast）等。D 类地址的范围为 224.0.0.0~239.255.255.255。

E 类地址暂时保留,用于实验或者供未来使用。E 类地址的范围为 240.0.0.0~247.255.255.255。

4. IP 地址的申请与管理

Internet 最高维护机构为网络信息中心,并授权给申请成为 Internet 网点的组织,每个网点都会组成一个自治系统。网络信息中心给申请成为网点的组织分配网络号,主机号则由申请的组织自己分配和管理。每个自治系统负责自己网络的拓扑维护、地址分配等。这种分层管理方法能有效防止 IP 地址冲突。

1）申请 IP 地址

目前,大部分网络都接入 Internet,管理者可根据网络结构与规模,申请所需的 A 类、B 类或 C 类地址。当某个组织申请并获得一个 IP 地址,实际上它是获得了一个唯一的网络号。例如,某个校园网申请并获得一个 B 类地址 133.2.0.0,则它是唯一使用网络号 133.2 的网络,并且该网络中可分配 65 534 个主机号。如果它申请并获得一个 C 类地址 202.2.16.0,则它是唯一使用网络号 202.2.16 的网络,并且该网络中可分配 254 个主机号。

2) 专用网络

如果某个组织需要组建一个专用网络,并且不准备接入 Internet,但是网络需要运行 TCP/IP,则有以下三种方法可供选择。

(1) 与正常接入 Internet 的用户一样,向 Internet 管理部门申请一个 IP 地址,但是并不与 Internet 实现物理连接。

(2) 正常使用 A 类、B 类或 C 类地址,但是不向 Internet 管理部门注册。由于该网络并没有接入 Internet,因此可不考虑 IP 地址的唯一性问题。

(3) 为了克服以上方法的缺点,Internet 管理机构在分配 IP 地址时,预留了供专用网络使用的地址。预留地址如表 4-6 所示。

表 4-6   专用网络使用的地址

类	网 络 号	总 数
A	10	1
B	172.16～172.31	16
C	192.168.0～192.168.255	256

表 4-6 中的地址是预留给专用网络在内部使用,任何组织无须向 Internet 管理机构申请。这类地址在专用网络内部是唯一的,但在 Internet 中并不是唯一的。

如果两个分组的目的地址分别为 202.139.201.1 与 10.1.2.1,则路由器仅会转发目的地址为 202.139.201.1 的分组,而丢弃目的地址为 10.1.2.1 的分组。202.139.201.1 是一个典型的 C 类地址,可作为目的地址或源地址来使用,Internet 中的路由器可执行路由处理。10.1.2.1 是一个专用 IP 地址,它只能在内部网络中使用,而不会出现在 Internet 上。因此,标准分类的 IP 地址又称为公用 IP 地址。

5. IP 地址技术的发展

Internet 规模扩大促使 IP 地址的划分方法不断发展。IP 地址划分方法演变大致可分为四个阶段。

1) 标准分类的 IP 地址

第一阶段是在 IPv4 制定初期,大致在 1981 年左右。那时的网络规模比较小,用户一般是通过终端由大型计算机、中型计算机或小型计算机接入 ARPANET。IP 地址设计的最初目的是希望每个 IP 地址都是唯一的。IP 地址由网络号与主机号组成,长度为 32 位,用点分十进制方法表示,这样就形成标准分类的 IP 地址。常用的 A 类、B 类与 C 类地址采用包括"网络号-主机号"的两级层次结构。

A 类地址的网络号长度为 7 位,可分配的 A 类地址最多为 126 个。B 类地址的网络号长度为 14 位,可分配的 B 类地址最多为 16 384 个。由于初期的 ARPANET 是一个研究性网络,即使将美国大约两千所大学与研究机构,以及其他国家的一些大学都接入 ARPANET,总数也不会超过 16 000 个。A 类、B 类与 C 类地址的总数在当时没有问题。从理论上来看,各类 IP 地址加起来总数超过 20 亿,但实际上其中有数百万个地址被浪费。

2) 划分子网的三级地址结构

第二阶段是在标准分类的 IP 地址中,增加子网号的三级地址结构。标准分类的 IP 地址在使用过程中,暴露的第一个问题是地址的有效利用率。

　　A 类地址的主机号长度为 24 位,即使对于一个很大的机构,一个网络中也不可能有 1600 万个结点。即使存在这种网络,其中路由器的路由表太大,处理负荷也实在太重。B 类地址的主机号长度为 16 位,一个网络中允许有 6.5 万个结点。但是,在使用 B 类地址的网络中,实际上 50％的网络中的主机数不超过 50 台。C 类地址的主机号长度为 8 位,可分配给主机和路由器的地址数不超过 254 个,这个数量又太小。

　　按照标准分类的 IP 地址,如果一个只有两台主机的网络,它只要连接到 Internet 上,就需要申请一个 C 类地址,则该地址的利用率为 2/255＝0.78％。对于一个有 256 台主机的网络,它需要申请一个 B 类 IP 地址,则该地址的利用率为 256/65 535＝0.39％。IP 地址的有效利用率问题一直存在,其中,B 类地址空间无效消耗问题更突出。

　　1987 年,有人预言 Internet 结点数量可能增加到 10 万个。当时大多数专家都不相信,但 1996 年第 10 万台主机就已接入 Internet。没人预见到 Internet 的发展速度如此快,但很快就出现对 IP 地址匮乏问题的担忧。根据研究报告显示:B 类地址在 1992 年分配出一半,在 1994 年全部分配完;所有 IP 地址在 2015 年全部用完。

　　研究人员认为 A 类与 B 类地址的设计不合理。1991 年,研究人员提出子网(subnet)和掩码(mask)的概念。子网是将一个大的网络划分成几个小的子网,将传统"网络号-主机号"两级结构,变为"网络号-子网号-主机号"三级结构。

　　3) 构造超网的无类域间路由技术

　　第三阶段开始于 1993 年提出无类域间路由技术(RFC1519)。无类域间路由(Classless Inter Domain Routing,CIDR)的缩写被读作"cider"。在某种程度上,CIDR 希望解决 Internet 扩大过程中存在的两大问题:32 位的 IP 地址空间可能在第 40 亿台主机接入之前已消耗完;随着越来越多的网络地址出现,主干网的路由表急剧增大,造成路由器负荷增加,服务质量下降。

　　如果希望 IP 地址空间的利用率接近 50％,可采用的方法有两个:一是拒绝任何申请 B 类地址的要求,除非某个网络的主机数接近 6 万;另一种方法是分配多个 C 类地址。这种方法带来一个新的问题,如果分配给它一个 B 类地址,主干路由器的路由表中只需保存 1 条路由记录;如果分配给它 16 个 C 类地址,即使它们的路径相同,主干路由器的路由表中也需要保存 16 条路由记录。这将给主干路由器带来额外的负荷。近年来,主干路由器的路由表项已从几千条增加到几万条。因此,CIDR 需要在提高 IP 地址利用率与减少主干路由器负荷两方面取得平衡。

　　CIDR 技术又被称为超网(supernet)。构成超网的目的是将现有 IP 地址合并成较大、可容纳更多主机的路由域,例如,将一个机构拥有的几个 C 类地址合并到一个更大地址范围的路由域中。

　　研究 IP 地址划分技术的动力有两个:一个是技术上的需要,另一个表现在商业价值上。在 20 世纪 90 年代,IP 地址交易十分活跃。有段时期,C 类地址的成交价达到 10 000 美元,B 类地址的成交价高达 250 000 美元。一些拥有 A 类地址的公司被收购或上市。很多公司和个人从 ISP 处租用 IP 地址,而不是购买 IP 地址。研究划分 IP 地址的新技术,使一些公司从 IP 地址上获得更多商业价值。

　　4) 网络地址转换技术

　　第四阶段开始于 1996 年提出的网络地址转换技术。IP 地址短缺已成为一个严重的问题,整个 Internet 从 IPv4 迁移到 IPv6 进程缓慢,可能需要很多年才能完成。这时,迫切需要一个短期内快速缓解和修补的方法,这就是网络地址转换(Network Address Translation,NAT)。这种方法目前主要应用在专用网、虚拟专用网中,以及在 ISP 为拨号用户接入 Internet 时提供服务。

网络地址转换的基本思路:每个机构分配少量 IP 地址,用于该机构接入 Internet。在机构内部,每台主机分配一个专用 IP 地址,该地址是由 Internet 管理机构预留,任何机构都不需要专门提出申请。这类地址在专用网络内部唯一,但在 Internet 中并不是唯一的。专用 IP 地址用于内部网络中的通信,如果需要访问外部的 Internet,必须由执行 NAT 的主机或路由器将专用地址转换成全局地址。

网络地址转换更多地被 ISP 使用,以节约宝贵的地址资源。对于通过拨号接入 Internet 的家庭用户,当用户的计算机拨号并登录到 ISP 时,ISP 为用户动态分配一个 IP 地址;当用户断开 Internet 连接时,ISP 将会收回这个 IP 地址。

4.2.3　IP 分组传输与路由器

1. IP 分组的传输

分组是网络层数据传输的基本单位,在 TCP/IP 中称为 IP 分组。IP 规定了 IP 分组的基本结构。IP 分组可分为两个部分:IP 头部与数据部分。其中,IP 头部的长度为 20～60B;数据部分的长度可变。IP 分组的最大长度为 65 535B。图 4-11 给出了 IP 分组的基本结构。这里,IP 分组是指 IPv4 分组。

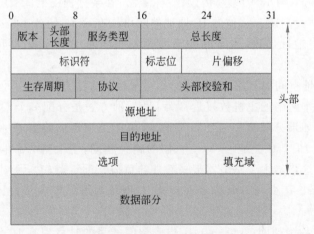

图 4-11　IP 分组的基本结构

在 IP 头部中,版本字段表示 IP 的版本,IPv4 的版本号为 4;头部长度字段表示 IP 头部长度,基本长度为 20B,加上 40B 的选项字段,最大长度为 60B;服务类型字段表示路由器处理分组的优先级;总长度字段表示分组总长度,最大为 65 535B;标识符、标志位与片偏移字段用于处理分片;生存周期字段防止分组由于路由出错而无限循环;协议字段表示分组的上层协议类型;头部校验和字段用于检查 IP 头部是否传输出错;源地址与目的地址分别保存源主机与目的主机的 IPv4 地址。

在 Internet 中,发送数据的主机称为源主机,接收数据的主机称为目的主机,它们的 IP 地址分别称为源地址与目的地址。如图 4-12 所示,在发送数据之前,源主机需要将源地址(168.113.2.144)、目的地址(155.233.25.76)与数据封装在 IP 分组中。IP 地址保证 IP 分组的正确传送,其作用类似于日常生活中信封上的地址。

源主机将 IP 分组发送给与它直接连接的路由器,该路由器会根据分组中的目的地址,启动路由选择算法确定应转发给哪台路由器。当下一台路由器接收到这个分组之后,启动路由选择算法确定接下来的传输路径。经过多台路由器的转发之后,该分组最终到达目的主机。很多路由器和通信线路构成从源主机到目的主机的传输路径。整个路由选择与分组交付的过程,都是由路由器自动完成,无须用户介入。

图 4-12　IP 地址的作用

2. 路由器的主要功能

Internet 中的路由器应具备路由选择与分组转发功能。

1) 路由选择功能

路由选择是路由器根据待 IP 分组的目的地址,通过路由选择算法确定一条从源结点到目的结点的合适路径的过程。在实际的 Internet 环境中,任意两个结点之间的传输路径都有可能经过多个路由器,可能会存在多条传输路径。当每台路由器接收到一个分组后,都需要确定下一跳路由器的地址。这样,按照选好的路径通过多台路由器转发,最终将分组传送到正确的目的结点。

路由器根据路由表来执行路由选择。每台路由器中都有一个路由表,它是通过路由选择算法来生成的。路由选择算法可分为两类:静态与动态。静态路由选择算法的优点是实现简单和开销小,缺点是不能及时适应网络变化。动态路由算法的优点是能及时适应网络变化,缺点是实现复杂与开销大。路由表中保存着若干个路由条目,每个条目包含目的地址、下一跳路由器地址与转发端口等信息。路由器之间需要定期交换通信量、网络结构与链路状态等信息,以保证路由表中的路由条目的有效性。

Internet 采用分层的路由选择机制,并划分为很多小的自治系统(Autonomous System, AS)。一个自治系统中的所有网络属于一个机构,它有权决定在自己的系统中采用哪种路由选择协议。根据路由选择是否实现在自治系统内部,路由选择协议可分为两类:内部网关协议(Interior Gateway Protocol,IGP)与外部网关协议(Exterior Gateway Protocol,EGP)。其中,内部网关协议主要有路由信息协议(Routing Information Protocol,RIP)与开放最短路径优先协议(Open Shortest Path First,OSPF);外部网关协议主要是边界网关协议(Border Gateway Protocol,BGP)。

2) 分组转发功能

当路由器接收到一个 IP 分组时,首先检查分组的源地址与目的地址,然后在路由表的匹配条目中找出最合适的条目,并通过相应的转发端口来转发分组。这时,该分组将被转发到下一跳路由器,或被直接交付到目的主机。

3. 默认路由的概念

1) 主机默认路由

在配置一台主机的 TCP/IP 属性时,需要为主机设置一个默认路由,它又被称为默认网关(default gateway)。默认网关是与主机位于同一子网的路由器外出端口的 IP 地址。图 4-13 给出了主机默认路由的例子。在这个例子中,主机 A 与 B 的默认网关是 192.1.16.5,主机 C 与

D 的默认网关是 192.1.161.2。

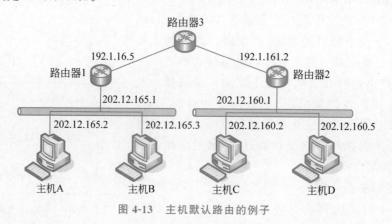

图 4-13　主机默认路由的例子

2）路由器默认路由

每台路由器的路由表中都需要有默认路由条目。如果在路由表中无法查到目的地址,该分组将被转发给默认路由器。图 4-14 给出了路由器默认路由的例子。在这个例子中,路由器 1 在路由表中无法找到目的地址,则将该分组转发给默认路由器 2,然后由该路由器为分组执行路由选择。将路由器 2 设为默认路由的原因:路由器 2 与路由器 1 直接连接,并且路由器 2 接入 Internet。因此,路由器 1 的默认路由为 202.10.233.1。

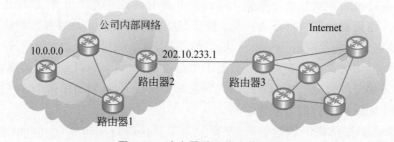

图 4-14　路由器默认路由的例子

4. 路由器的基本结构

路由器是一种具有多个输入端口和输出端口,可执行路由选择与分组转发的主机。路由器主要包括两个部分:路由选择和分组转发部分。其中,路由选择部分又称为控制部分,其核心部分是路由选择处理器。路由选择处理器的任务是根据路由选择协议构造路由表,与相邻路由器之间交换路由信息,以便更新和维护路由表。

图 4-15 给出了分组转发部分的结构。分组转发部分包括三个部分:交换结构、一组输入端口和一组输出端口。交换结构的作用是根据转发表来处理分组,将某个输入端口进入的分组从一个合适的输出端口转发。路由器根据转发表将 IP 分组从合适的端口转发,而转发表是根据路由表来形成的。路由器通常有多个输入端口和输出端口。每个输入和输出端口各有三个模块,分别对应物理层、数据链路层和网络层处理模块。物理层接收和发送比特流,数据链路层接收和发送帧,而网络层处理分组头信息。

当一个分组正在查找转发表时,该输入端口又接收到另一个分组,后来的分组必须在输入队列中排队等待。输出端口从交换结构接收分组,并发送到输出端口的线路上,这时需要一个

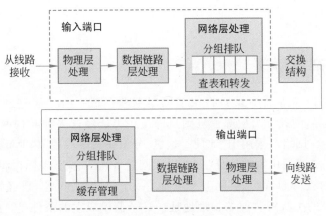

图 4-15　分组转发部分的结构

输出队列进行缓存。如果路由器的分组接收、处理与输出的速率小于线速,输入端口、交换结构与输出端口都会排队,发生分组转发延时,严重时会因队列长度不够而溢出,从而造成分组的丢失。

　　图 4-16 给出了路由器的外形结构。路由器作为 Internet 的核心设备,在网络互联中处于至关重要的位置。随着 Internet 的广泛应用,路由器体系结构发生了很大变化。最初的路由器可由一台计算机安装特定软件,并增加一定数量的网卡来构成。这个软件主要有路由选择与分组接收、转发功能。后来,路由器的体系结构发生快速演变,第一代是单总线单 CPU 结构的路由器,第二代是多总线多 CPU 结构的路由器,第三代是交换结构的千兆路由器,第四代是多级交换路由器。

图 4-16　路由器的外形结构

　　为了满足网络规模急剧扩大的需求,高速率、高性能、高吞吐量与低成本路由器的研究、开发与应用,一直是网络设备制造商关注的问题。20 世纪 90 年代中期,网络设备制造商提出"第三层交换"的概念。最初,"第三层交换"被限制在网络层,但近期的一种发展趋势显示:将第三层成熟的路由技术与第二层高性能的硬件交换技术结合,有利于达到快速转发分组、保证服务质量和提高结点性能等目标。

　　最早开展将第三层路由与第二层交换结合的研究,并作为产品投入市场的是 Ipsilon 公司开发的 IP Switching 设备。此后,其他公司纷纷推出各自的产品,例如,Cisco 的标记交换 Tag Switching 设备、IBM 的基于路由汇聚的 IP 交换设备、Toshiba 的信元交换路由 CSR 设备、

Cascade 的 IP 导航器等。这些产品都希望提高 IP 分组转发速度,以及改善 IP 网络的吞吐量与延时特性。

4.2.4 地址解析协议

Internet 使用路由器等网络设备将很多网络互联而成。由于这些网络可能是以太网、Token Ring、ATM 等,因此分组从源主机到目的主机可能经过多种异构网络。对于 TCP/IP 来说,主机与路由器在网络层采用 IP 地址。这里,分组在网络层用 IP 地址来标识源地址与目的地址,而帧在数据链路层用物理地址(例如以太网的 MAC 地址)来标识源地址与目的地址。

在描述 Internet 工作过程时,实际上已经做了一个假设,那就是:已经知道目的主机的 IP 地址,同时也知道目的主机所对应的物理地址。这个假设成立的条件是:在任何一台主机或路由器中,必须有一个 IP 地址-物理地址对照表,它应该包括需要通信的主机或路由器的信息。

可以采用"静态映射"方法,从一个已知的 IP 地址获取对应的物理地址。但是,这是一种理想化的解决方案,在一个小型网络中容易实现,但在大型网络中几乎不可能实现。这种方法有很大的局限性:如果一台主机或路由器刚加入网络中,其他结点的 IP 地址-物理地址对照表不会有其信息;如果一台主机更换网卡,其 IP 地址不变,但物理地址改变;如果一台主机移到其他物理网络中,其物理地址不会改变,但 IP 地址将会改变。因此,Internet 需要一种动态映射方法,以解决 IP 地址与物理地址的映射问题。

地址解析是 IP 地址与物理地址之间的映射功能。图 4-17 给出了地址解析的基本概念。从已知的 IP 地址获得物理地址的映射过程称为正向地址解析,相应的协议称为地址解析协议(Address Resolution Protocol,ARP)。从已知的物理地址获得 IP 地址的映射过程称为反向地址解析,相应的协议称为反向地址解析协议(Reverse ARP,RARP)。

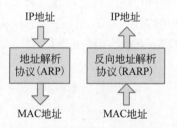

图 4-17 地址解析的基本概念

4.2.5 IPv6 的主要内容

1. IPv4 面临的问题

IPv4 面临的最大问题是地址空间不足。为了解决这个矛盾,研究者提出了划分子网、构成超网与地址转换等方法。实践证明,这些方法可以暂时缓解 IP 地址的短缺,但是只有研究新的协议才能从根本上解决问题。

IPv4 缺陷主要表现在以下几个方面。

(1) 地址数量不足。IPv4 定义的 IP 地址长度是 32 位,这决定了 IPv4 理论上最多能容纳 40 亿个主机,但实际能提供分配的 IP 地址的数目要少得多,显然无法满足未来的物联网等对 IP 地址的巨大需求。

(2) 路由效率不高。IPv4 分组的头部复杂并且长度不固定,难以通过硬件设备提取与分析路由信息。IPv4 采用网络与主机地址分层的结构,导致主干路由器中的路由表信息很庞大。这些原因都造成 IPv4 路由效率不高。

(3) 缺乏安全设计。IPv4 头部中的很多字段在定义时与安全性有关,但是实际上这些字段基本没有使用,在当前复杂的环境中很难保证网络安全。

（4）缺乏服务质量保证。IPv4 提供的服务遵循尽力而为的原则,无法满足那些要求保证服务质量的服务,例如,对带宽、延迟与抖动要求严格的网络应用。

2. IPv6 的主要特点

IPv6 是 IETF 制定的下一代 IP,它是由一系列相关协议组成的协议集。1992 年,IETF 成立专门的 IPng 工作组;1994 年,IPng 提出下一代 IP 推荐版本;1995 年,IPng 提出 IPv6 版本。目前,IPv6 仍处于草案阶段,最新发布的 IPv6 标准是 RFC2460 文档。整个 IPv6 协议集还没有完全标准化,IPv6 相关协议与技术仍在完善中。

IPv6 的特点主要表现在以下几个方面。

（1）新的协议头部格式。IPv6 头部采用一种全新的格式,基本头部的长度固定,并将非根本性与可选的字段移到扩展头部,路由器在处理协议头部时效率更高。

（2）巨大的地址空间。IPv6 地址长度从 IPv4 的 32 位增大到 128 位,可以提供超过 3.4×10^{38} 个 IP 地址,可为未来的物联网等提供更多 IP 地址。

（3）有效的分层路由结构。IPv6 地址空间能将路由结构划分出层次,可覆盖从主干网到内部子网的多级结构。IPv6 编址的典型方法是将 128 位分为两部分,前 64 位作为子网地址空间,后 64 位作为网卡硬件地址空间。

（4）内置的安全性服务。IPv6 将 IPSec 作为自己的组成部分来使用。IPSec 协议包括认证头与封装安全载荷两种基本协议,可提供 IP 源认证、数据完整性验证与数据加密等功能。

（5）更好地支持服务质量。IPv6 头部的流标记字段定义如何识别通信流,路由器可对属于一个流的数据包进行特殊处理。数据流在 IPv6 基本头部中标识,即使 IP 分组使用 IPSec 来加密,仍然能够实现对服务质量的支持。

（6）良好的可扩展性。IPv6 可通过扩展头部来增加新的功能。IPv4 头部最多只支持 40 字节的选项,IPv6 扩展头部只受 IPv6 分组长度的限制。

3. IPv6 分组的结构

IPv6 规定了 IP 分组的基本结构。IPv6 分组可分为 3 个部分：基本头部、扩展头部与高层协议数据。其中,基本头部是长度固定为 40B 的必需部分,扩展头部是可供选择多种用途的头部,高层协议数据包括传输层头部与应用层数据。图 4-18 给出了 IPv6 分组的基本结构。IPv6 简化了基本头部的结构,将所有非核心功能放在扩展头部中。

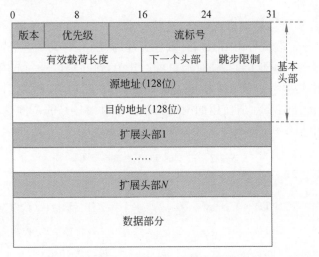

图 4-18　IPv6 分组的基本结构

在 IPv6 头部中,版本字段表示 IP 版本,IPv6 的版本号为 6;优先级字段表示路由器处理分组的优先级;流标号字段表示分组所需的服务质量,用于支持资源预留服务;有效载荷长度字段表示除了基本头部之外的数据长度,包括扩展头部、上层协议头部与数据部分;下一个头部字段表示基本头部之后的数据类型,相当于 IPv4 头部中的协议字段;跳步限制字段防止分组由于路由出错而无限循环;源地址与目的地址字段分别保存源主机与目的主机的 IPv6 地址。

IPv6 扩展头部用于扩展协议功能。目前,IPv6 定义了 7 种扩展头部:逐跳头部、目的选项头部、路由头部、分片头部、认证头部、封装安全载荷头部与空头部。每种扩展头部在下一个头部字段中对应不同的值。每种扩展头部的结构都不同。如果 IPv6 分组中包含多个扩展头部,这些扩展头部将形成链状结构,其排列顺序依次为:逐跳头部、目的选项头部、路由头部、分片头部、认证头部、封装安全载荷头部。除了目的选项头部之外,其他扩展头部在分组中只能出现一次。

我国一直积极参与 IPv6 的研究与实验。1998 年,CERNET 加入 IPv6 实验床 6BONE 计划。2003 年,我国启动下一代网络示范工程(CNGI),国内的网络运营商与通信设备制造商纷纷研发支持 IPv6 的软件技术与硬件设备。2006 年,全球 IPv6 高峰会议在北京举行,中国 IPv6 骨干网已经宣告建成,IPv6 实验网已开始在十多个高校中运行。2006 年 4 月,ETSI 在北京对中国二十多家企业研发的 IPv6 产品进行互操作性测试。2008 年,北京奥运会使用 IPv6 网络。我国是全球 IPv6 商用较早的国家之一。

4.3　TCP 与 UDP

4.3.1　TCP 的主要特点

TCP 是一种面向连接、全双工、可靠的传输层协议。传输层是网络体系结构中的重要层次,主要实现网络环境中的分布式进程通信,为实现应用层的各种网络应用提供传输服务。由于 TCP 在使用网络层 IP 的基础上,增加面向连接和提高传输可靠性的机制,因此它可以提供面向连接的数据流传输服务。TCP 需要实现两个主要功能:一是实现进程之间的通信,二是保证数据传输的可靠性。

传输层使用的进程地址是端口(port),它是一个 0~65 535 的整数。TCP 端口被用于基于 TCP 的应用层服务。端口号由 Internet 赋号管理局(IANA)来统一分配。端口号可分为 3 种类型:熟知端口号、注册端口号与临时端口号。其中,熟知端口号的范围是 0~1023,被统一分配给某种指定的网络服务。表 4-7 给出了主要的 TCP 熟知端口号。注册端口号的范围是 1024~49 151,被分配给需要注册使用的网络服务。临时端口号的范围是 49 152~65 535,可以被任何进程临时申请使用。

表 4-7　主要的 TCP 熟知端口号

端　口　号	服务进程	说　　明
20	FTP	文件传输协议(数据连接)
21	FTP	文件传输协议(控制连接)
23	TELNET	虚拟终端网络

端　口　号	服 务 进 程	说　　　明
25	SMTP	简单邮件传输协议
53	DNS	域名系统
80	HTTP	超文本传输协议
110	POP3	邮局协议第 3 版
143	IMAP	交互式邮件访问协议

TCP 的特点主要表现在以下三个方面。

（1）支持面向连接服务。

面向连接对可靠性的保证表现在传输数据之前，在通信双方的进程之间需要建立一条连接。TCP 使用端口号完成通信双方之间的通信。如果由于某种原因无法建立连接，则发送方不会像 UDP 一样向接收方发送数据。当通信双方之间建立连接之后，发送方将数据流分割成可传输的数据单元，对它们编号并逐个发送。接收方等待属于同一进程的所有单元到达，检查这些数据单元是否出错，并将它们合并成一个流交给接收进程。在整个流发送完毕之后，通信双方将会关闭这个连接。

（2）支持数据流传输。

流（stream）是一个未出现丢失、重复或失序等错误的数据序列。每个流相当于一个管道，从一端放入什么数据，从另一端可取出同样的数据。由于 TCP 建立在不可靠的 IP 之上，它不能提供任何可靠性机制，因此 TCP 的可靠性完全由自己实现。TCP 采用的可靠性机制主要包括校验和、确认、重传、窗口等。每个数据包都包括校验和字段，以检查数据包是否传输出错，出错的数据包将被丢弃。确认机制用于证实是否接收到数据包，未确认的数据包也被认为是出错。发送方需要对出错数据包进行重传。流量控制也是保证可靠性的重要措施。如果不采用流量控制方法，可能因接收缓冲区溢出而丢失数据，进而导致很多重传。TCP 采用可变窗口方法进行流量控制。TCP 为实现可靠的流传输付出大量开销。

（3）支持全双工服务。

TCP 支持数据同时双向传输的全双工服务。在通信双方建立一条 TCP 连接之后，两个进程之间可同时向对方发送数据。例如，进程 A 可以向进程 B 发送数据，同时进程 B 也可以向进程 A 发送数据。当进程 A 向进程 B 发送数据时，该数据中可捎带对接收数据的确认。当进程 B 向进程 A 发送数据时，该数据中也可捎带对接收数据的确认。当然，如果一方没有数据需要发送，可仅发送对接收数据的确认。

4.3.2　UDP 的主要特点

UDP 是一种无连接、不可靠的传输层协议。UDP 规定在进行数据传输之前，无须在通信双方之间建立连接，这样可有效减少协议开销与传输延迟。UDP 除了提供一种可选的校验和之外，几乎没提供其他保证传输可靠性措施。如果 UDP 检测出接收到的数据包出错，它就会丢弃这个数据包，既不确认也不会要求发送方重传。UDP 没有采用基于窗口的流量控制机制，当数据包过多时在接收方可能溢出，同样既不确认也不要求发送方重传。因此，UDP 提供的是尽力而为的传输服务。

UDP 对于应用程序提交的高层数据,在添加 UDP 头部形成 UDP 数据包后,向下提交给网络层的 IP 来处理。在发送方,UDP 对应用层数据既不合并也不拆分,而是保留数据原来的长度与格式。在接收方,UDP 将接收的数据包原封不动提交给进程。因此,在使用 UDP 时,应用程序必须选择合适长度的高层数据。如果应用程序提交的数据太短,则协议开销相对较大;如果应用程序提交的数据太长,UDP 向网络层提交的 UDP 数据包可能被分片,这样也会降低协议的效率。

在基于 UDP 的网络应用中,使用的端口号是 UDP 端口号。客户机是使用网络服务的应用进程,它通过临时端口号向服务器请求服务。服务器是提供网络服务的应用进程,为了要使众多的客户机知道服务器的存在,它通过熟知端口号来向客户机提供服务。表 4-8 给出了主要的 UDP 熟知端口号。这种熟知端口号(0~1023)是由 IANA 来分配的,每个客户机都知道相应服务器的熟知端口号。设计这种比较简单的 UDP 的目的,是希望以最小开销来实现网络环境中的分布式进程通信。

表 4-8　主要的 UDP 熟知端口号

端　口　号	服　务　进　程	说　　　明
53	DNS	域名系统
67	DHCP	动态主机配置协议(服务器)
68	DHCP	动态主机配置协议(客户机)
69	TFTP	简单文件传输协议
111	RPC	远程过程调用
123	NTP	网络时间协议
161	SNMP	简单网络管理协议
162	SNMP	简单网络管理协议(Trap)

小结

(1) 网络协议是网络结点之间为了交换数据,而必须遵守的一些事先约定的规则。网络协议的三要素是语法、语义与时序。网络协议通常按照层次结构模型来组织。网络体系结构是层次结构模型与各层协议的集合。

(2) OSI 参考模型定义了开放系统的层次结构、各层之间的相互关系,以及各层应提供的服务。OSI 参考模型作为一个框架来协调各层协议的制定,其层次从下向上依次是物理层、数据链路层、网络层、传输层、会话层、表示层与应用层。

(3) TCP/IP 是 Internet 主机之间通信必须共同遵循的一种通信规则。TCP/IP 协议体系又称为 TCP/IP 协议集,其层次从下向上依次是主机-网络层、互联层、传输层与应用层。TCP/IP 是 Internet 中的事实性标准。

(4) IP 是 TCP/IP 体系结构的核心协议。IP 提供了一种尽力而为的服务,它是无连接、不可靠的分组传输协议,也是一种点到点的互联层协议。当前使用的 IP 是 IPv4,下一代 IP

是 IPv6。

（5）TCP 与 UDP 都是传输层协议，在 IP 之上提供端到端的传输服务。TCP 是一种面向连接、可靠的传输层协议，支持面向连接、流传输与全双工服务。UDP 是一种无连接、不可靠的传输层协议。

习题

1. 单项选择题

4.1　在以下协议中，仅依赖于 UDP 的是（　　）。

　　A. TELNET　　　　B. FTP　　　　　　C. SNMP　　　　　D. SMTP

4.2　在以下几种数据包中，网络层的基本数据单元是（　　）。

　　A. 比特序列　　　B. 报文　　　　　　C. 帧　　　　　　D. 分组

4.3　以下关于数据链路层功能的描述中，错误的是（　　）。

　　A. 数据链路层使用的数据服务单元是帧

　　B. 数据链路层提供路由选择与帧转发功能

　　C. 数据链路层实现差错控制与流量控制

　　D. 数据链路层在实体之间建立数据链路

4.4　以下关于 OSI 参考模型与 TCP/IP 参考模型层次的描述中，错误的是（　　）。

　　A. OSI 参考模型的物理层对应于 TCP/IP 参考模型的感知层

　　B. OSI 参考模型的传输层对应于 TCP/IP 参考模型的传输层

　　C. OSI 参考模型的网络层对应于 TCP/IP 参考模型的互联层

　　D. OSI 参考模型的应用层对应于 TCP/IP 参考模型的应用层

4.5　以下关于 TCP/IP 的描述中，错误的是（　　）。

　　A. TCP/IP 采用的是开放的协议标准

　　B. TCP/IP 独立于特定硬件与操作系统

　　C. TCP/IP 适用于异构网络之间的互联

　　D. TCP/IP 提供 MAC 地址统一分配方案

4.6　以下关于几种应用层协议的描述中，错误的是（　　）。

　　A. SNMP 实现远程登录功能

　　B. FTP 实现交互式文件传输功能

　　C. SMTP 实现电子邮件发送与转发功能

　　D. DNS 实现网络设备名字到 IP 地址映射功能

4.7　以下关于网络协议概念的描述中，错误的是（　　）。

　　A. 网络协议是为网络数据交换而制定的规则

　　B. 语法定义的是用户数据与控制信息的格式

　　C. 接口是对动作与响应实现顺序的详细说明

　　D. 语义定义的是控制信息及相应动作与响应

4.8　以下关于 TCP 的描述中，错误的是（　　）。

　　A. TCP 是一种网络层协议　　　　　　B. TCP 提供面向连接服务

C. TCP 支持数据流传输　　　　　　　D. TCP 支持全双工服务

4.9　以下关于 IPv4 地址分类的描述中,错误的是(　　)。

A. A 类地址的范围为 1.0.0.0～127.255.255.255

B. B 类地址的范围为 128.0.0.0～191.255.255.255

C. C 类地址的范围为 192.0.0.0～223.255.255.255

D. D 类地址的范围为 220.0.0.0～239.255.255.255

4.10　以下关于 IPv6 的描述中,错误的是(　　)。

A. IPv6 地址的长度为 128 位　　　　B. IPv6 扩展头部仅用于保证 QoS

C. IPv6 基本头部长度为 40B　　　　D. 有效载荷长度不包括基本头部

2. 填空题

4.11　网络层次结构模型与各层协议的集合称为_____。

4.12　传输层使用的进程地址是_____。

4.13　172.16.0.1 是一个_____类 IP 地址。

4.14　网络地址转换的英文缩写为_____。

4.15　在 IPv4 地址中,C 类地址的网络号长度是_____。

4.16　路由选择处理器的主要任务是根据路由选择协议来构造_____。

4.17　OSI 参考模型的最低层是_____。

4.18　IPv4 地址长度是_____。

4.19　TCP 是一种面向_____、全双工、可靠的传输层协议。

4.20　通过 IP 地址映射出对应 MAC 地址的协议的英文缩写为_____。

第 2 部分

Internet 应用基础知识

第 5 章　Internet 应用技术

第 5 章 Internet 应用技术

丰富的应用是 Internet 能够流行的重要保证。本章将系统地讨论 Internet 应用技术发展的三个阶段以及 Internet 所提供的基本服务，并重点讨论基于 Web 的网络应用与基于 P2P 的网络应用。

5.1 Internet 应用发展分析

5.1.1 Internet 应用技术发展阶段

图 5-1 描述了 Internet 应用技术发展阶段示意图。从图中可以看出，Internet 应用技术的发展大致可以分为三个阶段。

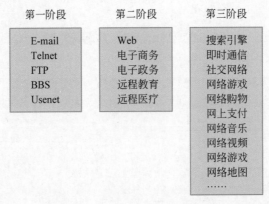

图 5-1 Internet 应用发展趋势

第一阶段互联网应用的主要特点：提供远程登录（TELNET）、电子邮件（E-mail）、文件传输（FTP）、电子公告牌（BBS）、网络新闻组（Usenet）等基本服务。

第二阶段互联网应用的主要特点：Web 技术的出现，以及基于 Web 技术的电子政务、电子商务、远程医疗、远程教育应用的快速发展。

第三阶段互联网应用的主要特点：各种新的互联网应用（例如，搜索引擎、即时通信、社交网络、网络购物、网上支付、网络音乐、网络视频、网络游戏、网络地图等）风起云涌，移动互联网将互联网应用推向一个新的高潮，物联网应用开始出现。互联网、移动互联网与物联网的应用成为新的经济增长点。

5.1.2　我国 Internet 的发展状况

根据中国互联网络信息中心(CNNIC)发布的《中国互联网络发展状况统计报告》的数据，2000—2022 年我国网民规模增长的趋势如图 5-2 所示。从 1994 年 4 月 20 日我国通过一条 64kb/s 国际专线实现与 Internet 连接，成为第 77 个接入 Internet 的国家之日算起，经过 27 年的发展，2022 年 12 月我国网民规模达到 10.67 亿，网民数量居世界第一；普及率达到 75.6%，超过世界平均普及率。

我国政府高度重视 Internet 应用对国民经济与社会发展的重要作用。在 2015 年发布的《国务院关于积极推进"互联网＋"行动的指导意见》中指出："互联网＋"是把互联网的创新成果与经济社会各领域深度融合，推动技术进步、效率提升和组织变革，提升实体经济创新力和生产力，形成更广泛的以互联网为基础设施和创新要素的经济社会发展新形态。在全球新一轮科技革命和产业变革中，互联网与各领域的融合发展具有广阔前景和无限潜力，已成为不可阻挡的时代潮流，正对各国经济社会发展产生着战略性和全局性的影响。

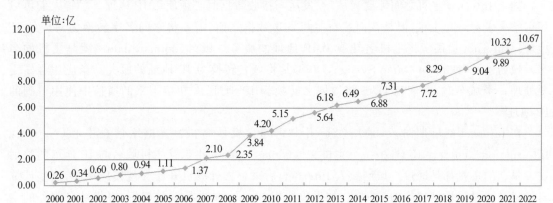

图 5-2　2000—2022 年我国网民规模增长趋势图

近年来，我国政府一直致力于推进"互联网＋"发展，重塑创新体系、激发创新活力、培育新兴业态和创新公共服务模式，打造数字经济新优势。我国推进"互联网＋"行动的基本原则如下。

（1）坚持开放共享。营造开放包容的发展环境，将互联网作为生产生活要素共享的重要平台，最大限度优化资源配置，加快形成以开放、共享为特征的经济社会运行新模式。

（2）坚持融合创新。鼓励传统产业树立互联网思维，积极与"互联网＋"相结合。推动互联网向经济社会各领域加速渗透，以融合促创新，最大程度汇聚各类市场要素的创新力量，推动融合性新兴产业成为经济发展新动力和新支柱。

（3）坚持变革转型。充分发挥互联网在促进产业升级以及信息化和工业化深度融合中的平台作用，引导要素资源向实体经济集聚，推动生产方式和发展模式变革。创新网络化公共服务模式，大幅提升公共服务能力。

（4）坚持引领跨越。巩固提升我国互联网发展优势，加强重点领域前瞻性布局，以互联网融合创新为突破口，培育壮大新兴产业，引领新一轮科技革命和产业变革，实现跨越式发展。

（5）坚持安全有序。完善互联网融合标准规范和法律法规，增强安全意识，强化安全管理和防护，保障网络安全。建立科学有效的市场监管方式，促进市场有序发展，保护公平竞争，防止形成行业垄断和市场壁垒。

5.2　Internet 的域名机制

5.2.1　域名的概念

IP 地址解决了 Internet 的全局地址问题,通过 IP 地址可以找到唯一的一台主机。就像日常生活中使用的电话号码一样,IP 地址也是由一连串数字组成,例如"202.113.19.122",人们通常难以记住这些数字。相对于 IP 地址,人们更喜欢通过名字来表示一台主机,例如"www.nankai.edu.cn",每个字符都代表一定的含义,并且在书写上有一定的规律。这样,用户就容易理解,同时也容易记忆。因此,Internet 采纳了这种命名机制,这就是人们常说的域名机制。

如果 Internet 主机之间需要通信,在发送与接收数据时必须使用 IP 地址。尽管人们可以用名字来表示一台主机,但是在向这台主机发送数据之前,需要将它的名字转换为对应的 IP 地址。Internet 提供了将主机名转换为 IP 地址的服务。域名(domain name)就是主机的名字。域名系统(Domain Name System,DNS)是将域名转换为 IP 地址的服务。当应用程序需要处理一个域名时,它利用 DNS 将该域名转换为 IP 地址,并在接下来的通信中使用得到的 IP 地址。

在 Internet 的早期阶段,采用的是集中式的主机域名机制。网络信息中心(Network Information Center,NIC)维护一个主机文件(hosts.txt),其中保存主机域名与 IP 地址的映射表。早期的主机都是通过广域网接入 Internet,后来个人计算机开始大规模应用时,这些计算机通常是通过局域网接入 Internet。如果仍使用 hosts.txt 进行域名解析,提供域名服务的主机难以承载通信负荷。针对 Internet 主机数量剧增的情况,人们提出将域名系统划分为多个域,通过分布式的域名服务器提供域名服务。

图 5-3 显示了域名服务的工作过程。如果源主机想访问域名为"www.nankai.edu.cn"的目的主机,首先向本地网络中的 DNS 服务器(称为本地服务器)发送查询请求。如果本地服务器查到该域名对应的 IP 地址,向源主机返回包含该 IP 地址的响应;否则,本地服务器向上级 DNS 服务器发送查询请求。根据所处的位置和所起的作用,域名服务器可分为 4 种类型:本地服务器、权限服务器、顶级服务器与根服务器。在源主机获得目的主机的 IP 地址后,后续的

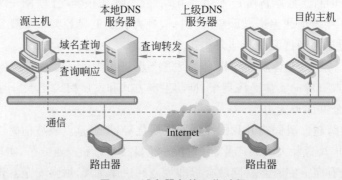

图 5-3　域名服务的工作过程

通信过程中将会使用该 IP 地址。因此,域名服务的核心技术是借助分层的 DNS 服务器结构来完成查询。

5.2.2　Internet 的域名结构

域名结构是由 TCP/IP 中的 DNS 来定义的。人们通常喜欢用简短的名字来命名计算机,但在 Internet 中必须使用长的名字来命名,以避免两台计算机采用相同的名字。为了保证计算机名在 Internet 中的唯一性,域名结构采用的是一种常见的思想:在每个名字后面添加额外的字符串(即后缀)。因此,计算机名通常包括 3 个部分:本机名、组织名与组织类型。例如,对于某个公司的 Web 服务器,可以被命名为"www.nankai.com"。

域名系统采用的是典型的层次结构,它将整个 Internet 划分为多个顶级域,并为每个域规定通用的顶级域名。表 5-1 给出了顶级域名分配方法。由于美国是 Internet 的发源地,因此其顶级域名是以组织模式来划分。例如,"com"表示商业公司,"edu"表示教育机构,"gov"表示政府部门。其他国家的顶级域名是以地理模式来划分,每个申请接入 Internet 的国家都作为一个顶级域出现。例如,"cn"表示中国,"fr"表示法国,"uk"表示英国,"jp"表示日本,"au"表示澳大利亚。

表 5-1　顶级域名分配

顶 级 域 名	域 名 类 型
com	商业组织
edu	教育机构
gov	政府部门
int	国际组织
mil	军事部门
net	网络中心
org	非营利性组织
国家代码	各个国家

NIC 将顶级域的管理权限授予指定的管理机构,各个管理机构再为自己管理的顶级域分配二级域,并将二级域的管理权限授予下属机构,这样就形成了域名系统的层次结构。图 5-4 给出了域名系统的层次结构。例如,教育管理机构拥有"edu"域的管理权限,它可以为下属大学分配各自的二级域,各个大学再为下属学院或系分配三级域。域名系统采用层次结构的最大优点是:各个组织在域中可以自由选择域名,只要保证在域中的唯一性,而不用担心与其他域的域名冲突。

5.2.3　我国的域名结构

CNNIC 负责管理我国的顶级域"cn",将该域划分为多个二级域(如表 5-2 所示)。我国的二级域划分采用了两种划分模式:组织模式与地理模式。其中,前七个域对应于组织模式,而行政区代码对应于地理模式。按组织模式划分的二级域名中,"ac"表示科研机构,"com"表示商业组织,"edu"表示教育机构,"gov"表示政府部门,"int"表示国际组织,"net"表示网络中

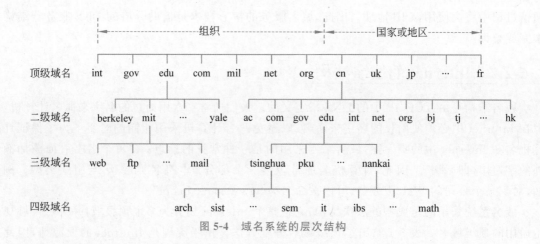

图 5-4　域名系统的层次结构

心,"org"表示非营利性组织。按地理模式划分的二级域名中,"bj"代表北京市,"sh"代表上海市,"tj"代表天津市,"he"代表河北省,"hl"代表黑龙江省,"nm"代表内蒙古自治区,"hk"代表香港地区。

表 5-2　二级域名分配

二 级 域 名	域 名 类 型
ac	科研机构
com	商业组织
edu	教育机构
gov	政府部门
int	国际组织
net	网络支持中心
org	各种非营利性组织
行政区代码	我国的各个行政区

　　CNNIC 将二级域的管理权限授予指定的管理机构,各个机构再为自己管理的二级域分配三级域。例如,CERNET 网络中心拥有"edu"域的管理权限,它可以为下属大学分配各自的三级域,各个大学再为下属学院或系分配四级域。域名的排列原则为:低层域名在前,其所属的高层域名在后,中间用符号"."分开。域名的基本格式为:四级

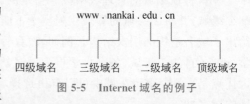

图 5-5　Internet 域名的例子

域名.三级域名.二级域名.顶级域名。图 5-5 给出了域名的例子。例如,"www.nankai.edu.cn"是南开大学的网站,"www.cnnic.net.cn"是 CNNIC 的网站。

　　在域名系统中,每个域是由不同组织管理,这些组织将其子域交给其他组织管理。这种层次结构的优点是:各个组织在内部可自由选择域名,只要保证组织内的唯一性,而不用担心与其他组织的域名冲突。例如,南开大学是一个教育机构,则其主机域名为"nankai.edu";如果一家公司也想用"nankai"来命名其主机,由于该公司是一个商业机构,因此其主机域名为"nankai.com"。在 Internet 的域名结构中,"nankai.edu"与"nankai.com"两个域名是相互独

立的。

5.3　Internet 的基本应用

5.3.1　电子邮件服务

电子邮件是 Internet 中最早提供、最受欢迎的服务之一,每时每刻都有数以亿计的人使用电子邮件进行通信。

1. 电子邮件的产生背景

电子邮件服务又称为 E-mail 服务,是指用户通过 Internet 收发电子形式的邮件。电子邮件是一种非常方便、快速和廉价的通信手段,这些都是电子邮件的基本特点。在传统通信中需要几天完成的投递过程,电子邮件仅用几分钟、甚至几秒就能完成。目前,电子邮件已成为网络用户的常用通信手段之一。早期的电子邮件只能传输文本信息,当前还可以传输 HTML 格式信息。

电子邮件是伴随着 Internet 而发展起来的。1971 年,电子邮件诞生于美国马萨诸塞州的 BBN 公司,该公司受聘于美国军方参与 ARPANET 的建设。电子邮件的发明者是 BBN 公司的 Ray Tomlinson,他在已有的文件传输程序的基础上,开发了在 ARPANET 中收发信息的邮件程序。为了让人们拥有易于识别的邮件地址,他决定用“@”隔开用户名与邮件服务器地址,这就是现在使用的电子邮件地址的起源。

由于最初的 ARPANET 中的结点数很少,当时并没有多少人使用电子邮件,这种情况直到 ARPANET 转向 Internet 才得到改变。最初,电子邮件受到网络传输速度的限制,那时用户只能发送一些简短的信息,无法像现在这样发送多媒体信息。1988 年,第一个图形界面的邮件客户机软件问世,它就是著名的 Euroda 软件。后来,Netscape 与 Microsoft 公司相继推出邮件客户机软件。随着 Internet 用户数量的急剧增加,电子邮件逐渐成为一种流行的 Internet 服务。

2. 电子邮件的概念

我们首先分析现实社会中的传统邮政系统。现实中的邮政系统已有近千年的历史。每个国家负责管理自己国内的邮政系统,按照省、市、区(县)建立不同级别的邮政系统,底层的邮政系统在自己管辖范围内设立邮局,邮局在单位或个人的家门口设立邮箱,邮递员完成邮件的接收、转发与投递工作。邮政部门需制定相应的通信协议与管理制度,甚至需要规定信封按什么规则来书写。由于有整套严密的组织结构与通信规程,因此能保证邮件及时、准确地送到目的地。

电子邮件系统与现实中的邮政系统有相似结构。两者之间的不同点主要在于:邮政系统是由人工控制各种运输设备来运转,电子邮件是在 Internet 中通过计算机、应用软件与协议来运转。电子邮件系统中同样需要邮局与邮箱,它们是邮件服务器(mail server)与电子邮箱(mail box)。其中,邮件服务器负责发送与接收电子邮件,电子邮箱负责存储电子邮件。另外,需要规定电子邮件的书写格式与传输协议。

邮件服务器是整个电子邮件系统的核心。邮件服务器的主要功能包括:接收发件人通过客户机软件发送电子邮件,并按收件人地址转发给对方的邮件服务器;接收其他邮件服务器发送的电子邮件,并按收件人地址存储在相应的邮箱;根据收件人的要求将电子邮件发送给收件人的客户机软件。电子邮箱由提供电子邮件服务的机构来建立,通常被称为电子邮件账号(包括邮件地址与密码)。

电子邮件地址(E-mail Address)是邮件服务器中的邮箱地址。电子邮件地址是由汤姆林森最早提出的,使用"@"隔开用户名与邮件服务器地址,这是现在使用的电子邮件地址的起源。邮件地址的关键是保证每个地址的唯一性,以便邮件经过邮件服务器的转发,并被准确投递到相应的邮箱中。电子邮件地址的具体格式为:用户名@主机名。其中,用

图 5-6 电子邮件地址格式

户名是用户在邮件服务器中的邮箱名,主机名是邮箱所在的邮件服务器名。图 5-6 给出了电子邮件地址格式。例如,电子邮件地址为"island@nankai.edu.cn"。其中,"island"为邮箱名,"nankai.edu.cn"为邮件服务器名。

3. 电子邮件的工作原理

电子邮件服务核心技术主要包括:简单邮件传输协议(Simple Mail Transfer Protocol,SMTP)、邮局协议(Post Office Protocol,POP)和交互式邮件存取协议(Interactive Mail Access Protocol,IMAP)。这些协议是邮件服务使用的应用层协议,它用来实现客户机与邮件服务器之间的通信。其中,SMTP 是电子邮件发送协议,用来将邮件从客户机发送到邮件服务器;POP 与 IMAP 是电子邮件接收协议,用来将邮件从邮件服务器接收到客户机。

电子邮件服务采用客户机/服务器模式。电子邮件服务包括两个组成部分:邮件客户机与邮件服务器。其中,邮件客户机是电子邮件服务的使用者,邮件服务器是电子邮件服务的提供者。图 5-7 给出了电子邮件系统结构。电子邮件的发送与接收采用不同的协议,客户机与邮件服务器都需要实现两种协议,SMTP 与 POP 或 IMAP 中的一种。邮件客户机通常包括两个部分:SMTP 客户与 POP 客户。邮件服务器通常包括 3 个部分:邮箱、SMTP 服务器与POP 服务器。

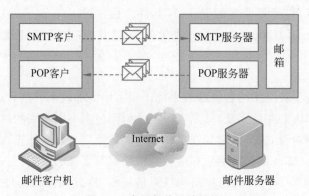

图 5-7 电子邮件系统结构

电子邮件被存储在邮件服务器的相应邮箱中。图 5-8 给出了电子邮件的工作原理。用户通过客户机与邮件服务器建立连接,并向邮件服务器发出邮件发送或接收请求;如果是用于邮件发送的 SMTP 请求,客户机将邮件发送到自己的邮件服务器,该服务器再将邮件发送到最终的邮件服务器,整个过程可能经过多个邮件服务器转发;如果是用于邮件接收的 POP 请求,邮件服务器从相应的邮箱中读取邮件,客户机接收返回的邮件后进行解释,并将邮件信息显示在客户机的屏幕上。

用户通过邮件客户机程序访问电子邮箱中的邮件。邮件客户机需要安装在用户的计算机或移动终端(例如手机)中。用户通过邮件客户机登录进入自己的邮箱,这时能看到邮箱中所有邮件的列表,包括发件人地址、主题、时间、附件等信息,并决定对某封邮件进行哪种操作。邮件客户机的基本功能主要包括:书写与发送邮件;接收、转发、回复与删除邮件;邮箱与通讯簿管理。常见的邮件客户机程序包括 Microsoft Outlook Express 或 Outlook、Mozilla Thunderbird、Foxmail 等。

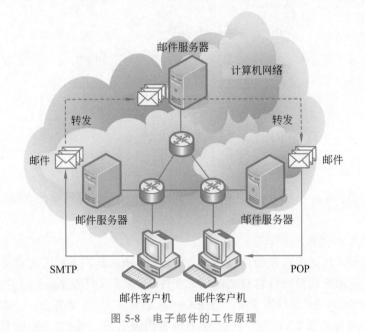

图 5-8　电子邮件的工作原理

4. 电子邮件的信件格式

电子邮件与普通的邮政信件相似,也有信件格式方面的统一规定,以保证邮件能在不同的邮件服务器之间转发。1982 年,RFC 822 文档定义邮件信件格式,它是目前电子邮件遵循的信件格式标准。2001 年,RFC 2822 文档定义最新版的信件格式,对早期的信件格式没有大幅更改。SMTP 将邮件整个封装在邮件对象中,其中所有信息由 ASCII 码组成。电子邮件可以由多个报文行组成,各行之间用回车(CR)与换行(LF)分隔。

图 5-9 给出了电子邮件信件格式。邮件对象包括两个部分:信封与邮件内容。实际上,信封就包含两种 SMTP 请求,用来给出收件人与发件人地址。电子邮件包括两个部分:邮件头(mail header)与邮件体(mail body)。其中,邮件头由邮件的相关信息构成,其中的部分信息由系统自动生成,例如发信人(From)、时间(Data)等;其他信息由发件人自行输入,例如收信人(To)、主题(Subject)与抄送人(Cc)等。邮件体是指需要发送的邮件正文部分。

SMTP 只能传输由 ASCII 组成的邮件信息,这样无法支持非 ASCII 码的语种,例如中文、法文、德文与俄文等。另外,它不支持邮件中附带的二进制文件,例如图片、音频、视频、可执行文件等。1993 年,多用途 Internet 邮件扩展(Multi-purpose Internet Mail Extensions,MIME)出现,它是一种辅助性的邮件编码协议。MIME 可通过 SMTP 来传输非 ASCII 码的数据,这样使电子邮件的用途变得更广泛。

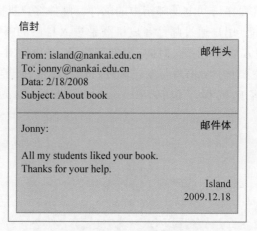

图 5-9　电子邮件信件格式

5.3.2　文件传输服务

文件传输是 Internet 中最早提供、最受欢迎的服务之一,每时每刻都有数以亿计的文件通过 Internet 传输。

1. 文件传输的产生背景

文件传输服务采用文件传输协议(File Transfer Protocol,FTP),因此它又被称为 FTP 服务。文件传输允许用户在两台计算机之间传输文件,并保证文件在 Internet 中传输的可靠性。FTP 服务伴随着 Internet 发展起来,它是 Internet 最早提供的服务之一。1971 年,第一个FTP 技术文档出现标志着 FTP 诞生。在 Web 服务出现之前,人们主要通过 FTP 服务来共享文件资源。

FTP 服务器是指提供 FTP 服务的主机,它可看作一个容量很大的文件仓库。图 5-10 给出 FTP 目录结构的例子。FTP 服务器中以目录结构来保存文件,用户需逐级打开目录找到文件,然后传输其中某个文件。FTP 服务的目录结构带来使用上的不便。1990 年,第一个FTP 搜索引擎 Archie 出现,它被认为是现代搜索引擎的鼻祖。在 Internet 发展初期,FTP 服务通信量占整个网络的三分之一。直到 1995 年,Web 服务的通信量开始超过 FTP 服务。

2. 文件传输的基本概念

FTP 服务采用客户机/服务器模式。FTP 服务包括两个组成部分:FTP 客户机与 FTP 服务器。其中,FTP 服务器是提供 FTP 服务的计算机;FTP 客户机是用户的本地计算机。图 5-11 给出了下载与上载的概念。下载是将文件从 FTP 服务器传输到客户机,上载是将文件从 FTP 客户机传输到服务器。如果用户使用 FTP 服务传输文件,并不需要对文件进行复杂的转换工作,因此这种服务的工作效率很高。

如果用户要使用 FTP 服务器提供的服务,首先从 FTP 客户机登录到 FTP 服务器,这时需要输入 FTP 服务器名与账号。每个 FTP 服务器都有自己的服务器名,并保证 FTP 服务器名在全球范围内的唯一性。例如,FTP 服务器名为"ftp.pku.edu.cn"。其中,"ftp"表示提供FTP 服务,"pku.edu.cn"表示北京大学的主机。当用户登录到 FTP 服务器时,通常需要提供用户账号(包括用户名与密码)。有些 FTP 服务器是专用的,只允许拥有合法账号的用户使用。

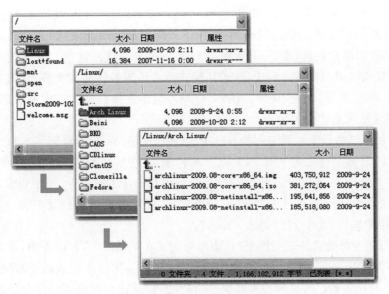

图 5-10　FTP 目录结构的例子

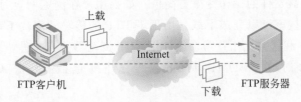

图 5-11　下载与上载的概念

目前,很多 FTP 服务器可提供匿名 FTP 服务。这类服务器没有为每个用户设置专用账号,它会提供一个公开的用户账号(通常为 anonymous),并赋予该账号访问 FTP 服务器中公共目录权限。如果用户需要访问匿名 FTP 服务器,可以用"anonymous"作为自己的用户账号,访问位于公共目录下的所有文件。为了保证 FTP 服务器自身的安全,多数的匿名 FTP 服务器只提供文件下载服务。

3. 文件传输的工作原理

FTP 服务使用的应用层协议是 FTP。FTP 服务需要建立两个连接:控制连接与数据连接。其中,控制连接用来传输 FTP 命令与响应,数据连接用来传输实际的文件数据。图 5-12 给出了 FTP 服务的工作原理。用户通过客户机与 FTP 服务器建立控制连接,向 FTP 服务器发出登录请求并提供账号,然后可建立数据连接并完成文件传输。控制连接在数据连接之前建立,并且控制连接在数据连接之后释放。

图 5-12　FTP 服务的工作原理

FTP 服务支持两种工作模式：PORT 与 PASV 方式。其中，PORT 方式称为主动方式，客户机主动发送 PORT 请求建立数据连接；PASV 模式称为被动模式，客户机开启端口并发送 PASV 请求提供端口信息，由 FTP 服务器与客户机建立数据连接。数据连接支持两种建立模式：ASCII 或二进制模式。其中，ASCII 模式适合传输各种文本文件；二进制模式适合传输二进制文件，例如图形、音频、视频、压缩文件等。数据连接在文件传输完成后自动关闭，而控制连接在登录结束后才能关闭。

目前，FTP 客户端程序主要有三类：FTP 命令行程序、Web 浏览器与 FTP 客户端程序。其中，传统的 FTP 命令行是最早的 FTP 客户端程序，它在早期的 Windows 操作系统中使用，但是它需要在 MS-DOS 窗口中运行。FTP 命令行包括五十多条命令，对于初学者来说比较难使用。目前，大多数浏览器不但支持 Web 浏览方式，还可以通过它登录 FTP 服务器。例如，在 URL 地址栏中输入"ftp://ftp.pku.edu.cn"。

专用的 FTP 客户端软件只提供 FTP 访问功能。在早期的 FTP 服务中，如果在下载过程中因网络故障而连接中断，则已下载的那部分文件将丢失，这样未完成的 FTP 服务将前功尽弃。FTP 客户端程序通过断点续传来解决这个问题，以保证文件的剩余部分能继续传输。目前，常用的 FTP 客户端程序包括 FileZilla、LeapFTP、CuteFTP 等。

Web 服务使得下载文件的操作变得更简单。如果用户在浏览网页时遇到想下载的文件，只需单击文件的超链接就可以完成下载。由于 HTTP 的传输效率比 FTP 要低，因此幕后通常还是 FTP 在执行下载任务。用户习惯于使用 Web 浏览器搜索文件，然后使用 HTTP 下载软件来下载文件。目前，常见的 HTTP 下载程序主要包括：迅雷、QQ 旋风、FlashGet、NetAnts 等。

5.3.3　远程登录服务

远程登录是 Internet 最早提供、受欢迎的服务功能之一，它也是当前比较常用的一种 Internet 服务。

1. 远程登录的基本概念

在很多分布式计算应用中，常需调用远程计算机的资源来协同工作，这样可利用多台计算机共同完成一个较大的任务。协同工作要求用户登录到远程计算机中，启动某个进程并使进程之间能相互通信，这个过程就是常说的远程登录。由于远程登录服务使用的是 Telnet 协议，因此它又被称为 Telnet 服务。

远程登录服务是指用户使用 Telnet 命令，使本地计算机暂时成为远程计算机的一个仿真终端的过程。当用户成功登录到远程计算机之后，本地计算机就像一台与远程计算机直接相连的本地终端一样工作。图 5-13 给出了远程登录的概念。远程登录允许任意类型的计算机之间通信，所有操作都在远程计算机中完成，本地计算机仅向远程计算机发送按键信息与显示结果。

图 5-13　远程登录的概念

实现远程登录的困难之处在于系统差异性,它给系统之间的互操作带来很大困难。这个差异性是指不同计算机在硬件或操作系统方面的不同。系统差异性首先表现在终端键盘输入命令的解释上。例如,一些操作系统使用 Enter 作为行结束标志,另一些操作系统使用的是 ASCII 字符的 CR。键盘定义的差异给远程登录带来很多问题,这也是远程登录协议需要解决的问题。

目前,远程登录协议主要有两种: Telnet 与 rlogin。其中,Telnet 协议是 TCP/IP 协议族的成员,定义了本地计算机与远程计算机的交互过程。Telnet 协议能解决不同计算机系统之间的互操作问题。Telnet 协议引入网络虚拟终端(Network Virtual Terminal,NVT)的概念,它提供一种专用的键盘定义方式,屏蔽不同计算机系统对键盘输入的差异。rlogin 协议是专用于 UNIX 系统的远程登录协议。

2. 远程登录的工作原理

远程登录是一种有状态、有连接的服务类型,采用 Telnet 协议完成两台计算机之间的远程登录。1972 年,RFC 318 文档定义 Telnet 协议的最初版本。1983 年,RFC 854 文档定义 Telnet 协议的新版本,它是目前远程登录服务遵循的标准。Telnet 采用的是持续连接的通信方式,建立控制连接维持时间通常较长。Telnet 使用的熟知端口号为 23。

Telnet 采用客户机/服务器模式。图 5-14 给出了 Telnet 服务的工作原理。当本地计算机使用 Telnet 协议登录到远程计算机时,本地计算机采用本地格式与 Telnet 客户机通信,远程计算机采用远程格式与 Telnet 服务器通信。Telnet 客户机与服务器都可以看作 NVT,它们之间通过 NVT 格式来进行通信。这样,用户在本地计算机的键盘上输入文本时,实际是在使用 NVT 的键盘进行输入。

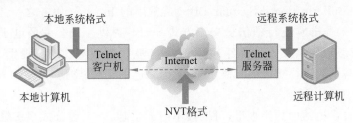

图 5-14　Telnet 服务的工作原理

远程计算机接收到通过 NVT 发送的数据后,根据 Telnet 命令对这些数据进行处理,并将数据处理结果返回 NVT。例如,用户在本地计算机的键盘输入"dir",远程计算机将执行"dir"命令,并在 NVT 中显示"dir"执行结果。在采用标准的 NVT 格式后,不同的系统格式只与 NVT 打交道,而与各种本地格式无关,这样就可屏蔽不同系统的差异性。

5.3.4　新闻与公告类服务

Internet 的魅力不仅表现在拥有丰富的信息资源上,还表现在能与分布在世界各地的用户针对某个话题展开讨论。

1. 网络新闻组

网络新闻组是利用 Internet 进行专题讨论的国际论坛,也是 Internet 中最早的在线讨论模式。目前,Usenet 是 Internet 中规模最大的网络新闻组。从某种意义上,Usenet 并不是一个实际的网络系统,只是建立在 Internet 中的一个逻辑组织。Usenet 是自发产生与不断变化的,新的新闻组可能会不断产生,大的新闻组可能会分裂成小的新闻组,同时某些过时的新闻组也可能会解散。

Usenet 的基本单位是新闻组(newsgroup),每个新闻组都专门针对某个特定话题,例如,计算机、文学、艺术与游戏等。所有想到的主题都有相应的新闻组,例如,"comp"是有关计算机的新闻组。网络新闻组的结构采用的是层次结构。一级新闻组中可能有二级新闻组,二级新闻组中还可能有三级新闻组。用户加入新闻组就可看到相关专题的信息,并发表自己的见解与其他人展开讨论。如果用户加入某个自己感兴趣的新闻组,则在每次访问 Usenet 服务器时,都会收到新闻组发送的新消息。

Usenet 是一种有状态、有连接的服务类型。Usenet 服务采用网络新闻传输协议(Network News Transfer Protocol,NNTP),它负责完成两台 Usenet 服务器之间的通信。RFC 977 文档定义 NNTP 的新版本。Usenet 的基本通信手段是电子邮件,但是它不是采用点对点的电子邮件,而是采用多对多的电子邮件。Internet 中存在众多的 Usenet 服务器,不同 Usenet 服务器之间可以互相通信。这样,发布到某个 Usenet 服务器的消息,都会自动复制到其他 Usenet 服务器。

Usenet 服务采用客户机/服务器模式。Usenet 服务包括两个组成部分:Usenet 客户机与 Usenet 服务器。Usenet 客户机需要安装 Usenet 客户端程序,也就是网络新闻组的阅读程序。用户通过 Usenet 客户端申请加入新闻组,这样每次访问 Usenet 服务器时,都会自动收到新闻组发送的新消息。用户发送到某个 Usenet 服务器的信息,都会自动转发到其他 Usenet 服务器,并最终传遍分布在世界各地的新闻组。

2. 电子公告牌

电子公告牌(Bulletin Board System,BBS)是常用的 Internet 服务之一。在 Web 服务没有普及的时候,BBS 是非常流行的信息交流方式。BBS 提供一块公共的电子白板,用户可以在上面发布与阅读信息,以及收发邮件、网上聊天与联机游戏等。BBS 提供了一种全新的交流方式。当用户与别人进行交流的时候,无须考虑自己的年龄、学历、财富与外貌等,这些条件在其他交流形式中无法回避。

BBS 类似于日常生活中的黑板报,可以按不同的主题、子主题分成很多公告栏,它们是按大多数用户的需求与喜好而设立。用户可阅读别人对某个主题的最新看法,它有可能是在几秒钟前刚发布;用户可将自己的看法毫无保留地贴到公告栏中,同样也可以看到别人对你的观点发表的看法。如果用户需要私下进行交流,可以将想说的话直接发送到其他用户的邮箱中。

BBS 服务的重要功能之一是网上聊天。BBS 站点中可以开设多个聊天室,进入聊天室的每个用户都有自己的聊天代号,建立聊天室的人会提出本次聊天主题。用户可以阅读屏幕上显示的其他用户输入的信息,也可以输入自己想要表达的信息,这样就可以与聊天室中的其他用户对话。如果两个用户之间的对话不希望被别人看到,这时他们可以选择"一对一"的私下聊天功能。

早期的 BBS 服务是一种基于 Telnet 的服务,这时在公告栏中只能提供文本信息。用户需要通过 Telnet 登录到 BBS 服务器,并且用合法的 BBS 账号完成登录。当然,用户可使用公用的游客(Guest)账号,但是这种用户只能阅读公告栏中的文章。目前,很多 BBS 站点已经提供 Web 访问方式,用户可以使用浏览器访问 BBS 站点,这时在公告栏中能提供文本、图片与其他信息。

5.4　基于 Web 的网络应用

5.4.1　Web 服务

Web 服务的出现是 Internet 发展中的重要事件,它是 Internet 中最方便、最受欢迎的服务类型。

1. Web 服务的产生背景

万维网(World Wide Web,WWW)通常被简称为 Web。Web 服务是指用户通过浏览器访问 Internet 中的网页。实际上,Web 可看作一个分布式的超媒体系统,网页是其中信息的基本组织单位,通过它可访问其链接的各种类型的信息,可能包括文本、图片、音频、视频等各种文件。Web 服务的出现是 Internet 发展中的里程碑,它直接推动着 Internet 的应用获得快速发展。

长期以来,人们一直在研究如何对信息进行组织,其中常见方式就是现实生活中的书籍。书籍采用的是有序的方式来组织信息,它将讲述的内容按照章、节的结构组织起来,读者可按照章节的顺序进行阅读。实际上,人类的学习过程是一种“跳跃”思维方式。例如,如果我们希望搞清楚一个问题,这时通常需要阅读很多相关的书籍,并且在必要时转换到另一本书查找资料。如果网络在信息组织时能适应人类的思维方式,它在人类获取信息方面将产生巨大的作用。

最初的应用程序界面通常采用菜单方式,例如,早期常用的 Gopher 服务,用户通过菜单按预定的树状结构逐级展开,直到找到自己需要的选项才能执行操作,这种方式对用户来说非常不方便。图形界面获得成功的主要原因在于直观。研究人员提出将图形界面与“跳跃”思维相结合,在 Internet 中提供一种符合人类行为方式的服务。Web 信息组织的核心技术是超链接(hyper-link),可提供在不同类型的信息之间的跳转,这也是 Web 服务受到欢迎的直接原因。

1989 年,Web 技术诞生于欧洲原子能研究中心(CERN),最初的用途只是在研究者之间交换实验数据,后来逐渐发展成一种重要的 Internet 应用。1993 年,第一个图形界面的 Web 浏览器(browser)问世,那就是著名的 Mosaic 浏览器,它提供了使用 Web 服务的便捷手段。正是由于 Web 这种新的服务类型的出现,促使 Internet 从最初主要供研究人员与大学生使用,转变为人们广泛使用的一种信息交互工具。Web 服务的出现使 Internet 用户数呈指数规律增长。

2. 超文本与超媒体

Web 服务的技术基础是超文本(hyper-text)与超媒体(hyper-media)。超文本是指在文本信息中嵌入相关内容。实际上,超文本并非起源于 Web 服务,它已在计算机中应用了很多年。例如,Windows 操作系统提供的帮助文档,用户可以像阅读普通文章一样阅读该文档,当用户选择某个带下画线的单词或短语,帮助文档就会查找并显示相关的信息,这就是一个超文本的典型例子。

Web 服务中的信息是按超文本方式组织的。用户通过浏览器下载 Web 服务器中的网页,并将它解释成可以理解的内容时,这时看到的是包括“热字”在内的文本信息。热字通常是一个上下文关联的单词，通过选择热字可跳转到其他文本。图 5-15 给出了超文本的工作原理。例如，在"南开大学"网页中，选中屏幕中的"学校概况"热字，将跳转到学校概况相关的网页；在"学校概况"网页中，选中屏幕中的"学校历史"热字，将跳转到学校历史相关的网页。

超媒体与超文本都是超链接的表现形式，它们的区别只是链接的信息内容不同。超文本只能包含文本信息，超媒体可以包含其他类型的信息，例如图像、音频与视频等文件。图 5-16 给出了超媒体的工作原理。例如，在"南开大学"网页中，选中屏幕中的"音频介绍"热字，将播放一段关于南开大学的音频；选中屏幕中的"视频介绍"热字，将播放一段关于南开大学的视频。

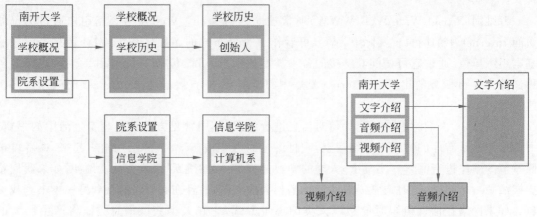

图 5-15   超文本的工作原理　　　　　　图 5-16   超媒体的工作原理

3. Web 服务的工作原理

Web 服务的核心技术主要包括：超文本传输协议（Hyper Text Transfer Protocol，HTTP）与超文本标记语言（Hyper Text Markup Language，HTML）。其中，HTTP 是 Web 服务使用的应用层协议，用于实现 Web 客户机与服务器之间的通信；HTML 是 Web 服务的信息组织形式，用于定义在 Web 服务器中存储的信息格式。另外，可扩展标记语言（eXtensible Markup Language，XML）也可以用来编写网页，它是一种更灵活、编程能力更强的文本标记语言。

Web 服务采用客户机/服务器模式。图 5-17 给出了 Web 服务的工作原理。Web 服务包括两个组成部分：Web 客户机与 Web 服务器。其中，Web 客户机是 Web 服务的使用者，Web 服务器是 Web 服务的提供者。信息资源以网页形式存储在 Web 服务器中，用户通过客户机读取 Web 服务器中的网页。Web 服务在传输层采用 TCP，传输网页信息之前需要先建立连接，经过建立连接、传输数据与释放连接的过程。网页信息与其中的图片等文件分别传输。Web 服务器通常需要文件服务器、数据库服务器等的辅助。

4. URL 与信息定位

由于 Internet 中存在数量众多的 Web 服务器，而每台服务器中又包含数量众多的网页，因此精确定位到某个网页是关键的问题。如果用户需要找到某个特定网页，这时采用的技术是统一资源定位器（Uniform Resource Locators，URL）。

URL 是对 Internet 资源位置与访问方法的表示方法。这里的资源是指可访问的任何对象，包括文本、图像、音频与视频等。URL 由三个部分组成：服务类型、主机名、路径和文件名。图 5-18 给出了 URL 的地址结构。其中，服务类型是检索文件使用的协议；主机名是检索文件所在的主机地址,也就是该主机的域名或 IP 地址;路径和文件名是指主机中保存文件的目录结构,它有可能出现多级的子目录结构。

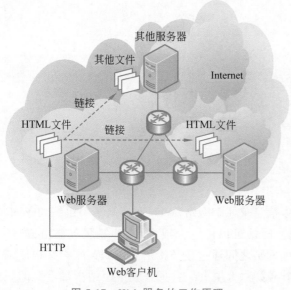

图 5-17　Web 服务的工作原理

图 5-18　URL 的地址结构

如果用户需要访问某个网页,在 Web 客户机中输入该网页的 URL。例如,南开大学网站 URL 为"http://www.nankai.edu.cn/index.php"。其中,"http"表示服务类型为 Web 服务;"www.nankai.edu.cn"是南开大学的域名,即南开大学 Web 服务器的名称;"index.php"是网页所在的目录与文件名,文件名出现在 URL 的最后部分。如果在 URL 中没有给出文件名,Web 服务器默认将网站首页发送给客户机。

5. 浏览器的基本概念

Web 客户机通常被称为浏览器。网页在 Web 服务器中以 HTML 文件形式存储,浏览器将该文件下载到客户端并显示,这个过程是对 HTML 文件的解释过程。浏览器通常包括四个部分:HTML 解释器、控制器、客户机与缓存。其中,HTML 解释器是浏览器的核心部分,完成 HTML 文档到网页的解释过程;控制器接收通过鼠标或键盘输入的请求,并调用其他部分执行用户指定的操作;客户机与 Web 服务器建立连接、发送请求与接收 HTML 文件;缓存用于保存解释过的 HTML 文件以备下次使用。

浏览器与 Web 服务器之间用 HTTP 通信,在传输数据之前需要预先建立连接。但是,这个连接维持的时间通常比较短,在 HTML 文件与相关文件(主要是图片)传输完成后断开。图 5-19 给出了浏览器的工作原理。用户通过浏览器与 Web 服务器建立连接,并向服务器发出访问网页的请求;Web 服务器根据该请求找到网页,并将相应 HTML 文件返回浏览器;浏览器对 HTML 文件进行解释,并在本地计算机屏幕上显示网页。

在各种操作系统上都有流行的浏览器。实际上,各种浏览器程序的种类很多,但是它们提供的浏览功能基本相同。当前的浏览器都支持多媒体信息,可以播放动画、音频与视频等,这就使得 Web 世界变得更加丰富多彩。目前,流行的浏览器软件包括 Microsoft 的 Internet Explorer(简称 IE)、Google 的 Chrome、Mozilla 的 Firefox、Apple 的 Safari、Opera 等,以及各种基于上述内核的浏览器。

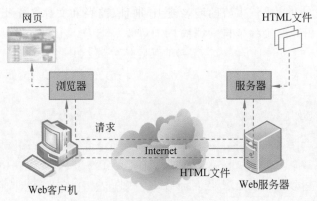

图 5-19　浏览器的工作原理

6. 网页与 HTML

网页(Web page)是 Web 服务中的基本信息单元。网站(Web site)是某个组织的 Web 信息平台,它通常是由很多相关的网页组成。网站可以由一台或多台 Web 服务器组成,每台 Web 服务器中保存着数量众多的网页,这些网页之间通过超链接形式组织起来。在构成某个网站的所有网页中,打开网站见到的第一个网页称为主页。主页是整个网站中最重要的一个网页,它的风格通常代表着整个网站的风格。

网页通常包含以下基本元素:文本、图片、表格和超链接。其中,文本是网页中的最基本元素;图片是网页中的基本元素,常见格式为 GIF 与 JPEG 文件;表格用于将文本或图片有规律地组织起来;超链接用于跳转到其他网页或资源,通常建立在文本和图片两种元素上,因此分为文本和图片类型的超链接。另外,网页中会包括各种多媒体信息,例如动画、音频、视频等文件。

网页制作可能使用的技术有很多种。网页通常可分为两种类型:静态网页与动态网页。其中,静态网页显示的网页内容是固定的,并且无法通过它与网站交互。静态网页通常使用 HTML 与 CSS 技术。动态网页可根据用户需求进行响应,通过它与网站进行特定信息的交互。动态网页使用的技术主要包括:ASP、JSP、PHP、CGI、JavaScript 等。HTML 是制作网页都需要使用的基本技术。

HTML 是一种结构化的程序设计语言,用来描述各类信息的显示形式,其核心技术是为信息做标记。HTML 标记大多数是成对出现,这种"<标记>…</标记>"结构可描述所有内容,包括头部、标题、内容、表格、脚本与超链接,以及各种格式控制信息等。例如,<HTML>与</HTML>之间是 HTML 文件,<HEAD>与</HEAD>之间是 HTML 文件的头部,<BODY>与</ BODY>之间是 HTML 文件的正文。某些标记中可以嵌套使用其他标记。浏览器通过读取标记理解相应部分的含义。

5.4.2　电子商务应用

电子商务(electronic business)是发展迅速的服务类型。1997 年 11 月,世界电子商务会议对电子商务的解释为:在业务上,电子商务是指实现整个贸易活动的电子化,交易各方以电子交易方式进行各种形式的商业交易;在技术上,电子商务可能采用电子数据交换(EDI)、电子邮件、数据库、条形码等技术。综上所述,电子商务可以被定义为:通过 Internet 以电子数据信息流通的方式,在全世界范围内进行的各种商务活动、交易活动、金融活动和相关的综合服务。

近年来,电子商务在世界范围、特别是我国获得了快速发展。根据 CNNIC 的统计显示,截至 2022 年 12 月,我国的电子商务用户规模达到 8.45 亿,占上网用户数的 79.2%,使用手机的电子商务用户也达到 8.16 亿。我国电子商务交易规模(单位为万亿元人民币)增速很快,2015 年增长到 3.88,2016 年增长到 5.16,2022 年更是增长到 8.45。电子商务用户以经济发达地区、高学历与高收入群体为主。同时,电子商务与网上支付、网上银行等金融活动密切相关,大多数用户也在使用网络金融服务。

电子商务的运行环境是大范围、开放性的 Internet,通过各种技术将参加电子商务的各方联系起来。图 5-20 给出了电子商务的基本结构。电子商务系统主要涉及:网上商店、网上银行、认证机构与物流机构等。电子商务交易能完成的关键在于:安全地实现在网上的信息传输和在线支付功能。为了顺利完成电子商务的交易过程,需要建立全社会的电子商务系统、发展电子商务的规范和法规、安全的电子交易支付方法等,保证交易各方能安全可靠地进行电子商务活动。

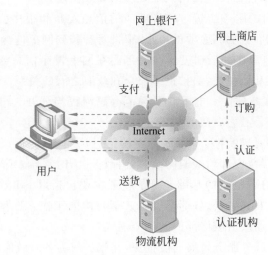

图 5-20　电子商务的基本结构

根据交易对象的不同,电子商务应用可分为以下三种类型。

(1) 企业与个人(Business to Consumer,B2C):消费者与企业之间利用 Internet 进行的电子商务活动,通常称为网上购物。目前,Internet 中有各种类型的网上商店,提供各种商品销售与相关服务。网上商店买卖的商品可以是实物(例如书籍、服装、食品等),也可以是数字产品(例如音频、视频、软件等)。网上商店也可以提供各类服务,例如旅游、医疗诊断和远程教育等。

(2) 企业与企业(Business to Business,B2B):企业之间利用 Internet 进行的电子商务活动,通常称为网上交易市场。传统的企业之间的交易通常要耗费大量资源和时间。B2B 电子商务使企业可利用 Internet 寻找最佳的合作伙伴,完成从订购、运输、交货到结算、售后服务的全部商务活动。B2B 电子商务可分为两种模式:面向制造业或商业模式、面向中间交易市场模式。

(3) 个人与个人(Consumer to Consumer,C2C):个人之间利用 Internet 进行的电子商务

活动,通常称为网上拍卖市场。C2C 电子商务通常是为买卖双方提供一个在线交易平台,卖方可提供商品来销售或拍卖,买方可选择商品进行购买或竞价。由于 C2C 电子商务的交易双方都是个人,为了保证交易的安全性与解决可能的纠纷,这类网站通常提供支付工具与用户评价机制。

5.4.3　电子政务应用

电子政务(electronic government)是指运用电子化手段实施的政府管理工作。电子政务指各级政府机构的政务处理电子化,包括内部核心政务电子化、信息公布与发布电子化、信息传递与交换电子化、公众服务电子化等。实际上,电子政务是政府机构应用现代信息和通信技术,将管理和服务通过网络技术进行集成,在网络上实现组织结构和工作流程的优化重组,向社会提供优质、规范、透明的管理和服务。

电子政务的优势主要表现在:

(1) 有利于提高政府的办事效率。政府部门可依靠电子政务系统办理更多公务,行政管理的电子化和网络化可取代很多过去由人工处理的烦琐劳动。

(2) 有利于提高政府的服务质量。政府部门的信息发布和很多公务处理转移到网上,给企业和公众带来很多便利。例如,企业的申报、审批等转移到网上进行。

(3) 有利于增加政府工作的透明度。政府部门在网上发布信息与公开办公流程,既保护了公众的知情权、参与权和监督权,又拉近了公众和政府之间的关系。

(4) 有利于政府的廉政建设。电子政务规范办事流程与公开办事规则,通过现代化的电子政务手段,减少那些容易滋生腐败的“暗箱操作”。

1999 年 1 月,中国电信联合四十多家部委的信息部门,共同倡议发起了政府上网工程。该工程的主旨是推动各级政府部门开通网站,推出政务公开、领导人信箱、电子报税等服务,为政府系统的信息化建设打下坚实的基础。电子政务主要包括以下几个部分:网上信息发布、部门办公自动化、网上交互式办公、各部门资源共享与协同工作。近年来,电子政务越来越受各国政府的重视,并在逐渐改变政府部门的办公模式。

近年来,我国的电子政务服务发展速度很快,并逐步成为各级政府部门的网上窗口。根据 CNNIC 的统计显示,截至 2022 年 12 月,我国各级政府部门的网站已达到 13 946 个,主要包括政府门户网站与部门网站;电子政务用户规模达到 9.26 亿,占上网用户数的 86.7%;不少政府部门开通了微信公众号、微博、头条号等政务新媒体服务;用户使用较多的服务有交通违法、气象、社会保障等信息查询。

根据服务对象的不同,电子政务可分为以下三种类型。

(1) 政府与政府(Government to Government,G2G):上下级政府、不同地方政府与不同政府部门之间,利用 Internet 来完成电子政务活动。G2G 主要包括:电子法规政策系统、电子公文系统、电子办公系统等。其中,电子法规政策系统提供相关的法律法规、行政命令和政策规范;电子公文系统在政府上下级、部门之间传输政府公文,例如报告、请示、批复、公告、通知等。

(2) 政府与企业(Government to Business,G2B)模式:政府部门利用 Internet 进行电子采购与招标,精简管理流程,为企业提供各种快捷服务。G2B 主要包括:电子采购与招标、电子税务、电子证照、信息咨询服务。企业通过电子税务系统就能完成相关业务,例如税务登记、税务申报等。

（3）政府与个人（Government to Citizen，G2C）模式：政府部门利用 Internet 为公民提供的各种服务。G2C 主要包括：社会保险、就业、电子医疗、教育培训、公民信息、交通管理、电子证件等服务。其中，社会保险建立覆盖地区甚至国家的网络，使公民可以了解自己的养老、失业、医疗等账户的明细；就业服务可以为公民提供工作机会和就业培训。

5.4.4　博客应用

网络日志（Web log）通常被简称为博客（blog），它是以文章形式在 Internet 中发表与共享信息的服务。这种应用在技术上属于网络共享空间的范畴，而在形式上属于网络个人出版的范畴。博客概念主要表现在三个方面：频繁更新、简明扼要与个性化。实际上，每个博客是一个包含文章列表的网页，通常由简短并经常更新的文章构成，这些文章是按照年份与日期的倒序来排列。最初，博客被用于记录人们的日常生活。后来，博客逐渐发展成人们交流思想的一种新方式。

从网络技术的角度来看，博客并不是一种纯粹的新技术，而是一种逐渐演变的网络应用。有人认为，Web 技术发明者 Tim Berners-Lee 运行的演示网页"http://info.cern.ch"是博客的雏形。也有人说，浏览器发明者 Marc Andreesen 开发的 Mosaic 中的网页"What's New Page"是最早的博客。1997 年，Jorn Barger 的网页"Robot Wisdom Weblog"，则第一次使用 Weblog 这个名称。1999 年，Peter Merholz 以缩略词"Blog"命名博客，这就使它成为当前最常用的术语。同年，基于 RSS 技术的真正意义上的博客诞生，RSS 发明者 Dave Winner 由此被尊称为"博客教父"。

随着多种支持自动网络出版的免费软件出现，例如 Blogger、Pita、Greymatter、Manila、Diaryland 等，它们有效推动了博客应用的高速发展。这些工具可帮助用户方便地发布、更新与维护自己的博客，同时它们通常还提供免费的服务器空间。其中，Pyra 公司开发的 Blogger 是最流行和最有影响的工具。最初，Blogger 只是一种用于公司的内部交流与协同工作的软件。1999 年，Pyra 公司在网上免费发布了 Blogger，该软件很快得到了广大用户的认可与支持。

2000 年，博客成为 Internet 中的热点应用。尤其是在"9.11"事件中，在人们最需要交流的时候，它在发布信息、交流经历与感悟等方面发挥了重要作用。作为人们之间一种新的交流形式，博客逐步受到全社会的关注和认可。很多博客软件开发商转型为博客服务提供商（Blog Service Provider，BSP），为博客用户开辟共享空间与提供支持。随后，各个专业领域的博客开始大量出现。2005 年，美国约有 1100 万人创建博客，5000 万人访问博客。近年来，全球的博客用户已增长到数以十亿计。

2002 年，我国的第一个博客网站"博客中国"诞生。2004 年是博客应用商业化的一年。同年，国内各大门户网站陆续开设了博客栏目，例如新浪、搜狐、网易、腾讯等。从 2005 年开始，博客应用的用户数量逐年快速增长。根据 CNNIC 的统计显示，截至 2017 年 12 月，我国的博客用户规模达到 3.16 亿，占上网用户的 40.9%，使用手机的博客用户也达到 2.86 亿。在读者阅读博客的动机中，消遣娱乐所占比例最大。博客应用发展说明 Internet 应用开始从精英走向平民。

按照功能来划分，博客可分为两种类型：基本博客与微型博客。其中，基本博客是指传统形式的博客，单个作者对于特定话题提供相关资源，阅读者可以发表简短的评论；微型博客就是经常提到的微博，博客作者不需要撰写复杂的文章，而只需要书写 140 字（这是大部分微博字数的限制)。按照用户来划分,博客可分为两种类型:个人博客与企业博客。其中,个人博客的拥有者是个人用户,通常发表个人日常的相关内容;企业博客的拥有者是企业用户,通常用于发布企业的相关信息。

博客领域已形成完整的产业链:博客服务提供商、搜索引擎、出版社与网络广告商。图 5-21 给出了博客的产业链结构。博客服务提供商为博客作者和读者提供服务,它是博客内容的基本载体。博客服务提供商主要分为三类:独立运营的博客服务提供商,基于门户网站的博客服务提供商,以及基于产品的博客服务提供商(例如图片博客、视频博客等)。搜索引擎帮助读者寻找自己要阅读的文章。网络广告商通过 Internet 向读者推送广告。出版社负责将博客作品出版成纸质书籍。

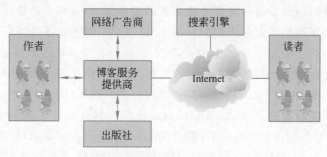

图 5-21　博客的产业链结构

5.4.5　搜索引擎应用

Internet 中的信息量正在呈爆炸性增长,每年产生的信息量甚至超过以前上百年的总和。经过大约十年的发展,全球的网页数量已超过 40 亿页,中国的网页数量也超过 3 亿页。Internet 中的网页内容是不稳定的,除了不断有新的网页出现之外,同时很多旧的网页也会不断更新。面对 Internet 中如此海量的信息资源,用户如何快速、有效地查找到所需的信息,这就需要借助于搜索引擎服务。

搜索引擎(search engineer)是 Internet 中的一种 Web 服务器,它的任务是在 Internet 中主动搜索其他 Web 服务器中的信息并建立索引,然后将索引存储在可供查询的大型数据库中。实际上,搜索引擎是包含 Internet 中各种信息的庞大数据库。搜索引擎必须不断更新自己的索引数据库,以便及时反映 Internet 中的信息变化。目前,Internet 中有很多流行的英文搜索引擎,例如 Google、Yahoo、Lycos、Bing 等。同期,我国出现了多个中文搜索引擎,例如百度、搜狗、360、搜搜等。

1993 年,第一种搜索引擎技术 Web Wander 出现,它是一种基于网页之间的超链接来监控网络规模的程序。由于它采用沿着超链接"爬行"方式实现检索功能,因此人们常将这种程序称为 Web 蜘蛛(Web spider)。后来,很多基于 Web 蜘蛛原理的搜索引擎技术出现,例如 Web Worm、JumpStation 与 RBSE Spider 等。这些搜索引擎技术被不同的搜索引擎采用,出现了很多现代意义上的搜索引擎网站。例如,著名的 Google 搜索引擎就是起源于斯坦福大学的 BackRub 项目。

搜索引擎通常包括三个组成部分:Web 蜘蛛、索引数据库和搜索工具。图 5-22 给出了搜索引擎的工作原理。其中,Web 蜘蛛在 Internet 中四处爬行并收集信息,索引数据库用于存储 Web 蜘蛛收集到的信息索引,搜索工具为用户提供检索数据库的方法。每个搜索引擎都至少包含一个 Web 蜘蛛,它按事先设定的规则在 Internet 中收集特定的信息。当 Web 蜘蛛发现新的网页或 URL 地址时,它就会通过自身的软件代理收集网页信息,并将这些信息发送给搜索引擎的索引软件。

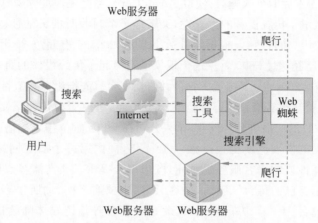

图 5-22　搜索引擎的工作原理

索引软件从网页中摘录出需要建立索引的信息,将这些信息存放在数据库中并建立索引。索引类型决定搜索引擎可提供的搜索服务类型,以及返回的索引结果的最终显示方式。不同搜索引擎使用不同方法检索数据库中的信息,有的搜索引擎检索网页中的每个关键字,有的搜索引擎只检索网页中的 100 个关键字。不同搜索引擎返回搜索结果的方式也不同,有的搜索引擎对搜索结果的价值进行评价,有的搜索引擎显示网页开头的几行,有的搜索引擎则会显示文档标题与 URL 信息。

从使用者的角度来看,搜索引擎提供一个网页形式的用户界面,用户只要通过选择分类目录或输入关键字,就可以轻松地找到自己要查找的信息。当用户在网页中输入所需信息的关键字时,搜索引擎将按指定规则在数据库中搜索关键字,并将所有内容显示在包含搜索结果的网页中。当用户通过鼠标单击感兴趣的超链接时,将会跳转到该信息所在的网页。但是,网页内容并没有存放在搜索引擎的数据库中,也没有存放在搜索引擎所在的网站中,而是仍在这个网页原来所在的网站中。

5.5　基于多媒体的网络应用

5.5.1　播客应用

播客(podcast)是一种基于 Internet 的数字广播技术。播客的诞生与快速发展是建立在 Web 2.0 的形成,以及 XML、RSS、iPod 等软硬件技术逐渐成熟的基础上。其中,关键性的技术是简易信息聚合(Really Simple Syndication,RSS)。实际上,RSS 技术应该属于 Web Feeds 技术范畴,用于实现信息的智能化聚合与订阅。1999 年,RSS 应用于播客成功改变了文本信息的传播方式。2001 年,RSS 2.0 在说明中增加了音频元素。Userland 公司将该功能嵌入播客软件中,这为播客应用的诞生奠定了技术基础。

最初的播客是基于 iPodder 软件与便携式 MP3 播放器(例如 iPod)。2000 年,iPodder 软件设计者 Adam Curry 提出了自动下载音频文件,并在 iPod 上同步播放的设计思想。2004 年,最早的播客软件 iPodder 1.0 正式发布。同年,第一个真正意义上的播客网站,Adam Curry 的"每日源代码"诞生,这被认为是播客正式形成的标志。关于 Podcasting 的完整构想、"每日源代码"网站的成功运行,以及其作为主播的个人魅力,使得 Adam Curry 当之无愧被称为"播客之父"。

由于播客技术继承了传统播音的大众性,又增加了节目收听的灵活性、主动性与互动性,因此它很快受到了广大用户的青睐。根据统计数据显示,2004 年有超过 80 万美国人收听播客节目,2010 年这个数字已经超过 5000 万。这个现象迅速引起了传统媒体的重视,并且纷纷在播客领域开辟自己的疆域。2004 年,美国波士顿公共广播电台率先推出播客节目"早间报道"。同年,英国广播公司(BBC)推出播客节目"共享时刻"。2005 年,维亚康姆传媒集团的无限广播公司推出第一个基于播客节目的广播电台。同年,苹果公司在 iTunes 4.9 中增加播客平台服务。

播客应用在我国的发展速度也很迅猛。2004 年,国内第一个播客网站"土豆网"诞生,它是一个具有门户网站性质的播客服务提供商,既为观众提供了欣赏播客节目的剧场,又为众多个人播客提供了展示自己的舞台。随后,播客天下、中国播客网、动听播客等各类播客网站出现。中央人民广播电台、上海东方广播电台、北京文艺台等传统媒体陆续推出了播客节目,为推动我国播客应用发展做出了有益的尝试。此后,CCTV 国际网站、新浪网等主流媒体的介入,标志着播客在我国的发展进入了全新阶段。

播客录制的是数字广播或声讯类节目,用户可将节目下载到移动终端(例如手机)随身收听。播客主要分为三种类型:独立播客、门户网站的播客频道、播客服务提供商。其中,独立播客是由个人播客所创建,其中的节目多由个人策划与制作。门户网站的播客频道不是一个独立的网站,而是隶属于某个综合性门户网站的频道,提供的服务与播客服务提供商相似。播客服务提供商(Podcast Service Provider,PSP)为播客提供网络空间,支持节目上传、下载、在线播放、RSS 订阅等功能。随着播客网站的迅速发展,提供的播客节目数量日益增多,针对节目搜索的垂直搜索引擎开始出现。

5.5.2　网络电视应用

交互式网络电视(IPTV)是一种基于 IP 网络的数字电视技术。2006 年,国际电信联盟(ITU)确定了 IPTV 的定义:IPTV 是在 IP 网络上传送包含视频、音频、文本等数据,提供安全、交互、可靠、可管理的多媒体业务。IPTV 技术集 Internet、多媒体、通信等技术于一体,利用宽带网络作为基础设施,以电视机、计算机、智能手机等作为主要显示终端,通过 IP 协议提供多种交互型多媒体业务。IPTV 最大的优势在于互动性与按需观看,彻底改变了传统电视单向广播的特点,满足了用户对在线影视欣赏的需求。

IPTV 可提供的业务种类主要包括:电视类业务、通信类业务与增值类业务。其中,电视类业务是指与电视相关的业务,例如,广播电视、点播电视、时移电视、在线直播等;通信类业务是指 IP 电话、可视电话、视频会议等;增值类业务则是指电视购物、互动广告、在线游戏、远程教育等。IPTV 改变了观众对电视媒体的消费习惯,颠覆了观众对电视服务的固有印象,将电视服务的观众真正转变为用户。用户与观众的最大区别在于:用户不再仅是参与电视节目的观看,还能参与电视节目的生产与传播。

IPTV 融合了传统电视与 Internet 的相关特性,它可视为传统电视业务和电信新兴业务的结合。IPTV 业务既扩展了电信业务的使用终端,又扩展了电视终端可支持的业务范围。

这种应用有效地将传统的广播电视网、电信网与 Internet 的业务相结合,为我国政府推进的三网融合提供了良好的契机。三网融合涉及技术融合、业务融合、行业融合、终端融合与网络融合。它不仅将现有网络资源有效整合、互联互通,而且会形成新的服务与运营机制,并有利于信息产业结构的优化。

中央电视台所属的中国网络电视台(CNTV)作为 IPTV 集成播控平台的建设和运营方,分别于 2008 年、2010 年进行了两期大规模的总平台建设,建成了核心网络、播出控制、直播编码、运营管理等相关系统,实现了编码与播出控制、运营管理、安全监控等基本功能。2012 年,根据国家的有关要求,CNTV 完成了总平台的第三期建设,进一步完善了信源引入、平台接入、安全备份、认证与计费等性能。在技术性能大幅提升的同时,总平台不断加强节目内容的建设,目前已建成总时长超过 50 万小时的点播库,内容涵盖了新闻、影视、少儿、科教、综艺、体育、纪录片等方面。

2005 年 3 月,上海广播电视台获得第一张 IPTV 全国运营牌照,这是 IPTV 业务进入商业化竞争阶段的重要标志。同年,上海在浦东部分区域开始试点 IPTV 业务。2006 年 2 月,上海电信与上海文广的合作模式被称为“上海模式”。2006 年 9 月,IPTV 业务开始在上海全市商用。截至 2017 年年底,我国广电企业的 IPTV 用户数达到 1.22 亿户。同时,我国电信运营商开始允许涉足 IPTV 业务领域。2005 年,中国电信、中国网通在国内十几个城市开始 IPTV 试点。截至 2016 年年底,中国电信的 IPTV 用户数达到 6700 万户,中国联通的 IPTV 用户数也达到 2300 万户。

在 IPTV 业务快速发展的同时,OTT(Over The Top)业务的发展速度更加迅猛。OTT 业务是指基于 Internet 的在线视频服务,显示终端可以是电视机、计算机、智能手机等。这类业务通常被称为 OTT 视频或 VOD 视频。OTT 业务有以下几种典型模式:互联网电视、电视盒子等。其中,互联网电视是指集成互动电视功能的电视机,例如,Apple TV、Google TV、小米 TV、乐视 TV 等。电视盒子是指为电视机增加一个提供互动功能的机顶盒,例如,小米、华为、创维、百度等公司的产品。另外,很多互联网公司提供在线视频服务,例如,爱奇艺、优酷土豆、腾讯视频等。

5.5.3　IP 电话应用

IP 电话(IP phone)又称为 VoIP(Voice over IP),它是一种通过 Internet 传输语音信号的技术。2003 年,我国工业与信息化部制定了“电信业务分类目录”,其中对 IP 电话业务的定义如下:泛指各种利用 IP 协议通过 IP 网络提供,或通过公共电话交换网(PSTN)与 IP 网络共同提供的电话业务。网络语音协议(NVP)是 VoIP 研究的鼻祖。1973 年,首次尝试在 ARPANET 上通过 NVP 来传输语音信号。但是,由于缺乏高效的语音编码技术和优良的网络条件,这次实时语音传输实验以失败告终。进入 20 世纪 90 年代,网络传输技术进入了分组交换时代,VoIP 在这个时期获得创新性的发展。

传统电话业务是指利用电路交换方式,通过 PSTN 来传输模拟的语音信号。IP 电话业务则是采用分组交换的工作方式,在输入端将模拟的语音信号转换成数字信号,再将载有语音信息的分组通过 Internet 传输,在接收端将数字信号还原成语音信号并播放。在转换过程中通过压缩算法对语音信号进行压缩处理。VoIP 技术合理利用了 Internet 资源,有效降低了电话业务的成本,并且易于部署与扩展业务。另外,VoIP 应用还为用户提供了传统电话难以提供的增值业务,例如,视频传输与数据传输等。因此,VoIP 技术的商业化应用吸引了各大电信运营商、虚拟运营商、互联网公司的目光。

最初的 IP 电话在 Internet 中的两台计算机上实现,它们均配备全双工的声卡、麦克风与耳机等设备,并且均安装了相同的 IP 电话软件。研究人员设计了一种称为网关(gateway)的设备,它负责将通话双方的电话号码映射为 IP 地址,并完成模拟的语音信号与数字信号之间的相互转换。随着越来越多的用户看到 IP 电话的优点,一些电信运营商在此基础上进行了开发,从而实现了通过计算机拨打普通电话的服务。后来,电信运营商又进一步开发了普通电话之间的 IP 电话服务。

在 IP 电话技术研究与标准制定方面,最具影响力的机构主要包括:国际电信联盟(ITU)、Internet 工程任务组(IETF)、国际多媒体通信联盟(IMTC)等。1996 年,ITU 正式通过了针对 VoIP 业务的 H.323 标准,它描述了 IP 电话系统结构和各个部分的功能,以协调不同厂商的 IP 电话之间的互连。IETF 主要研究 IP 电话在 Internet 上的传输技术,以及与PSTN 之间的兼容性问题。IMTC 主要研究 IP 电话应用与多媒体电话会议标准。表 5-3 给出了 IP 电话与传统电话的比较。

表 5-3　IP 电话与传统电话的比较

项　　目	IP　电　话	传　统　电　话
传输网络	Internet	PSTN
交换方式	分组交换	电路交换
带宽利用率	高	低
使用费用	低	高
话音质量	低	高

图 5-23 给出了 IP 电话系统的基本结构。IP 电话系统由以下几个部分组成:终端设备、网关、多点控制单元、后端服务器。其中,终端设备可以是传统电话机,也可以是安装相应软件的多媒体计算机,它们分别接入 PSTN 或 Internet。网关用于实现 Internet 与 PSTN 或 ISDN之间的连接与协议转换。多点控制单元(Multi-point Control Unit,MCU)用于管理电话会议应用中的多点通话。后端服务器主要包括:关守、认证服务器、账户服务器、呼叫统计服务器、目录服务器等。

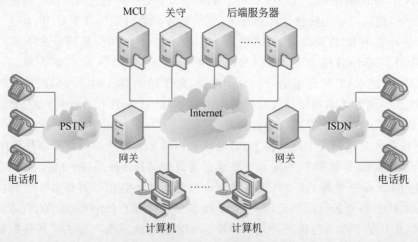

图 5-23　IP 电话系统的基本结构

关守(gatekeeper)扮演的角色是网络管理者,根据电话交换机提供的主叫号码来判断该用户是否合法。如果用户数据库中存在该号码,表示该用户预先登记过,这时关守将通知相应的网关建立通话。认证服务器维护所有用户的账户结算信息。账户服务器存储所有用户的详细呼叫信息。呼叫统计服务器提供收费标准与使用时间等信息。目录服务器提供被叫号码与相应网关的 IP 地址等信息。

随着 VoIP 应用的不断发展,H.323 协议也暴露出很多缺点。例如,H.323 的控制协议非常复杂,扩展性比较差,仅支持标准化的编码格式,呼叫建立花费的时间太长。另外,H.323 通过 MCU 来管理电话会议中的多点通话,它不能实现多点发送,并且同时仅支持特定数量的多点用户。2000 年出现的 SIP 解决了这些问题。会话发起协议(Session Initiation Protocol,SIP)是建立 VoIP 连接的 IETF 标准。SIP 是一种应用层控制协议,用于和一个或多个参与者创建、修改和终止会话。由于 SIP 具有较强的灵活性和扩展性,因此它经常被用于电视会议、远程教学等多方通话应用中。

5.6　基于 P2P 的网络应用

5.6.1　P2P 的概念

P2P(Peer-to-Peer)是一种在客户机之间以对等方式,通过直接交换信息来达到共享计算机资源与服务的工作模式。这种技术通常被称为"对等计算",能提供对等计算功能的网络通常被称为"P2P 网络"。目前,P2P 技术已广泛应用于即时通信、文件共享、协同工作与分布式计算等领域。P2P 技术的核心思想为:自由平等,不受制约的信息交换。统计数据显示,当前P2P 流量已超过 Internet 总流量的 60%。目前,P2P 应用已成为 Internet 中新的服务形式,也是网络技术研究的热点问题之一。

P2P 模式对应于客户机/服务器(C/S)模式。图 5-24 给出了 C/S 模式与 P2P 模式的区别。在传统的 Internet 应用中,通常采用的工作模式是 C/S 模式,这种模式是以服务器为中心,如图 5-24(a)所示。例如,Web 服务器是运行 Web Server 程序、计算与存储能力较强的计算机,某个网站的所有网页都存储在该服务器中,它可以为很多 Web 客户机提供浏览服务。但是,这些 Web 客户机彼此之间不会直接通信。显然,在传统的信息资源共享关系中,服务的提供者与使用者之间的界限很清晰。

P2P 技术淡化了服务的提供者与使用者的界限,所有客户机同时身兼服务提供者与使用者的双重身份,以达到"扩大网络资源共享的范围与深度,提高网络资源的利用率,使信息共享程度达到最大化"的目的。在 P2P 网络环境中,所有计算机处于平等的地位,整个网络通常不依赖专用的服务器。每台计算机既可以作为服务的使用者,又可以向提出请求的其他计算机提供服务,如图 5-24(b)所示。这些服务主要涉及可供别人使用的资源,例如,计算能力、存储空间、软件或数据等。

从网络体系结构的角度来看,通过对 C/S 模式与 P2P 模式进行比较,可发现两者的差别在于应用层协议不同,而应用层以下各层的协议结构相同。因此,P2P 网络并不是一个新的网络结构,而是一种新的网络应用模式。因此,P2P 网络可看作一个构建在 IP 网络上的覆盖网,它是由一种对等结点组成、可动态变化的逻辑网络。根据采用的拓扑结构,P2P 网络主要分为

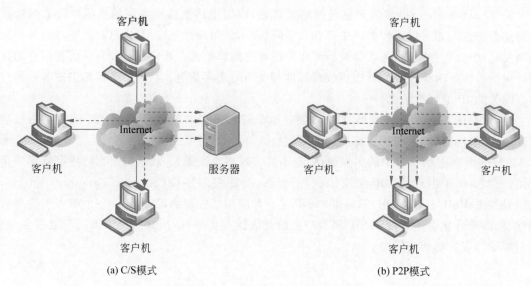

图 5-24　C/S 模式与 P2P 模式的区别

以下四种类型。

（1）集中式 P2P：采用星状拓扑结构，由中心服务器保存与维护所有结点发布的共享资源的描述信息，并提供必要的资源搜索能力，典型应用主要包括 BitTorrent、Napster 等。

（2）分布式非结构化 P2P：采用随机形成的拓扑结构，无须向其他结点发布共享资源的描述信息，当用户提出资源搜索请求时，以洪泛、随机等方式向其他结点发送查询消息，典型应用主要包括 Gnutella、Freenet 等。

（3）分布式结构化 P2P：采用固定型的拓扑结构，通常会维护一个庞大的标识空间，并在其基础上提供分布式哈希表（DHT），这种 P2P 网络常被称为 DHT 网络，典型应用主要包括 Chord、Tapestry、CAN、Pastry 等。

（4）混合式 P2P：采用随机形成的拓扑结构，引入超级结点的概念，每个超级结点与部分普通结点以集中式拓扑建立 P2P 子网，由超级结点保存并维护其子网中普通结点的共享资源描述信息，典型应用主要包括 KaZaA 与 iMesh 等。

图 5-25 给出了 P2P 应用的分类。P2P 技术主要应用在 6 个领域：文件共享、即时通信、流媒体、共享存储、分布式计算、协同工作。其中，文件共享应用提供文件传输服务，典型应用包括 Napster、BitTorrent 等；即时通信应用主要提供用户交流工具，典型应用包括 Skype、QQ 等；流媒体应用提供在线视频播放功能，典型应用包括 PPLive、AnySee 等；共享存储应用主要面向共享存储空间，典型应用包括 OceanStore、Pastry 等；分布式计算应用面向计算资源协调，典型应用包括 SETI@Home、GPU 等；协同工作应用提供工作协调服务，典型应用包括 Groove 等。

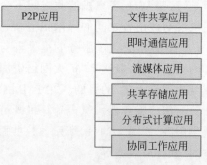

图 5-25　P2P 应用的分类

对于 P2P 技术发展的必然性，可以从以下三个方面去认识。

（1）从螺旋式上升发展规律的角度。

如果从操作系统设计思路变化的角度来看，可以总结出这样一个思维方式的变化过程。

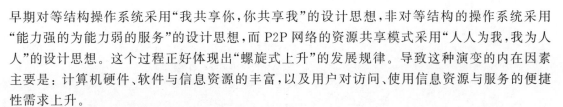

早期对等结构操作系统采用"我共享你,你共享我"的设计思想,非对等结构的操作系统采用"能力强的为能力弱的服务"的设计思想,而 P2P 网络的资源共享模式采用"人人为我,我为人人"的设计思想。这个过程正好体现出"螺旋式上升"的发展规律。导致这种演变的内在因素主要是:计算机硬件、软件与信息资源的丰富,以及用户对访问、使用信息资源与服务的便捷性需求上升。

(2) 从信息资源存储格局变化的角度。

在所有计算机的硬件能力都很弱的阶段,采用对等结构是很自然的事。当计算机硬件能力增强,将那些性能好、配置高的计算机作为服务器,为配置较低的个人计算机提供服务时,自然会选择"客户机/服务器"的非对等结构。当网络应用发展到一定阶段,作为客户机的计算机的硬件能力已很强,用户的信息资源(音乐、视频、文档)积累丰富,很多有用和个性化的信息存储在客户机上,甚至某些积累已超过服务器可提供的范畴。随着这种信息资源存储格局的变化,自然希望寻求一种快速、灵活的方式获取信息,那就是脱离服务器的限制,由客户机之间直接、平等地获取信息和服务。

(3) 从不同阶段的网络应用关注重点的角度。

初期阶段关注的重点是共享网络硬件,中期阶段的关注点在于共享软件和数据,而成熟阶段的关注点转移到共享信息资源上。这反映了用户希望自己在网络中扮演的角色转变,开始不满足只能作为信息资源的使用者,希望同时扮演使用者和提供者的双重身份,这也反映了网络应用水平的提高和网络作用的深化。

从以上三个方面可以看出,在计算机硬件配置与网络应用水平提高,以及网络信息资源积累与存储格局变化的基础上,必将导致网络资源共享模式的变化,在这样的背景下开展 P2P 技术研究就很自然。

5.6.2 文件共享应用

文件共享 P2P 应用提供一个文件共享平台,用户之间可直接交换共享的文件,包括音频、视频、图片与软件等。各种文件共享应用都构成自己的 P2P 网络,并采用不同的网络结构、通信协议与共享模式。在所有的 P2P 应用中,文件共享应用的数量是最多的,在互联网流量中所占比例达到 40%。目前,典型的文件共享应用主要包括:Napster、BitTorrent、Gnutella、KaZaA、eMule/eDonkey、Thunder、POCO、Maze 等。近年来,多种文件共享应用开始同时支持集中式与分布式结构。

下面分析了几种典型的文件共享应用。

1. Napster

Napster 是世界上第一个 P2P 应用软件。1998 年,为了方便自己与室友共享 MP3 音乐,美国波士顿东北大学的学生 Shawn Fanning 开发了 Napster 软件。与传统的音乐下载网站不同,Napster 服务器中不存放 MP3 文件,而是仅存放 MP3 文件的目录。图 5-26 给出了文件共享应用的工作原理。Napster 提供了索引和查询功能,用户可查询 MP3 文件的存放位置,然后直接从相应用户的计算机下载。Napster 的工作原理与实现技术并不新鲜,但是其工作模式打破了传统的 C/S 模式,适应了快速、灵活共享资源的用户需求。因此,它在短短半年内就吸引了超过 5000 万用户。

在一个文件共享 P2P 系统中,通常都存在大量的在线对等方。每个对等方都拥有共享的资源,包括音频、视频、图片、软件等。MP3 是一种压缩的音乐文件,它的声音恢复能力很强,

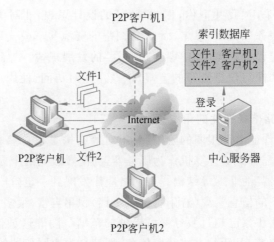

图 5-26　文件共享应用的工作原理

虽然其音质不如 CD 好,但能满足人们的一般需求,这是由 MP3 编码方法所决定的。如果一个对等方希望获得某个 MP3 文件,必须确定拥有该文件的在线用户的 IP 地址。由于对等方会时而连接时而中断,因此需要研究内容定位的方法。目前,采用的方法大致可分为:集中式目录服务、洪泛查询方法等。

1999 年,Napster 公司开始运营音乐检索服务。Napster 提供音乐交换渠道的做法深受网友欢迎。2000 年,超过 5000 万用户通过 Napster 查找并下载音乐。1999 年 12 月,世界五大唱片公司向美国法院提起诉讼,控告 Napster 公司对其音乐版权的侵犯。尽管 Napster 的服务器中没有存储任何音乐文件,仅提供音乐文件的索引信息,但是经过漫长的法律诉讼过程,Napster 最终因被判决侵权而被迫关闭。但是,Napster 引起了广大用户对文件共享 P2P应用的关注。

2. BitTorrent

BitTorrent(简称 BT)是一种基于 P2P 的文件共享协议。2002 年,CodeCon 创始人 Bram Cohen 发布了 BitTorrent 软件,它是一个文件共享 P2P 应用软件。2003 年,Bram Cohen 在该软件的基础上提出 BitTorrent 协议。在传统的 FTP 服务中,当很多用户同时从服务器下载文件时,服务器的下载性能将会急剧下降。BT 协议与 FTP 不同,它的最大特点是下载用户越多,下载速度越快,原因是每个下载者同时将已下载数据提供给其他人。在很短的时间内,BT协议成为一种新的变革技术。

根据 BT 协议的规定,文件发布者为提供下载的文件生成一个 torrent 文件,这个文件称为种子文件(简称种子)。种子主要包括两个部分:Tracker 信息与文件信息。其中,Tracker 信息包括所需 Tracker 服务器的 IP 地址,以及针对该服务器的设置信息。文件信息根据对目标文件的计算而生成,计算结果采用 BT 协议的编码规则来编码,主要原理是将目标文件虚拟分成大小相等的块,块大小必须为 2KB 的整数次方,并将每个块的索引和 Hash 验证码写入种子。实际上,种子就是被下载文件的"索引"。

如果 BT 用户需要下载某个文件,首先需要获得相应的种子文件,然后通过 BT 客户机软件进行下载。BT 客户机解析种子获得 Tracker 地址,并请求连接 Tracker 服务器,该服务器响应 BT 客户机的请求,提供其他 BT 用户(包括发布者)的 IP 地址。BT 客户机将会连接其他 BT 用户,根据种子告诉对方自己有的块,然后交换对方没有的数据。在 BT 客户机下载每个块后,需要计算该块的 Hash 验证码,并与种子中的相应值比较,以此解决下载内容的准确性问题。无论何种 BT 客户机软件,默认没有限制下载和上传速度,这是由于 BT 为上传速度快的用户优先提供服务。

BT 应用出现后受到用户的欢迎。2003 年年初,BT 应用开始流行。2003 年 5 月,BT 流量开始激增。2003 年 10 月,BT 流量已超过 Internet 流量的 10%,而其他文件交换应用总计不到 1%。目前,流行的 BT 客户机软件主要有:BitBuddy、BitComet、uTorrent 等。与 Napster 一样,BT 服务必然存在版权之争。例如,TorrentSpy 是一个提供 BT 服务的搜索网站,帮助用户在网上查找种子文件。2007 年年底,美国电影协会针对 TorrentSpy 的侵权诉讼获胜,该网站被迫关闭 BT 搜索服务。

3. Gnutella

Gnutella 是一种基于 P2P 的文件共享协议。2003 年年初,NullSoft 公司发布 Gnutella 软件。2003 年 3 月,在发布 Gnutella 软件后不久,其母公司 AOL 担心该软件可能像 Napster 一样引起不可预测的后果,很快便关闭 Gnutella 网站。尽管 Gnutella 软件仅公开了一个半小时,但是已有数千名用户下载该软件,随后多个第三方组织很快克隆并改造了该软件。这些克隆版本与 Nullsoft 的 Gnutella 协议相兼容,它们彼此之间可以互相通信,并可与原先 Nullsoft 的客户机之间通信。

当这些未授权的客户机软件开始运行后,一个互相兼容的 Gnutella 网络出现,它采用 Gnutella 协议约定的无中心方式。2001 年,Gnutella 网络的用户规模显著增长,已经能够支持数万个用户同时访问。目前,很多公司、团体与个人在开发 Gnutella 软件,例如,BareShare、LimeWire 等。Gnutella 网络的主要特点是无中心结构,这意味着该网络不依赖于某个公司。2001 年,美国娱乐行业尝试起诉个别 Gnutella 用户的侵权行为。但是,Gnutella 开发者不大会承担法律责任,因为其程序可被用于很多其他用途,而且与 Napster 不同,他们无须维护任何涉及版权的数据库。

4. KaZaA

KaZaA 是一种基于 P2P 的文件共享协议。2000 年 7 月,Niklas 公开发布了 KaZaA 软件。KaZaA 借鉴 Napster 与 Gnutella 的设计思想,但实际上它与 Gnutella 更类似,不使用专用服务器来跟踪和定位内容。KaZaA 网络中的所有结点并非完全平等。最有权力的超级结点被指派为组长,它们具有很好的带宽和连通性。一个组长通常下属多达几百个子结点。当一个结点运行 KaZaA 软件时,该结点与组长之间创建 TCP 连接,并将自己准备共享的内容告诉组长,每个组长都维护着一个数据库,包括所有子结点共享文件的标识符、元数据,以及保存这些目标文件的子结点 IP 地址。

每个组长是一个小型、类似 Napster 的中心。但是,组长并不是一台专用的服务器,它实际上也是一个普通结点。从这个角度来看,KaZaA 是由数以万计的小型网络构成。在组长之间通过 TCP 连接互联,并由这些组长构造成覆盖网,这样形成一个类似 Gnutella 的网络。KaZaA 网络可提供跨组的内容共享能力。与短暂出现的 Gnutella 不同,KaZaA 从出现至今仍在运行中,并且网络规模不断扩大。目前,KaZaA 网络有超过 3000 万用户,共享着超过 5000TB 的数据资源。

5.6.3　即时通信应用

即时通信 P2P 应用提供了一个新型交流平台,用户之间通过即时消息、音频通话、视频聊天等方式来交流。各种即时通信应用都构成自己的 P2P 网络,并采用不同的网络结构、通信协议与交流模式。目前,典型的即时通信应用主要包括:早期的 ICQ、MSN Messenger、AIM、Google Talk 等,当前流行的 Skype、QQ、微信、飞书等。近年来,即时通信应用的发展趋势是与社交网络结合。

下面分析几种典型的即时通信应用。

1. Skype

Skype 是一种基于 P2P 的 VoIP 应用软件,除了提供网络电话功能之外,它还提供即时消息、视频聊天、电话会议等功能。从功能的角度来看,Skype 与其他即时通信应用一致。2003年,Niklas 公开发布了 Skype 软件。由于 Skype 提供比其他 VoIP 软件好得多的通话质量,并可几乎无缝地穿越 NAT 与防火墙,因此它迅速成为最受欢迎的 VoIP 软件。2010 年,Skype 通话时长占全球 VoIP 总时长的 25%。2011 年 10 月,Microsoft 公司正式收购 Skype。2013年 3 月,Microsoft 公司用 Skype 全面代替了 MSN。由于 Skype 采用了自己定义的私有协议,因此无法与其他即时通信软件交流。

Skype 采用的是混合式 P2P 结构,能够快速适应网络结构的变化。按照自身性能的不同,Skype 网络将所有结点分为两类:普通结点与超级结点。其中,普通结点是一个具有多媒体能力的 Skype 客户机。每个拥有公网 IP 地址的普通结点,如果它有足够的网络带宽、CPU 资源与存储能力,那么它可能是一个备用的超级结点。普通结点需要与超级结点建立连接,通过它来找到其他普通结点。当然,普通结点需要通过登录服务器的验证。严格来说,登录服务器不属于 Skype 网络中的结点,但它是 Skype 服务的重要组成部分。登录服务器保存 Skype 用户名与密码,以此来保证 Skype 用户名的唯一性。

图 5-27 给出了 Skype 通信过程示意图。如果普通结点 1 与普通结点 2 之间要通信,首先向登录服务器验证自己的用户名与密码,然后从返回的超级结点列表中选择一个结点,通过与该结点建立连接来加入 Skype 网络。当超级结点 1 接收到普通结点 1 的通信请求时,它采用一种全局索引技术进行分布式查询,这个查询过程可能需要多个超级结点的协助,最后将获得的查询结果返回给普通结点 1。这时,普通结点 1 已获得普通结点 2 的 IP 地址,这两个结点之间可以直接进行通信。

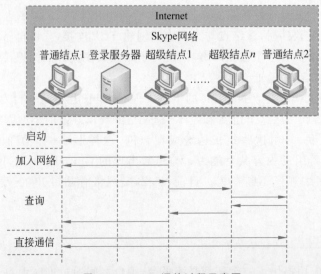

图 5-27　Skype 通信过程示意图

Skype 采用 TCP 发送信令信号,采用 TCP 或 UDP 发送媒体数据。Skype 客户机在一个特殊端口上侦听呼入信号,这个侦听端口是在安装时随机配置的。Skype 客户机按一定的规则创建与维护一个主机缓存,其中包含超级结点列表(IP 地址与端口号)。Skype 将好友列表存储在 config.xml 文档中,该文件未经加密并存储在本机中。Skype 使用 iLBC、iSAC 与 iPCM 等音频编解码器,这是 Skype 提供流畅语音通话的关键。Skype 使用一种改进的 STUN 协议,以确定自己位于何种 NAT 和防火墙之下。

2. QQ

　　QQ 是一种在国内流行的即时通信软件,它在诞生时的名字是 OICQ,在名称上与国外的 ICQ 软件相似。ICQ 是世界上第一种即时通信软件,它是"I seek you"的缩写,中文含义是"我找你",这个名字形象地说明了即时通信的特点。1999 年,腾讯公司推出了 OICQ 软件。2000 年,OICQ 软件正式更名为 QQ。由于提供的服务有鲜明的本地化特点,因此 QQ 在国内受到广大用户的欢迎。除了提供即时消息功能之外,QQ 还提供音频通话、视频聊天、文件传输、应用共享,以及各种形式的在线游戏功能。由于 QQ 采用了自己定义的私有协议,因此无法与其他即时通信软件交流。

　　QQ 采用的是集中式 P2P 结构,在 QQ 网络中存在作为中心的服务器。QQ 网络是由数量众多的普通结点组成的覆盖网,每个结点是一个具有多媒体能力的 QQ 客户机。服务器主要分为两种类型:登录服务器与中转服务器。其中,登录服务器负责提供用户注册、身份验证等功能;中转服务器负责临时存储离线的数据(消息与文件),离线是指该数据的接收结点不在线的情况。每个 QQ 用户需要拥有自己的 QQ 号,它是用户登录时需要验证的必要信息。QQ 号可通过在线、手机、邮箱等方式来注册。

　　图 5-28 给出了 QQ 通信过程示意图。如果用户是首次登录 QQ 系统,需要利用 DNS 服务来查找登录服务器的 IP 地址,并从返回的服务器列表中随机选择一个,登录服务器需要验证用户的 QQ 号与密码。如果 QQ 客户机登录成功,在本地配置文件中写入登录服务器信息,以供下次登录 QQ 时使用。这时,QQ 客户机从服务器获得好友列表,以及每个好友状态(在线、忙碌或离开)。同时,QQ 客户机向服务器索要一个会话密钥,后续的即时消息都会通过该密钥进行加密处理。

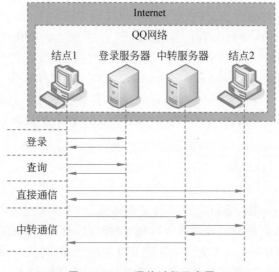

图 5-28　QQ 通信过程示意图

与大多数的即时通信系统一样,QQ 客户机之间发送即时消息有两种方式:对等方式与中转方式。其中,对等方式是指 QQ 客户机之间直接建立联系,中转方式是指 QQ 客户机利用服务器来转发消息。在 QQ 用户直接建立联系之前,QQ 客户机与服务器之间需要交换很多消息,通信双方可获得对方的连接方式、IP 地址与端口号等信息。当 QQ 用户无法直接建立联系时,QQ 客户机分别与中转服务器建立联系,由该服务器临时保存那些离线消息,并在必要时通知相应的 QQ 客户机。

3. MSN Messenger

MSN Messenger 是 Microsoft 公司开发的即时通信软件。1995 年,Microsoft 公司开始提供 MSN 服务,并在 Windows 95 上发布 MSN 软件。1997 年,Microsoft 公司收购邮件服务提供商 Hotmail,将其与 MSN 整合提供"一站式"的 Passport 服务。如果用户拥有 Hotmail 或 MSN 的账号,使用该账号可直接登录 MSN 系统。MSN 在国际上拥有庞大的用户群。1997 年,MSN 用户数为 500 万;2008 年,MSN 用户数已超过 2 亿。由于 MSN 采用了自己定义的私有协议,因此无法与其他即时通信软件交流。

MSN 面向的用户群体主要是商业用户,通常作为工作交流的即时通信工具。不同版本的 MSN 有不同的称呼,早期的 MSN 称为 MSN Messenger;在 MSN Live 版本发布后,称为 MSN Live Messenger。但是,用户通常会将它们简称为 MSN。MSN 软件提供的主要功能包括:即时消息、视频聊天、文件传输、应用共享、Hotmail 邮箱等。MSN 2011 版本增加了社交中心功能,通过 MSN 绑定可访问第三方网站,例如,新浪微博、人人网等社交网站。2013 年 3 月,Microsoft 公司关闭了 MSN 服务,并由 Skype 来代替它。

4. Google Talk

Google Talk 是 Google 公司开发的即时通信软件。2005 年,Google 公司正式发布了 Google Talk(简称 GTalk),它采用与其邮箱服务共用账号的方式。如果用户拥有 Gmail 账号,使用该账号可直接登录 GTalk 系统。相对于其他即时通信系统,GTalk 软件所能提供的功能相对简单一些,主要是即时消息、语音通话与 Gmail 邮箱。GTalk 软件的主要优点在于添加好友比较方便,与 Gmail 邮箱的通讯录双向自动同步,以及语音通话的质量较好。GTalk 的主要缺点是不支持文件传输与视频聊天。2017 年 6 月,Google 公司关闭了 GTalk 服务,并将其用户迁移至环聊(Hangouts)。

GTalk 采用公开的 Jabber/XMPP 标准,可与其他基于 XMPP 的即时通信软件(例如 iChat、GAIM 等)之间通信,这是 GTalk 系统的一个主要优点。Jabber 是一种由开源形式发布的即时通信协议。IETF 组织在 Jabber 的基础上进行标准化,形成了可扩展消息与表示协议(eXtensible Messaging and Presence Protocol,XMPP)。XMPP 是一种基于 XML 的消息表示、传输与路由协议,本身具有好友列表、建立群组等功能,这些都是即时通信服务需要的功能。XMPP 的核心是扩展性好的 XML 流传输协议,XMPP 的扩展协议 Jingle 使其可支持语音和视频应用。

5.6.4　流媒体应用

流媒体(streaming media)是指将连续的多媒体数据(视频或音频)经过压缩后存放在服务器,用户可以在下载数据的同时观看或收听相应的节目,而无须提前将整个文件下载到客户机然后播放。流媒体应用涉及技术主要是视频或音频的压缩、传输。流媒体服务比传统文本与图片服务需要更多资源,主要是计算资源与带宽资源。为了能够支持大量的同时在线用户,需要增加更多服务器或提高服务器运算性能,而且还要增大服务器的传输带宽。这样无疑会带来巨大的运营成本提升,而且难以跟上用户需求增长的步伐。因此,集中式服务器的计算能力与带宽已成为流媒体应用的瓶颈。

解决这个问题的关键是消除系统瓶颈(即集中式服务),一个较好的方法就是采用 P2P 技术使集中的服务分散化。每个用户既充当消费者的角色,从网络中获得流媒体资源;又充当服务者的角色,为其他用户提供流媒体资源。这样,每个结点在向系统索取流媒体资源的同时,又将获取的媒体资源共享给其他结点,这样就有效地减小了服务器的负载,以便达到负载均衡的目的。基于 P2P 的流媒体应用就是在这种背景下提出的,很多研究机构针对该应用开展了相关的研究,例如,北京大学的通用多播基础设施(GPMI)、香港科技大学的流媒体直播 Cool Streaming、清华大学的 Gridmedia 网络等。

图 5-29 给出了流媒体应用的工作原理。从应用领域的角度来看,基于 P2P 的流媒体应用可分为两类:互联网应用与电信网应用。在互联网应用方面,主要是一些网络流媒体服务运营商提供的应用,例如,PPLive、QQLive、PPStream、TvAnts 等。在电信网应用方面,几大电信运营商纷纷在该领域推出新的举措,中国联通的“视讯新干线”利用 3G 实现流媒体播放,中国电信将“互联星空”打造成视频服务的聚合器。从功能的角度来划分,基于 P2P 的流媒体应用可分为两类:流媒体直播与流媒体点播。由于流媒体直播服务相对简单一些,因此基于 P2P 的流媒体直播应用发展得更加迅猛。

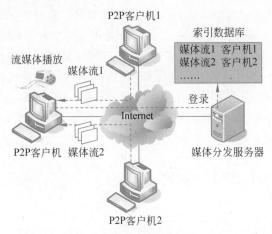

图 5-29　流媒体应用的工作原理

用户最多的 PPLive 采用的是 Synacast 系统,其核心是一套完整的网上视频传输与运营支持平台,可以完成节目采集、发布、认证、统计等功能。在网络拓扑方面,Synacast 采用基于 DHT 的混合型 P2P 结构,实现网络拓扑的自我进化与局部调整,使同一 ISP 内部的用户连接更加集中,在提升播放效果的同时减少 ISP 流量。在网络连接方面,Synacast 可穿越大多数防火墙与 NAT 设备,内外网用户可获得同样的服务质量。Synacast 能够自动监测网络带宽的变化,动态调整 P2P 算法与传输策略,保证网络传输的持续可靠。另外,Synacast 支持 Windows Media 与 Realplayer 两套编解码系统。

PPLive 网络主要包括两种结点:媒体分发服务器(简称源端)与客户机(对等结点)。其中,源端将原始的流媒体数据按 Synacast 协议来封装,并以 P2P 方式分发到 PPLive 网络中。每个源端对应的是一路视频节目。当一个客户机程序启动后,将会自动登录到对应的流媒体分发网络中,寻找并连接到多个对等结点,然后根据双方的资源状况与网络情况,进行流媒体数据的上传与下载。由于采用 P2P 进行流媒体内容的分发,因此 PPLive 系统对服务器端的要求相对较低。对于一台 100Mb/s 带宽的普通 PC 服务器,同时可提供 5～10 路视频节目的直播,每路节目同时可支持百万用户收看。

5.6.5　共享存储应用

　　共享存储 P2P 应用提供了一个分布式文件存储系统。由于能提供高效的文件存储功能,并且自身具有负载均衡能力,因此 P2P 共享存储成为一个研究热点。在共享存储 P2P 应用方面,首先需要解决的问题是路由搜索问题。这方面的典型成果主要包括:Tapstry、Pastry、Tourist 等。例如,Tapstry 是 Berkeley 大学提出的 P2P 模型,它针对的是广域网环境下的分布式数据存储,主要研究应用层多播、覆盖网路由与定位等。Pastry 是一种高效、容错的混合式 P2P 网络,结合了环型与超立方体结构的优点,主要版本包括 Microsoft 公司的 SimPastry 与 Rice 大学的 FreePastry。

　　共享存储 P2P 应用的典型代表主要包括:CFS、Ocean Store、PAST、Granary 等。其中,CFS 是最早出现的分布式存储系统,它是一个只读文件存储系统,底层的覆盖网采用的是 Chord 路由算法,DHash 负责各块的数据存储与冗余维护,客户端的文件系统层用于实现文件与数据之间的转换。由于 CFS 通过覆盖网检测邻结点是否失效,因此该系统的路由效率与可靠性都比较差。PAST 采用的是改进的 Pastry 路由算法,可将用户请求直接路由到文件,因此系统中不存在定位信息,有效地提高了 PAST 系统的可靠性。Granary 采用由清华大学提出的 Tourist 路由算法,可根据网络动态改变自身路由表大小,从而有效地提高了路由效率与可靠性。

　　OceanStore 是在 Pond 的基础上实现的分布式存储系统,设计目标是成为一个覆盖全球的广域存储系统。图 5-30 给出了 OceanStore 系统结构。OceanStore 在路由层采用 Tapstry 路由算法,在数据层采用流动副本管理机制,并提供文件动态复制与数据一致性维护机制,因此它能提供比 CFS 更高的可靠性。任何一台计算机都可以加入 OceanStore,它需要提供自己

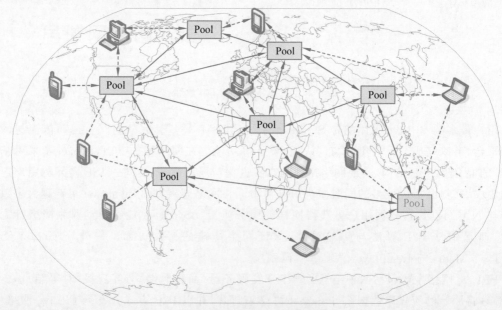

图 5-30　OceanStore 系统结构

的部分存储空间。OceanStore 的存储设备由大量互联的存储结点组成,它们多数是由存储服务商提供的专用存储结点,支持计算机、手机、Pad 等设备的随时随地接入与访问。用户以付费方式享受这种存储服务。

由于 OceanStore 在全球范围提供存储服务,因此数据的安全性与保密性非常重要。OceanStore 提供了两种访问控制:写控制与读控制。其中,写控制是通过授权机制来实现的。数据拥有者提供一份具有写权限的用户列表,所有写操作都需要经过数字签名。所有数据都是经过加密的密文,密钥只发放给具有读权限的用户。在设计 OceanStore 系统时,考虑到存储结点并不都是可靠结点,它们随时有可能处于失效状态。为了保证数据存储的可靠性,OceanStore 会将数据复制并存储到多个结点,以便在出现故障时由多个副本来保证同步。另外,OceanStore 还提供了对网络环境的自适应机制。

小结

本章主要讲述了以下内容。

(1) Internet 应用发展可分成三个阶段:第一阶段仅提供几种基本服务功能,第二阶段是 Web 技术的出现促进相应服务的快速发展,第三阶段是 P2P 技术的应用促使很多新型服务的出现。

(2) 域名系统(DNS)提供将域名转换为 IP 地址的服务。DNS 将顶级域的管理权限授予特定管理机构,各机构再将二级域的管理权限授予下属机构,逐层授权,这样就形成了层次结构的域名系统。

(3) Internet 基本服务主要包括:电子邮件(E-mail)、文件传输(FTP)、远程登录(TELNET)、电子公告牌(BBS)与网络新闻组(Usenet)。这些应用都由特定的应用层协议支持,其中的部分服务仍在广泛使用。

(4) Web 服务的出现是 Internet 发展中的里程碑,它是 Internet 上最方便、最受欢迎的服务类型。各种基于 Web 技术的服务发展迅速,特别是电子商务、电子政务、博客、搜索引擎等。

(5) 近年出现了很多基于多媒体的应用,例如,播客(Podcast)、网络电视(IPTV)、网络电话(VoIP)等,它们为 Internet 产业带来新的增长点。

(6) 对等计算(P2P)是一种客户结点之间以对等方式,通过直接交换信息来共享资源和服务的工作模式。P2P 广泛应用于文件共享、即时通信、流媒体等领域,是当前网络技术研究的热点问题之一。

习题

1. 单项选择题

5.1 以下应用层协议中,用于电子邮件接收的是(   )。
   A. OSPF   B. SMTP   C. SNMP   D. POP3

5.2 教育机构拥有的顶级域名是(   )。
   A. com   B. gov   C. edu   D. int

5.3 以下关于 FTP 服务的描述中,错误的是(　　)。

　　A. FTP 应用通常采用 P2P 工作模式

　　B. FTP 服务提供交互式文件传输功能

　　C. 很多 FTP 服务器提供匿名 FTP 服务

　　D. FTP 服务器通常以目录结构存储文件

5.4 以下关于远程登录服务的描述中,错误的是(　　)。

　　A. 远程登录使本地计算机成为远程计算机的仿真终端

　　B. 远程登录使用的协议是 BitTorrent

　　C. 远程登录采用客户机/服务器模式

　　D. NVT 可屏蔽不同计算机对键盘输入的差异

5.5 以下关于 Web 服务的描述中,错误的是(　　)。

　　A. Web 服务采用客户机/服务器模式　　　B. Web 客户机程序通常称为浏览器

　　C. Web 服务使用的通信协议是 HTML　　　D. Web 服务中的基本信息单元是网页

5.6 以下关于电子商务的描述中,错误的是(　　)。

　　A. 电子商务泛指整个贸易活动的电子化　　B. 电子商务仅分为 B2B 与 B2C 两类

　　C. 电子商务需要安全的支付手段支持　　　D. 电子商务需要法律法规方面的保障

5.7 以下关于博客应用的描述中,错误的是(　　)。

　　A. 博客的核心技术是 Usenet 与 BBS　　　B. 博客在技术上属于网络共享空间

　　C. 博客在形式上属于个人网络出版　　　　D. 博客是人们交流的一种新形式

5.8 以下关于搜索引擎的描述中,错误的是(　　)。

　　A. 搜索引擎主动搜集 Web 服务器中的信息

　　B. 数据库负责存储搜索引擎收集的信息

　　C. Web 蜘蛛为用户提供检索数据库的方法

　　D. 搜索引擎通常为用户提供一个网页界面

5.9 以下关于 P2P 技术的描述中,错误的是(　　)。

　　A. P2P 称为对等计算技术　　　　　　　B. P2P 在客户结点之间直接共享数据

　　C. P2P 广泛应用于即时通信应用　　　　D. P2P 网络是一种实际的物理网络

5.10 以下关于 P2P 应用的描述中,错误的是(　　)。

　　A. Skype 是一种分布式计算应用　　　　B. Gnutella 是一种文件共享应用

　　C. Google Talk 是一种即时通信应用　　　D. OceanStore 是一种共享存储应用

2. 填空题

5.11 我国二级域采用两种划分模式:组织模式与_____模式。

5.12 多用途 Internet 邮件扩展的英文缩写为_____。

5.13 URL 由三部分组成:_____、主机名、路径和文件名。

5.14 在 IP 电话系统中,_____的主要功能是网络管理。

5.15 在电子商务应用中,B2C 是指企业与_____之间的电子商务。

5.16 HTML 的核心是为信息添加_____。

5.17 P2P 网络是一种构建在 IP 网络之上的_____。

5.18 Google Talk 采用的即时通信协议是_____。

5.19 播客是一种基于 Internet 的数字_____技术。

5.20 QQ 应用采用的 P2P 结构是_____。

第 3 部分

局域网组网与网络应用知识

第6章　局域网组网技术

局域网是单位用户组网时面对的主要网络类型。本章将系统地讨论局域网的物理层标准、组网设备与基本组网方法,以及局域网结构化布线技术。目前实际应用的局域网主要是以太网,本章将以以太网为例讨论组网问题。

6.1　以太网的物理层标准

6.1.1　物理层标准的分类

随着以太网技术的快速发展,传统的 10Mb/s 以太网已很少使用,100Mb/s 的快速以太网(Fast Ethernet,FE)与 1Gb/s 的千兆以太网(Gigabit Ethernet,GE)在大量使用,10Gb/s 的万兆以太网(10 Gigabit Ethernet,10GE)开始投入使用,40/100Gb/s 的 40/100 Gigabit Ethernet(40/100GE)在研究中,这些以太网都有相应的物理层标准。局域网组网的第一步是网络结构设计,这将涉及不同的物理层标准、网络设备、连接方法等问题。因此,局域网组网首先要了解各个物理层标准的主要特点。

IEEE 802.3 标准定义了以太网的介质访问控制(MAC)子层与物理层的协议标准。对于已大量应用的不同传输速率的以太网,它们在 MAC 子层采用相同的帧结构,以及特定的介质访问控制方法(例如 CSMA/CD 或交换方式),但是在物理层可使用不同的传输介质。每种物理层标准主要描述了以下这些方面:采用的传输介质,提供的传输速率,满足的覆盖范围,以及可用的组网方式等。

以太网物理层标准的命名方法是:IEEE 802.3 X Type-Y Name。其中,X 表示传输速率,基本单位为 Mb/s;Y 表示网段的最大长度,基本单位为 100m;Type 表示传输方式是基带还是频带;Name 表示局域网类型。例如,IEEE 802.3 10BASE-5 Ethernet,表示 10Mb/s、基带传输、粗同轴电缆、最远 500m 的以太网;IEEE 802.3 100BASE-F Ethernet,表示 100Mb/s、基带传输、使用光纤的以太网。

6.1.2　IEEE 802.3 物理层标准

传统以太网的最大传输速率为 10Mb/s,介质访问控制方法为 CSMA/CD,数据传输采用曼彻斯特编码格式,支持的帧结构是标准的以太网帧。IEEE 802.3 是针对传统以太网的协议标准。

为了能够支持多种传输介质,IEEE 802.3 定义了多种物理层标准。

1. 10BASE-5

10BASE-5 是第一个物理层标准,支持的传输介质是粗同轴电缆(简称粗缆)。单根粗缆的最大长度为 500m,最多可用 4 个中继器来扩展。10BASE-5 采用以粗缆为中心的总线型拓扑。在单根粗缆构成的网段中,最多可连接 100 个结点。每个结点通过网卡与粗缆收发器连接,网卡与粗缆收发器使用 AUI 接口,它们之间通过收发器电缆来连接。目前,10BASE-5 组网方式已很少使用。

2. 10BASE-2

10BASE-2 是后来补充的物理层标准,支持的传输介质是细同轴电缆(简称细缆)。单根细缆的最大长度为 185m,最多可用 4 个中继器来扩展。10BASE-2 采用以细缆为中心的总线型拓扑。在单根细缆构成的网段中,最多可连接 30 个结点。每个结点通过网卡与 T 型连接器连接,网卡与 T 型连接器使用 BNC 接口。目前,10BASE-2 组网方式已很少使用。

3. 10BASE-T

10BASE-T 是后来补充的物理层标准,支持的传输介质是非屏蔽双绞线。单根双绞线的最大长度为 100m。10BASE-T 采用以集线器为中心的星状拓扑。每个集线器构成一个冲突域,最多允许连接 96 个结点。每个结点通过网卡连接到集线器,网卡与集线器使用 RJ-45 接口,它们之间通过双绞线来连接。目前,10BASE-T 组网方式已很少使用。

4. 10BASE-F

10BASE-F 是后来补充的物理层标准,支持的传输介质都是光纤。10BASE-F 采用以集线器为中心的星状拓扑,它的基本结构与 10BASE-T 类似,网卡与集线器使用 F/O 接口,它们之间通过光缆来连接。10BASE-F 包括三个子标准:10BASE-FP、10BASE-FB 与 10BASE-FL。其中,10BASE-FP 标准采用无源集线器,单根光纤的最大长度为 500m,最多可用 4 个中继器来扩展;10BASE-FB 标准采用有源集线器,单根光纤的最大长度为 2000m;10BASE-FL 标准将中继器数量扩大到 6 个。

如果需要组建一个传统以太网,MAC 子层采用 CSMA/CD 方法,物理结构取决于采用的物理层标准,可选 10BASE-5、10BASE-2 或 10BASE-T 中一种或几种的组合。早期的以太网有 3 种组网方式:粗缆方式、细缆方式、粗缆/细缆混用方式。但是,它们的造价都明显高于双绞线方式,组网和线路维护难度大,并且故障率高。因此,传统以太网的组网几乎都采用 10BASE-T 标准。

6.1.3　IEEE 802.3u 物理层标准

快速以太网保持了传统以太网的帧结构,并将传输速率提高到 100Mb/s。IEEE 802.3u 是快速以太网的协议标准,它仅在物理层进行必要的调整,定义了 MII 接口与全新的物理层标准,并提供 10Mb/s 与 100Mb/s 速率自动协商功能。

为了能够支持多种传输介质,IEEE 802.3u 定义了多种物理层标准。

1. 100BASE-TX

100BASE-TX 是物理层标准之一,支持的传输介质是非屏蔽双绞线。单根双绞线的最大长度为 100m。100BASE-TX 采用以集线器为中心的星状拓扑。100BASE-TX 采用全双工方式,使用两对 5 类双绞线,分别用于发送与接收数据,数据传输采用 4B/5B 编码。

2. 100BASE-T4

100BASE-T4 是物理层标准之一,支持的传输介质是非屏蔽双绞线。单根双绞线的最大长度为 100m。100BASE-T4 采用以集线器为中心的星状拓扑。100BASE-T4 采用半双工方式,使用四对 3、4 或 5 类双绞线,其中三对用于数据传输,每对双绞线的速率为 33.3Mb/s,另一对用于冲突检测,数据传输采用 8B/6T 编码。100BASE-T4 的应用环境多为建筑物结构化布线系统。

3. 100BASE-FX

100BASE-FX 是物理层标准之一,支持的传输介质是光纤(包括单模与多模光纤)。单模光纤的最大长度为 10km,多模光纤的最大长度为 2km。100BASE-FX 采用以集线器为中心的星状拓扑。100BASE-FX 采用全双工方式,使用两根光纤,分别用于发送与接收数据,数据传输采用 4B/5B 编码。

6.1.4 IEEE 802.3z 物理层标准

千兆以太网保持了传统以太网的帧结构,并将传输速率提高到 1Gb/s。IEEE 802.3z 是千兆以太网的协议标准,它仅在物理层进行必要的调整,定义了 GMII 接口与全新的物理层标准,并提供 10Mb/s、100Mb/s 与 1Gb/s 速率自动协商功能。IEEE 802.3z 支持半双工与全双工模式,其中,半双工模式使用 CSMA/CD 方法。

为了能够支持多种传输介质,IEEE 802.3z 定义了多种物理层标准。

1. 1000BASE-LX

1000BASE-LX 是物理层标准之一,支持的传输介质是光纤(包括 $10\mu m$ 单模光纤、$50\mu m$ 多模光纤与 $62.5\mu m$ 多模光纤)。在全双工模式下,单模光纤的最大长度为 5000m,多模光纤的最大长度为 550m;在半双工模式下,单模光纤的最大长度为 315m,多模光纤的最大长度为 315m。1000BASE-LX 的网络拓扑是星状结构,常用于网络设备之间的点到点连接,物理层采用 1310nm 波长的激光,数据传输采用 8B/10B 编码。

2. 1000BASE-SX

1000BASE-SX 是物理层标准之一,支持的传输介质是光纤(包括 $50\mu m$ 多模光纤与 $62.5\mu m$ 多模光纤)。其中,$50\mu m$ 多模光纤的最大长度为 550m,$62.5\mu m$ 多模光纤的最大长度为 275m。1000BASE-SX 的网络拓扑是星状结构,常用于网络设备之间的点到点连接,物理层采用 850nm 波长的激光,数据传输采用 8B/10B 编码。

3. 1000BASE-CX

1000BASE-CX 是物理层标准之一,支持的传输介质是 150Ω 铜缆。其中,全双工模式的铜缆最大长度为 50m,半双工模式的铜缆最大长度为 25m,使用 9 芯 D 型连接器来连接。1000BASE-CX 的网络拓扑是星状结构,常用于网络设备之间的点到点连接,尤其是主干交换机和服务器之间的短距离连接,数据传输采用 8B/10B 编码。

4. 1000BASE-T

1000BASE-T 是物理层标准之一,支持的传输介质是非屏蔽双绞线。单根双绞线的最大长度为 100m。1000BASE-T 采用以交换机为中心的星状拓扑。1000BASE-T 采用全双工方式,使用四对 5 类非屏蔽双绞线,四对双绞线均用于数据传输,每对双绞线的速率为 250Mb/s,数据传输采用 PAM5 编码。

6.1.5 IEEE 802.3ae 物理层标准

万兆以太网的设计目标是将以太网从局域网扩展到城域网、广域网领域,并成为其主干网的主流技术。IEEE 802.3ae 是万兆以太网的协议标准,由于其传输介质主要支持光纤,因此物理层协议需要大幅修改。

10GE 的物理层标准分为两类:10GE 局域网与 10GE 广域网标准。其中,10GE 局域网标准支持的传输速率为 10Gb/s;10GE 广域网标准支持的传输速率为 9.58464Gb/s,以便与 SONET 的 STS-192 传输格式相兼容。

为了能够支持局域网与广域网应用,IEEE 802.3ae 定义了多种物理层标准。

1. 10000BASE-ER

10000BASE-ER 是 10GE 局域网标准之一,支持的传输介质是 $10\mu m$ 单模光纤。单根单模光纤的最大长度为 10km。10000BASE-ER 的网络拓扑是星状结构,常用于网络设备之间的点到点连接,物理层采用 1550nm 波长的激光,数据传输采用 64B/66B 编码。

2. 10000BASE-EW

10000BASE-EW 是 10GE 局域网标准之一,支持的传输介质是 $10\mu m$ 单模光纤。单根单模光纤的最大长度为 10km。10000BASE-EW 的网络拓扑是星状结构,常用于网络设备之间的点到点连接,物理层采用 1550nm 波长的激光,数据传输采用 64B/66B 编码。

3. 10000BASE-SR

10000BASE-SR 是 10GE 局域网标准之一,支持的传输介质是多模光纤(包括 $50\mu m$ 和 $62.5\mu m$)。其中,$50\mu m$ 多模光纤的最大长度为 300m,$62.5\mu m$ 多模光纤的最大长度为 35m。10000BASE-SR 的网络拓扑是星状结构,常用于网络设备之间的点到点连接,物理层采用 850nm 波长的激光,数据传输采用 64B/66B 编码。

4. 10000BASE-LR

10000BASE-LR 是 10GE 广域网标准之一,支持的传输介质是 $10\mu m$ 单模光纤。单根单模光纤的最大长度为 10km。10000BASE-LR 的网络拓扑是星状结构,常用于网络设备之间的点到点连接,物理层采用 1310nm 波长的激光,数据传输采用 64B/66B 编码。

5. 10000BASE-L4

10000BASE-L4 是 10GE 广域网标准之一,支持的传输介质是光纤(包括 $10\mu m$ 单模光纤、$50\mu m$ 多模光纤与 $62.5\mu m$ 多模光纤)。其中,$10\mu m$ 单模光纤的最大长度为 40km,$50\mu m$ 多模光纤的最大长度为 300m,$62.5\mu m$ 多模光纤的最大长度为 240m。10000BASE-L4 的网络拓扑是星状结构,常用于网络设备之间的点到点连接,物理层采用 1310nm 波长的激光,数据传输采用 64B/66B 编码。

6. 10000BASE-SW

10000BASE-SW 是 10GE 广域网标准之一,支持的传输介质是多模光纤(包括 $50\mu m$ 和 $62.5\mu m$)。其中,$50\mu m$ 多模光纤的最大长度为 300m,$62.5\mu m$ 多模光纤的最大长度为 35m。10000BASE-SW 的网络拓扑是星状结构,常用于网络设备之间的点到点连接,物理层采用 850nm 波长的激光,数据传输采用 64B/66B 编码。

6.2 局域网组网设备

6.2.1 网卡

1. 网卡的功能

网络接口卡(Network Interface Card,NIC)又称为网卡,是组建局域网的基本设备之一。

网卡用于将网络结点(通常为计算机)连入局域网。网卡一端通过介质接口连接传输介质,再通过传输介质连接网络设备;另一端通过主机接口电路(例如扩展总线)与计算机连接。网卡运行需要驱动程序与 I/O 支持。驱动程序使网卡与操作系统相兼容,以实现计算机与网络设备之间的通信。I/O 通过数据总线实现计算机与网卡之间的通信。图 6-1 给出了一个典型网卡的例子。

网卡的主要功能是通过网络来发送与接收数据。网卡需要实现数据编码与解码、CRC 产生与校验、帧封装与拆封、

图 6-1　一个典型网卡

介质访问控制等功能。实际的网卡均采用可实现上述功能的专用芯片。很多芯片厂商能提供实现以太网功能的芯片。例如,Intel 公司的 82586 与 82588 以太网链路控制处理器、82501 以太网串行接口、82502 收发器等芯片,利用它们就可以构成一块以太网卡。

2. 网卡的分类

根据网络技术、工作对象、数据总线、传输速率与介质接口等的差异,网卡可以有不同的分类方法。

1) 按网络技术分类

根据支持的网络技术,网卡主要可分为:以太网卡、令牌环网卡、ATM 网卡等。其中,以太网卡支持以太网,令牌环网卡支持令牌环网,ATM 网卡支持 ATM 网。目前,实际的局域网大多数是以太网。因此,以太网卡是最流行的网卡,其他网卡仅用于特定网络环境中。

2) 按工作对象分类

根据主要的使用对象,网卡主要可分为:工作站网卡与服务器网卡。其中,工作站网卡的对象是普通计算机,性能一般,价格低廉;服务器网卡是专门针对服务器而设计的,性能优良,价格昂贵。

3) 按数据总线分类

根据支持的数据总线,网卡主要可分为 ISA 网卡、PCI 网卡、USB 网卡等。其中,ISA 网卡支持 ISA 总线,传输速率通常为 10Mb/s;PCI 网卡支持 PCI 总线,传输速率从 10Mb/s～1Gb/s;USB 网卡支持 USB 总线,优点是安装方便、即插即用。目前,ISA 网卡已基本淘汰,PCI 网卡是常用的网卡。近年来,计算机厂商开始将网卡芯片集成在主板上,通常无须再另行购买网卡。

4) 按传输速率分类

根据支持的传输速率,网卡主要可分为 10Mb/s 网卡、100Mb/s 网卡、1Gb/s 网卡与 10Gb/s 网卡。它们的最大传输速率分别为 10Mb/s、100Mb/s、1Gb/s 与 10Gb/s。目前,10Mb/s 网卡已基本淘汰,100Mb/s 与 1Gb/s 网卡在广泛使用,10Gb/s 网卡开始用于高端服务器。

5) 按介质接口分类

根据支持的传输介质,网卡主要可分为粗缆网卡、细缆网卡、双绞线网卡与光纤网卡。其中,粗缆网卡支持的是粗缆,提供的接口是 AUI 接口;细缆网卡支持的是细缆,提供的接口是 BNC 接口;双绞线网卡支持的是双绞线,提供的接口是 RJ-45 接口;光纤网卡支持的是光纤,提供的接口是 F/O 接口。早期的网卡通常将几种接口集成,例如,AUI/RJ-45、BNC/RJ-45、AUI/BNC/RJ-45 等多合一网卡。目前,组建以太网几乎都采用双绞线,常用的网卡通常只提供 RJ-45 接口。

3. 网卡的选型

网卡的选型通常需要根据实际应用来决定。服务器端通常应选择 1Gb/s 及以上速率的网卡,常用于服务器与交换机之间的连接;客户端可选择 10Mb/s 网卡或 100Mb/s 网卡,10Mb/s 网卡可满足文件共享需求,100Mb/s 网卡可满足视频应用需求。实际上,10Mb/s 网卡已基本淘汰,100Mb/s 网卡是比较好的选择。

当前的台式计算机与笔记本电脑大多已集成网卡,因此通常不需要额外购买网卡。即使需要购买网卡,可根据计算机总线来选择,通常可选的类型是 PCI 网卡。当前的 Ethernet 组网通常使用双绞线,可选择仅提供 RJ-45 接口的网卡。网卡的选型还需要考虑其适用性,可用于主流操作系统(例如 Windows、Linux 等)。另外,大品牌的网络设备厂商的产品通常稳定性好。目前,主要的网卡生产商包括:D-Link、TP-Link、腾达等。

6.2.2 无线网卡

1. 无线网卡的功能

无线网卡是组建无线局域网的基本设备之一。无线局域网是使用无线技术作为传输介质的局域网,它具有良好的便携性、移动性与可扩展性。无线网卡是结点(计算机)连入无线局域网的连接设备。网卡一端通过信号收发器连接无线介质,再通过无线介质连接到无线 AP;另一端通过主机接口电路(例如扩展总线)与计算机连接。图 6-2 给出了一个典型无线网卡的例子。

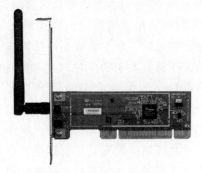

图 6-2 一个典型无线网卡

2. 无线网卡的分类

根据数据总线、协议标准等的差异,网卡可以有不同的分类方法。

1) 按数据总线分类

根据支持的数据总线,无线网卡主要可分为:PCI 网卡、PCMCIA 网卡、USB 网卡等。其中,PCI 网卡支持 PCI 总线,常用于台式计算机;PCMCIA 网卡支持 PCMCIA 总线,常用于笔记本;USB 网卡支持 USB 总线,优点是安装方便、即插即用。目前,PCI 网卡与 PCMCIA 网卡使用较少,USB 网卡的应用比较广泛。近年来,很多笔记本电脑生产商将无线网卡芯片集成在主板上,通常无须再另行购买无线网卡。

2) 按协议标准分类

根据支持的协议标准,无线网卡主要可分为:IEEE 802.11a 网卡、IEEE 802.11b 网卡、IEEE 802.11g 网卡与 IEEE 802.11n 网卡。不同标准支持的最大传输速率不同。其中,IEEE 802.11a 支持的最大速率为 54Mb/s,使用 5GHz 频段;IEEE 802.11b 支持的最大速率为 11Mb/s,使用 2.4GHz 频段;IEEE 802.11g 支持的最大速率为 54Mb/s,使用 2.4GHz 频段;IEEE 802.11n 支持的最大速率为 100Mb/s,使用 2.4GHz/5GHz 频段。

3. 无线网卡的选型

无线网卡的一个重要性能指标是传输距离。目前,无线网卡的传输距离在室内可达 30～100m,在室外可达 100～300m。无线网卡的传输距离容易受环境影响,例如,墙壁阻碍、无线信号干扰等因素。为了提高无线网卡的传输距离,网卡本身需要提供更高的发射功率,并配置功率放大倍数(通常称为增益)更大的天线。

理论上,任何有无线网卡的结点都可访问无线 AP,这样无线局域网的安全性就难以保障。因此,无线 AP 通常支持某种安全协议,例如,WEP(Wired Equivalent Privacy)、WPA(Wi-Fi Protected Access)或 WPA2 等,为无线结点接入网络时提供验证。早期的无线 AP 通常使用 WEP。由于 WPA 可提供比 WEP 更好的安全性,因此 WPA 与 WPA2 近年来已开始逐步替代 WEP。

无线网卡的选型需要综合考虑上述因素,需要注意的是无线网卡与无线 AP 的兼容性。部分厂商的无线网卡采用特定的无线传输技术,可提供比相应协议标准更快的传输速率。另外,大品牌的网络设备厂商的产品通常稳定性好。目前,主要的无线网卡厂商包括:D-Link、TP-Link、NETGEAR、腾达等。

6.2.3 集线器

1. 集线器的功能

集线器(Hub)是共享介质式局域网的核心设备,所有结点都通过双绞线连接到集线器。在早期使用粗缆或细缆组网时,无论从逻辑上还是物理上来看,这时组建的以太网是总线型结构。在使用集线器与双绞线组网后,组建的以太网在逻辑上是总线型,但是在物理上是星状结构。每个集线器内部构成一个冲突域,当集线器接收某个结点发送的帧时,立即将该帧通过广播方式发送到所有端口。集线器工作的最高层是数据链路层,它仍采用CSMA/CD 介质访问控制方法。图 6-3 给出了一个典型集线器的例子。

图 6-3　一个典型集线器

集线器的带宽被所有结点共享,集线器上连接的结点数量越多,每个结点能分得的带宽越少。普通的集线器都提供两种端口:用于连接结点的 RJ-45 端口,这种端口通常称为普通端口;用于级联的 RJ-45、AUI、BNC 或 F/O 端口,这类端口通常称为级联端口。从结点到集线器的双绞线最大长度为 100m,利用级联端口可扩大局域网的覆盖范围。单一集线器结构适用于规模较小的局域网。如果结点数超过单个集线器的端口数,通常需要采用多个集线器的级联结构,或者采用端口数量多的堆叠式集线器。

2. 集线器的分类

根据端口数量、扩展方式、端口速率等的差异,集线器可以有不同的分类方法。

1) 按端口数量分类

根据提供的端口数量,集线器可以分为 n 口集线器,这里的"口"是集线器的端口。集线器的端口数量通常为偶数,常见的端口数为 4 个、8 个、16 个或 24 个。端口数决定单台集线器所能连接的结点数。但是,端口数越多的集线器的价格相应越高。

2) 按扩展方式分类

根据支持的扩展方式,集线器主要可分为:普通集线器与堆叠式集线器。其中,普通集线器不具备堆叠功能,当结点数超过单个集线器的端口数时,只能采用多个集线器的级联方法来扩展;堆叠式集线器由基础集线器与扩展集线器组成,每个集线器上有一个堆叠扩展端口,通过在基础集线器上堆叠多个扩展集线器,可以方便地扩展联网结点数量,这种集线器的优点是成本低、扩展方便。

3）按网络带宽分类

根据支持的网络带宽,集线器主要可分为:10Mb/s 集线器、100Mb/s 集线器等。它们支持的最大速率分别为 10Mb/s、100Mb/s。目前,仅结点数很少的局域网才使用集线器,交换机已被大量用于局域网组网中。

3. 集线器的选型

集线器选型首先需要考虑的是网络规模,即当前的结点数与未来可能的扩展。普通集线器仅提供有限数量的端口,当局域网的规模扩大时,只能采取多个集线器级联的方法解决。堆叠式集线器具有很好的扩展能力,较大规模的局域网优先选择堆叠式集线器,在选型时应该注意背板带宽,它决定集线器对数据帧的过滤与转发能力。背板带宽越大的堆叠式集线器的性能越好。

集线器选型需要考虑的另一个因素是网络带宽。网络带宽是指集线器能提供的最大传输速率。网络的实际带宽取决于带宽较小的设备。例如,集线器的带宽为 100Mb/s,网络结点配备的网卡带宽为 10Mb/s,则实际带宽只能达到 10Mb/s。因此,集线器选型需要注意与网卡带宽匹配。传统集线器的工作效率不高,交换机已代替集线器作为核心设备。

6.2.4　交换机

1. 交换机的功能

交换机(switch)是局域网交换机的简称,它是交换式局域网中的核心设备,所有结点通过双绞线连接到交换机。在传统的以太网中,当一个结点发送数据时,集线器以广播方式将数据传送到每个端口。交换式局域网改变了共享介质的方式,通过交换机支持结点之间的并发连接,实现多对结点之间的数据并发传输。交换机根据进入端口的每个帧的目的地址,查找"端口-MAC 地址映射表"

图 6-4　一个典型交换机

确定通过哪个端口转发该帧。交换机工作的最高层次是数据链路层。图 6-4 给出了一个典型交换机的例子。

交换机通常会提供数量众多的端口。交换机的端口可分为两类:半双工端口与全双工端口。其中,半双工端口不能同时发送与接收数据,10Mb/s、100Mb/s 与 1Gb/s 半双工端口的最大速率分别为 10Mb/s、100Mb/s 与 1Gb/s;全双工端口可同时发送与接收数据,10Mb/s、100Mb/s 与 1Gb/s 全双工端口的最大速率分别为 20Mb/s、200Mb/s 与 2Gb/s。因此,全双工端口的最大速率是半双工端口的两倍。

根据端口的使用方式,交换机的端口又可分为两类:专用端口与共享端口。其中,专用端口是指一个端口仅连接一个结点,该结点可独占该端口的全部带宽;共享端口是指一个端口连接一个局域网(通过集线器或交换机),该局域网中的所有结点共享端口带宽。交换机利用地址学习功能来维护"端口-MAC 地址映射表"。交换机可将网络分段,通过交换机的数据过滤与转发功能,有效隔离广播风暴与避免冲突。

2. 交换机的分类

根据网络技术、端口数量、网络带宽、应用规模、扩展方式等的差异,交换机可以有不同的分类方法。

1）按网络技术分类

根据支持的局域网技术,交换机主要可分为:以太网交换机、令牌环交换机、ATM 交换机与 FDDI 交换机等。其中,以太网交换机支持以太网,令牌环交换机支持令牌环网,ATM 交换机支持 ATM 网,FDDI 交换机支持 FDDI 环网。目前,实际使用的局域网大多数是以太网。因此,以太网交换机是最流行的交换机,其他交换机仅用于特定网络环境中。

2）按端口数量分类

根据提供的端口数量,交换机可以分为 n 口交换机,这里的"口"是交换机的端口。交换机的端口数量通常为偶数,常见的端口数为 8 个、16 个、24 个或 48 个。端口数决定单台交换机所能连接的结点数。但是,端口数越多的交换机的价格相应越高。

3）按网络带宽分类

根据支持的网络带宽,交换机主要可分为 100Mb/s 交换机与 1Gb/s 交换机。它们支持的最大速率分别为 100Mb/s、1Gb/s。端口是否支持全双工方式是重要因素,全双工端口的最大速率是半双工端口的两倍。目前,100Mb/s 交换机与 1Gb/s 交换机已被大量用于局域网组网。

4）按应用规模分类

根据支持的应用规模,交换机主要可分为工作组级交换机、部门级交换机与企业级交换机等。其中,工作组级交换机最多支持 100 个结点,通常是功能简单的固定配置式交换机;部门级交换机可支持 100～300 个结点,可以是固定配置式交换机或插槽较少的机架式交换机;企业级交换机可支持超过 500 个结点,通常是插槽较多的机架式交换机,并且是企业网主干部分的骨干交换机。

5）按扩展方式分类

根据支持的扩展方式,交换机主要可分为普通交换机、堆叠式交换机与机架式交换机等。其中,普通交换机是功能简单的固定配置式交换机,当结点数超过单个交换机的端口数时,只能采用多个交换机的级联方法扩展;堆叠式交换机由基础交换机与扩展交换机组成,每个交换机上有一个堆叠扩展端口,通过在基础交换机上堆叠多个扩展交换机,可以方便地扩展网络结点数量;机架式交换机是插槽式交换机,通过不同插槽支持不同的网络模块,例如,千兆以太网、ATM 网、FDDI 环网等,它的优点是扩展性好,缺点是价格昂贵。

3. 交换机的选型

交换机选型首先需要考虑的是网络规模,即当前的结点数与未来可能的扩展。普通交换机只能提供有限数量的端口,当局域网的规模扩大时,只能采取多个交换机级联方法解决。堆叠式交换机具有很好的扩展能力,较大规模的局域网优先选择堆叠式交换机。机架式交换机通常用于网络的主干部分。堆叠式与机架式交换机选型需要注意背板带宽,背板带宽越大的交换机的性能越好。

交换机选型需要考虑的另一个因素是网络带宽。网络带宽是指交换机能提供的最大传输速率。网络的实际带宽取决于带宽较小的设备。例如,交换机的带宽为 1Gb/s,而网络结点配备的网卡带宽为 100Mb/s,则实际带宽只能达到 100Mb/s。因此,交换机选型需要综合考虑设备的性能价格比。另外,大品牌的网络设备厂商的产品通常稳定性好。目前,主要的交换机生产商包括:华为、Cisco、H3C、Juniper 等。

6.2.5　无线 AP

1. 无线 AP 的功能

无线访问点(Access Point,AP)通常被称为无线 AP。无线 AP 是无线局域网的核心设

备,所有结点通过无线介质连接到 **AP**。无线局域网使用无线
电波作为传输介质,具有良好的便携性、移动性与扩展性,并已
成为有线局域网的有效补充。无线 AP 是无线局域网和有线局
域网之间沟通的桥梁。无线 AP 提供的主要功能包括:无线结
点对有线局域网的访问,有线局域网对无线结点的访问,以及
覆盖范围内的无线结点之间的访问。图 6-5 给出了一个典型无
线 AP 的例子。

图 6-5　一个典型无线 AP

2. 无线 AP 的分类

根据基本功能、协议标准等的差异,无线 AP 可以有不同的
分类方法。

1) 按基本功能分类

根据支持的网络技术,无线 AP 主要可分为:单纯型 AP 与扩展型 AP。其中,单纯型 AP
相当于无线集线器,只提供局域网联接功能,而不提供路由功能;扩展型 AP 就是无线路由器,
既提供局域网联接功能,还提供路由功能。目前,市场上的无线 AP 大多属于扩展型 AP,在提
供连接与路由功能的基础上,还提供 DHCP、防火墙等附加功能。扩展型 AP 之间在短距离内
可直接互联,如果网络的传输距离比较大,则需要无线网桥与专门的天线。实际上,无线网桥
是一种特殊类型的无线 AP。

2) 按协议标准分类

根据支持的协议标准,无线 AP 主要可分为:IEEE 802.11a 无线 AP、IEEE 802.11b 无线
AP、IEEE 802.11g 无线 AP 与 IEEE 802.11n 无线 AP 等。不同协议标准支持的最大速率不
同。其中,IEEE 802.11a 支持的最大速率为 54Mb/s,使用的频段是 5GHz 频段;IEEE 802.
11b 支持的最大速率为 11Mb/s,使用的频段是 2.4GHz 频段;IEEE 802.11g 支持的最大速率
为 54Mb/s,使用的频段是 2.4GHz 频段;IEEE 802.11n 支持的最大速率为 100Mb/s,可使用
的频段是 2.4GHz 与 5GHz 双频段。

3. 无线 AP 的选型

无线 AP 性能的一个重要指标是传输距离。目前,无线 AP 的传输距离在室内可达 30~
100m,在室外可达 100~300m。由于无线 AP 覆盖的是一个向外扩散的圆形区域,因此无线
AP 需放置在无线局域网的中心位置。另外,无线 AP 的传输距离会受到环境影响,例如,墙
壁、无线信号干扰等因素。为了提高无线 AP 的传输距离,无线 AP 本身需提供更高的发射功
率,并配置功率放大倍数(通常称为增益)更大的天线。

理论上,任何有无线网卡的结点都可访问无线 AP,这样无线局域网的安全性就难以保
障。因此,无线 AP 通常支持某种安全协议,例如,WEP、WPA 或 WPA2 等,为无线用户接入
无线局域网时提供验证。早期的无线 AP 通常使用 WEP。由于 WPA 可提供比 WEP 更好的
安全性,因此 WPA 与 WPA2 近年来常用于无线 AP 中。普通用户最好选择便于安装的无线
AP,这类产品通常提供简单的基于 Web 的管理界面。

无线 AP 的选型需要综合考虑上述因素,需要注意无线 AP 与无线网卡的兼容性。部分
厂商的无线 AP 可能采用特定的无线传输技术,或者通过多根高增益天线的协同工作,以提供
比相应协议标准更快的传输速率。另外,大品牌的网络设备厂商产品的稳定性通常较好。目
前,主要的无线 AP 厂商包括:D-Link、TP-Link、NETGEAR、腾达等。

6.2.6　其他设备

前面介绍的是几种基本网络设备,另外还有一些辅助性网络设备。

1. 中继器

中继器用于扩大局域网的覆盖范围,它工作的最高层次是物理层。在局域网组网中,各种传输介质都有自己的最大长度。例如,粗缆的最大长度为500m,细缆的最大长度为185m,双绞线的最大长度为100m,而光纤的最大长度更是差异很大。如果网络结点数量不多、分布范围较大,则使用中继器是比较经济的方法。

中继器通过信号整形或增加敏感度的方法,以达到延长数据传输距离的基本目标。根据支持的传输介质,中继器主要可分为:粗缆中继器、细缆中继器、双绞线中继器与光纤中继器。其中,粗缆中继器用于扩展粗缆,细缆中继器用于扩展细缆,双绞线中继器用于扩展双绞线,光纤中继器用于扩展光纤。

2. 网桥

网桥是用于互联不同局域网的网络设备,它工作的最高层次是数据链路层。网桥的主要功能是扩大网络的覆盖范围,以及隔离网络中的通信量。在一个较大的企业网或校园网中,如果有数百个结点需要联网,将它们连在一个局域网中显然不现实,即使能够实现连接,巨大的通信量也会造成网络性能很差。这时,可行的办法是将这些结点按地理位置划分为多个局域网,然后通过网桥将这些局域网之间互联起来。

网桥负责完成帧的接收、转发与地址过滤功能,以便实现多个局域网之间的数据交换。网桥允许互联的各个网络的物理层协议不同,但数据链路层及以上各层采用的协议相同。根据支持的帧转发策略不同,网桥主要可分为:透明网桥与源路由网桥。其中,透明网桥的帧转发由网桥自身来决定,源路由网桥的帧转发由源结点来决定。网桥存在的两个主要问题是帧转发速率低,以及有可能带来广播风暴。

6.3　局域网组网方法

近年来,令牌环网、令牌总线网等局域网已很少使用,下面将以 Ethernet 为例讨论局域网组网方法。

6.3.1　传统以太网组网方法

在传统以太网组网中,最初经常单独使用粗缆或细缆,或混合使用粗缆与细缆组网。随着双绞线出现并被应用于组网,极大减小了组网成本与维护难度,这样集线器与双绞线的组网方式逐渐流行。由于粗缆与细缆组网已很少使用,因此本节主要讨论集线器与双绞线的组网方式。无论是使用粗缆、细缆还是双绞线,由于这些传输介质都是有线介质,因此组网时都需要预先完成布线。

1. 单一集线器结构

单一集线器结构是最简单的组网方式,它适用于规模较小的网络,结点数量较少与覆盖范围较小。图 6-6 给出了单一集线器的网络结构。组网所需的硬件设备包括:10Mb/s 集线器、

10Mb/s 网卡与双绞线。其中,集线器是组网的核心设备,通常提供多个 RJ-45 端口;每个结点需要安装网卡,通常提供 1 个 RJ-45 端口;所有结点通过双绞线连接到集线器。结点数量受限于单个集线器的端口数,通常为 4～24 个端口。覆盖范围受限于双绞线的长度,单根双绞线的最大长度为 100m,任意结点之间的最大距离为 200m。

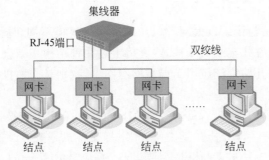

图 6-6　单一集线器的网络结构

2. 多集线器级联结构

多集线器级联结构适用于规模较大的网络,结点数量较多且覆盖范围较大。如果结点数量超过单个集线器的端口数,或覆盖范围超过 200m,这时可采用多集线器级联结构。例如,单个集线器的端口数为 24 个,需要联网的结点数量为 36 台,结点分布范围超过 200m,则可采用双集线器的级联结构。图 6-7 给出了多集线器级联的网络结构。每个集线器连接网络中的部分结点,在物理上构成星状拓扑;集线器之间通过不同介质来级联,以便实现集线器之间的数据传输。

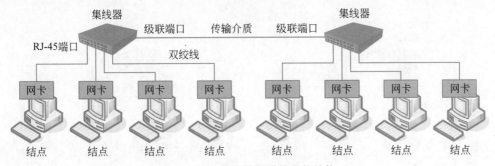

图 6-7　多集线器级联的网络结构

多集线器级联可增加网络的结点规模。普通集线器通常提供两类端口:一类是 RJ-45 端口,可通过双绞线连接结点,也可通过双绞线实现级联;另一类是专门的级联端口,包括 AUI 端口、BNC 端口或 F/O 端口,可使用粗缆、细缆或光纤实现级联。多集线器级联可扩大网络的覆盖范围。例如,如果用双绞线实现双集线器级联,单根双绞线的最大长度为 100m,任意结点之间的最大距离为 300m;如果用粗缆实现双集线器级联,单根粗缆的最大长度为 500m,任意结点之间的最大距离为 700m;用中继器可进一步扩大覆盖范围。

3. 堆叠式集线器结构

堆叠式集线器结构适用于中等规模的网络,结点数量较多但覆盖范围较小。如果结点数量超过单个集线器的端口数,但覆盖范围不超过 200m,则可采用堆叠式集线器结构。例如,单个集线器的端口数为 24 个,需要联网的结点数为 36 台,结点分布范围不超过 200m,则可采用堆叠式集线器结构。堆叠式集线器结构与单一集线器结构类似。堆叠式集线器连接网络中的全部结点,在物理上构成星状拓扑。在实际应用中,经常将堆叠式集线器与多集线器级联结构相结合,以适应不同网络结构需求。

6.3.2　快速以太网组网方法

快速以太网组网方法与传统以太网类似。根据网络规模不同,局域网组网可采用单一集线器、多集线器级联或堆叠式集线器结构,或者将上述几种结构相结合。随着速度更快的快速以太网设备的出现,它们开始广泛应用于局域网组网中,特别是交换机在网络中开始全面代替集线器。

快速以太网组网所需的硬件设备包括:10Mb/s 或 100Mb/s 交换机、10Mb/s 或 100Mb/s 网卡,以及双绞线、光纤等传输介质。其中,100Mb/s 交换机是核心设备,通常提供多个 RJ-45 端口与少量光纤端口;10Mb/s 交换机是主要设备,通常提供多个 RJ-45 端口;每个结点需安装 10Mb/s 或 100Mb/s 网卡,通常提供 1 个 RJ-45 端口。所有结点通过双绞线连接到交换机,光纤通常用于交换机之间的级联。

由于交换机采用的是交换方式,与集线器的共享介质方式相比,同样速率的交换机性能比集线器好,因此交换机逐步代替集线器的地位。图 6-8 给出了快速以太网组网的典型结构。100Mb/s 交换机被用于网络主干,它负责连接两台 10Mb/s 交换机,每台 10Mb/s 交换机连接网络中的部分结点。例如,一台 100Mb/s 交换机提供 24 个 100Mb/s 端口,如果每个端口支持全双工方式,则该交换机的最大带宽为 4.8Gb/s。

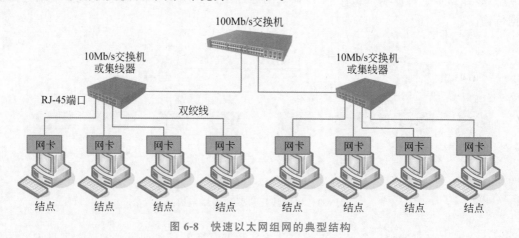

图 6-8　快速以太网组网的典型结构

6.3.3　千兆以太网组网方法

千兆以太网组网方法与传统以太网类似,交换机已成为局域网组网的核心设备。根据网络规模不同,局域网组网可采用单一交换机、多交换级联或堆叠式交换机结构,或者将上述几种结构相结合。随着速度更快的千兆以太网交换机的出现,它们开始广泛应用于局域网组网中。

千兆以太网所需的硬件设备包括:100Mb/s 或 1Gb/s 交换机、10Mb/s 或 100Mb/s 或 1Gb/s 网卡,以及双绞线、光纤等传输介质。其中,1Gb/s 交换机是核心设备,通常提供多个

RJ-45 端口与少量光纤端口；100Mb/s 交换机是主要设备，通常提供多个 RJ-45 端口；每个结点需安装 10Mb/s、100Mb/s 或 1Gb/s 网卡，通常提供 1 个 RJ-45 端口。所有结点通过双绞线连接到交换机，光纤通常用于交换机之间的级联。

　　在千兆以太网组网中，如何合理分配网络带宽是很重要的，需根据实际网络的规模、范围与布局等因素，选择合适的两级或三级网络结构。图 6-9 给出了千兆以太网组网的典型结构。这里需要注意以下几个问题：在网络主干部分，通常使用高性能的 1Gb/s 主干交换机，以解决带宽瓶颈问题；在网络支干部分，通常使用性价比高的 1Gb/s 普通交换机；在楼层或部门一级，通常选择经济实用的 100Mb/s 交换机。

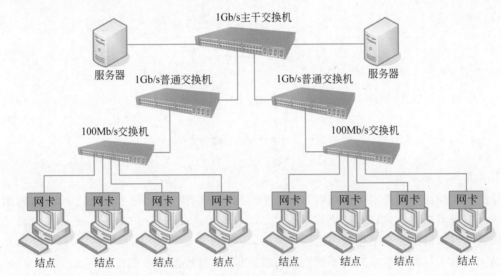

图 6-9　千兆以太网组网的典型结构

6.3.4　无线局域网组网方法

　　无线局域网组网方法与上述有线局域网不同。无线局域网使用的传输介质是无线电，它具有良好的便携性、移动性与扩展性，并已成为有线局域网的有效补充。无线局域网的主要应用领域：移动办公环境，例如仓库、物流中心；用户不确定环境，例如宾馆、图书馆；临时性网络环境，例如会场、会展中心；用户希望自由上网的环境，例如家庭；难以布线的环境，例如野外基地。无线局域网的主要缺点是：传输速度慢，稳定性差，覆盖范围小。因此，无线局域网还无法完全代替有线局域网。

　　无线局域网组网所需的硬件设备包括：无线 AP 与无线网卡。其中，无线 AP（通常是无线路由器）是核心设备，它通常提供多个 RJ-45 端口，1 个端口用于连接 Internet 接入设备（例如 ADSL Modem），其他端口通过双绞线连接有线结点；每个结点需要安装无线网卡，笔记本电脑通常已集成无线网卡。无线结点与无线 AP 之间或无线结点之间通过无线连接。根据网络规模不同，组网可采用对等式、集中式与漫游式等结构。

1. 对等式无线局域网

　　对等式无线局域网是最简单的组网方式，它适用于规模很小的网络，结点数量很少且覆盖范围很小，例如，结点数不超过 4 个、覆盖范围不超过 100m。图 6-10 给出了对等式无线局域网结构。在采用这种组网方式时，每个结点仅需安装无线网卡。无线结点之间可直接传输数据,传输距离受到网卡功率的限制。这种组网方法的优点是结构简单、组建方便。它的缺点是结点数量少、覆盖范围小。

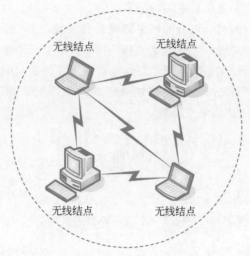

图 6-10　对等式无线局域网结构

2. 集中式无线局域网

集中式无线局域网类似于传统以太网的单一集线器结构,它适用于规模较小的网络,结点数较少且覆盖范围较小,例如,结点数不超过 20 个、覆盖范围不超过 300m。图 6-11 给出了集中式无线局域网结构。在采用这种组网方式时,需要一台无线 AP 作为核心设备,每个结点都需安装无线网卡。无线结点之间不能直接传输数据,所有数据必须先发送到无线 AP,并由它转发给相应的结点。无线结点必须位于无线 AP 的覆盖范围内,其传输距离受到无线 AP 功率的限制。无线路由器负责提供与 Internet 的连接。

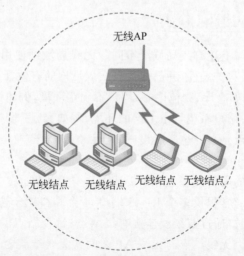

图 6-11　集中式无线局域网结构

3. 漫游式无线局域网

漫游式无线局域网是集中式无线局域网的扩展,其结构类似于当前的移动电话网。它适用于规模较大的网络,结点数较多且覆盖范围较大,例如,结点数超过 20 个、覆盖范围超过

300m。图 6-12 给出了漫游式无线局域网结构。在采用这种组网方式时,需要多台无线 AP 作为核心设备,每个结点都需安装无线网卡。无线结点可在各个无线 AP 的覆盖范围内接入网络,并根据信号强弱在无线 AP 之间自动切换,而不需要用户手动配置,也不会引起网络中断。漫游式无线局域网可弥补覆盖范围小的缺点。

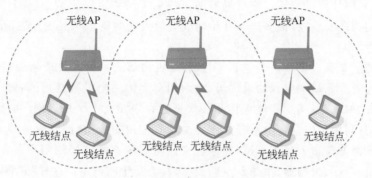

图 6-12　漫游式无线局域网结构

6.4　局域网结构化布线技术

6.4.1　结构化布线的概念

在完成整个网络系统的结构设计后,如何完成网络布线成为一个重要问题。据统计,在所有的网络故障中,75%以上是由传输介质引起的。因此,网络布线对提高系统可靠性有重要的作用。

1. 结构化布线的概念

20 世纪 90 年代以来,非屏蔽双绞线得到广泛应用。双绞线作为传输介质的最大优点是连接方便、性能可靠与扩展灵活。电话通信比计算机通信出现要早得多,并且在敷设电话线方面早就有相关的标准,可将电话线连接方法应用于网络布线,这样就产生了用于计算机网络的结构化布线系统。从某种意义上来说,结构化布线系统并非什么新概念,它是将传统的电话线、供电系统所用馈线的方法借鉴到网络布线中。

结构化布线系统是在一栋大楼或一个楼群中安装的传输线路,它能够连接计算机、打印机及各种外部设备,并将其与传统的电话网相连接。结构化布线系统包括布置在建筑物中的所有电缆及其配件,例如,转接设备、用户端设备、外部接口等。从用户的角度来看,结构化布线系统是使用一套标准组网器件,按标准连接方法实现的网络布线系统。这里所说的组网器件主要包括:传输介质、端接设备、适配器、插座、插头与跳线、光电转换设备、多路复用设备、安装工具等。

结构化布线系统与传统布线系统的最大区别是:结构化布线系统结构与当前所连接设备位置无关。在传统的布线系统中,设备安装在哪里,传输介质就要铺设到哪里。结构化布线系统预先按照建筑物的结构,在所有可能放置计算机及外设的位置布线,然后根据实际连接设备的具体情况,通过调整内部跳线将所有设备相连接。同一线路的接口可连接不同设备,例如,计算机、打印机、电话、终端等。

2. 智能大楼的概念

智能大楼是随着结构化布线系统的广泛应用而产生的概念。智能大楼将计算机网络、信息服务和楼宇安全监控集成在一个系统中。最早的智能大楼可追溯到 1984 年。当时,美国 Hartford 市的一座旧式大楼改造中,在整栋建筑内安装了局域网,并对空调、电梯、照明、防火、防盗等设施采用计算机监控。它将局域网布线系统与楼宇安全监控线路集成起来。这项工程引起了人们的高度重视,很多国家开始研究智能大楼的概念与实现方法,并着手制定各自的智能大楼标准。

智能大楼的定义有很多种。美国的一个研究机构认为:智能大楼是通过对建筑物的结构、系统、服务与管理等基本要素的最优组合,为用户提供一个投资合理、高效、安全与便利的工作环境。另一种定义认为:智能大楼是在大楼建设中建立一个局域网,在楼外与楼内的交汇处安装配线架,利用楼内垂直电缆竖井作为主轴管道;在每个楼层建立分线点,通过分线点在每个楼层的平面方向布置分支管道,并通过它们将传输介质连接到用户所在位置。最终位置可连接计算机、电话、报警器、供热及空调设备,甚至是生产设备。这样的集成环境能为用户提供全面的信息服务,并随时对大楼的任何事情自动采取相应措施。

结构化布线系统的兴起促使智能大楼概念的出现。美国 EIA 组织提出一套规范化的智能大楼布线系统标准,将所有语音、数字、视频信号及监控系统的配线,经过统一规划设计综合在一套标准系统中。这个系统不仅能为用户提供电信服务,而且能提供计算机网络、安全报警、监控管理等服务。该系统具有很大的灵活性,在网络结构变化或设备位置改变时,无须重新布线,只要在配线间做适当的调整即可。这样的系统可以满足不同用户的需求,也能灵活适应用户需求的变化。

3. 结构化布线的分类

根据应用环境的差异,结构化布线系统主要分为两类:建筑物综合布线系统、工业布线系统。其中,建筑物综合布线系统主要面向建筑物或建筑物群,它通常具有良好的开放式结构与模块化设计,具有良好的灵活性与可扩展性。它使用的传输介质主要是双绞线与光纤,可连接建筑物中的网络系统与各种设备,包括计算机、电话机、网络设备及各种外设。最初,建筑物综合布线系统通常用双绞线来组网。随着局域网技术的快速发展,目前通常采用光纤与双绞线混合组网方式。在设计建筑物综合布线系统时,根据建筑物结构、结点数量与传输速度要求,选择适当的网络结构与传输介质。

工业布线系统是专门为工业环境设计的布线标准。现代化的工厂必须有一套先进的工业网络系统,以适应生产自动化、管理现代化的需要。工业网络系统可将工厂的自动控制设备、企业管理系统、通信与数据处理相结合,从而大大提高生产效率与产品质量,提高工厂的设计、生产、销售与管理水平。工业布线系统需解决工厂环境对数据传输的特殊要求,针对工厂环境中存在强干扰的特点,通常采用光纤作为连接各种设备的传输介质,并且在故障诊断与系统恢复等方面有较高的要求。

6.4.2 结构化布线系统的结构

建筑物综合布线系统是一种典型的结构化布线系统。图 6-13 给出了建筑物综合布线系统的结构。这类系统通常包括六个部分:户外系统、垂直竖井系统、平面楼层系统、用户端系统、机房系统与布线配线系统。对于上述这些部分,不同结构化布线系统产品的名称可能不同,例如,用户端系统可能称为工作区系统,平面楼层系统可能称为水平支干系统,布线配线系统可能称为管理系统。但是,无论采用的是哪个名称,结构化布线系统通常由这些部分组成,各部分的功能与相互关系基本相同。

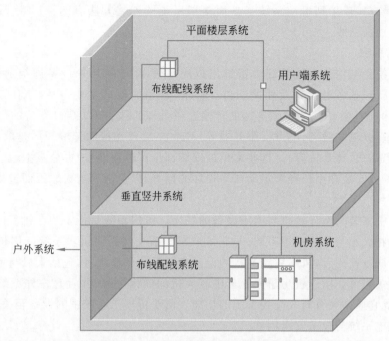

图 6-13 建筑物综合布线系统的结构

1. 户外系统

户外系统主要用于建筑物之间的连接,将楼内和楼外的系统连接起来。户外系统主要包括各种传输介质与相应的支持设备,例如,电缆、光缆、电气保护装置等。户外系统进入楼内的处理方法主要包括:地下管道与架空方式。户外系统进入大楼后通常经过分线盒分线后,根据各种传输介质的要求加装电气保护装置,然后经过线路接口连接到布线配线系统。户外系统和楼内系统的转接处需要专门的房间或墙面,这要由建筑物的规模与安装设备的数量来决定。对于大型的建筑物,至少要留出一间专用的房间;对于小一些的系统,留有一面安装设备的墙面即可。

2. 垂直竖井系统

垂直竖井系统是整个结构化布线系统的主干部分,它是高层建筑物中垂直安装的各种电缆、光缆的组合。垂直竖井系统的作用是连接各个功能区,起到整个布线系统的中枢作用。垂直竖井系统与平面楼层系统的汇合点称为配线分支点,它们通过垂直竖井系统连接到户外系统上。垂直竖井系统通常是垂直安装的,典型方法是将电缆或光缆安装在贯穿建筑物各层的竖井中,也可以安装在通风管道中。实际上,垂直竖井系统并不一定要垂直布设。在工厂环境中进行结构化布线时,由于厂房本身特点是以单层大范围居多,因此垂直竖井系统也可以变成平面安装。

3. 平面楼层系统

与垂直竖井系统相比,平面楼层系统起着支线的作用。它一端连接用户端子区,另一端连接垂直竖井系统或网络中心。平面楼层系统是平面铺设的,包括很多安装在墙上或地板上的用户端口。考虑到用户端口连接的设备多样性,平面楼层系统的传输介质也有多种。随着计算机与通信技术的快速发展,兼顾计算机与电话通信的双绞线占主导地位。当然,在平面楼层系统中也经常会使用光缆。根据结构化布线系统的规模大小,平面楼层系统可以不经过垂直竖井系统,而是直接连接到机房系统。平面楼层系统的安装方法有两种:暗管预埋,墙面引线;地下管槽,地面引线。

4. 用户端系统

用户端系统是结构化布线系统中接近用户的部分,用于将用户设备连接到布线系统中。用户端系统主要包括各种端口及相关配件。目前,常用的端口主要包括:RJ-45 端口、RJ-11端口、F/O 端口。其中,RJ-45 端口支持的传输介质是双绞线;F/O 端口支持的传输介质是光纤,常用于局域网(例如微型计算机、服务器等);RJ-11 端口支持的传输介质是电话线,常用于电话网(例如电话机、传真机等)。这些端口的安装部位可以在墙上、办公桌上,甚至是地毯上。但是,它们应避免安装在用户经常走动或易损坏的地方,以免由于人为原因而造成线路故障。

5. 机房系统

机房是集中安装大型计算机与网络设备的场所。机房系统是指安装在机房内部的布线系统。根据建筑物大小与具体应用不同,并非每个布线系统都需要机房系统。用户端系统连接的设备大多是服务使用者,机房系统连接的设备主要是服务提供者,包括大量与用户端系统相似的端口及相关配件。由于机房子系统集中有大量的通信电缆,并且是户外系统与楼内系统的汇合处,因此它通常兼有布线配线系统的功能。由于机房子系统中的设备至关重要,因此需要综合考虑配电系统与设备安全因素。

6. 布线配线系统

布线配线系统的位置应根据传输介质的连接情况来选择,通常位于平面楼层系统与垂直竖井系统之间。布线配线系统用于将各个子系统连接起来,它是实现结构化布线系统灵活性的关键,有时也被称为管理子系统。大型建筑物中的布线系统管理是一件复杂、烦琐的工作。据统计,大型建筑物内每年约有 35% 的设备需要改变位置。布线配线系统本身由各种跳线板与跳线组成,能够方便地调整各个区域的线路连接关系。跳线可以将一个用户端口跳到其他线路,甚至可将整个楼层的线路跳到其他线路。跳线可以分为不同类型,例如,光缆跳线、电缆跳线等。

小结

本章主要讲述了以下内容。

(1) 随着以太网技术的快速发展,传统以太网已很少使用,快速以太网与千兆以太网在大量使用,万兆以太网开始投入使用。针对不同的传输介质,这些以太网都有相应的物理层标准。10BASE 系列标准是传统以太网物理层标准,支持粗缆、细缆、双绞线与光纤。100BASE系列标准是快速以太网物理层标准,支持双绞线与光纤。1000BASE 系列标准是万兆以太网物理层标准,支持双绞线与光纤。10000BASE 系列标准是 10GE 的物理层标准,主要支持光纤。

(2) 局域网组网需要使用一些基本设备,主要包括网卡、集线器、交换机、无线网卡、无线AP 等。其中,网卡、集线器与交换机用于组建有线局域网,网卡连接普通结点,集线器与交换机是中心连接设备,分别用于共享介质式与交换式局域网;无线网卡与无线 AP 用于组建无线局域网,无线网卡连接普通结点,无线 AP 是中心连接设备。

（3）当前流行的组网方式是使用双绞线组网。传统以太网组网方法包括单一集线器、多集线器级联与堆叠式集线器结构。快速以太网组网方法与传统以太网类似,只是以交换机来代替集线器。千兆以太网组网方法将交换机作为首选设备。无线局域网组网结构包括对等式、集中式与漫游式。

（4）结构化网络布线系统是按照建筑物的结构,将建筑物中所有可能放置计算机及外设的位置预先布线,然后根据实际连接的设备情况,通过调整跳线装置,将所有设备连接起来的系统。结构化布线系统通常包括以下部分：户外系统、垂直竖井系统、平面楼层系统、用户端系统、机房系统与布线配线系统。

习题

1. 单项选择题

6.1 在以下物理层标准中,支持双绞线作为传输介质的是( )。

    A. 10BASE-5　　　　　　　　　　　　B. 100BASE-FX

    C. 1000BASE-T　　　　　　　　　　　D. 10000BASE-ER

6.2 在以下端口类型中,用于连接双绞线的是( )。

    A. AUI　　　　　　　　　　　　　　B. F/O

    C. BNC　　　　　　　　　　　　　　D. RJ-45

6.3 以下关于快速以太网的描述中,错误的是( )。

    A. 快速以太网保持传统以太网帧结构不变

    B. 快速以太网中分隔物理层与 MAC 层的是 MII 接口

    C. 快速以太网仅支持集线器作为中心连接设备

    D. 快速以太网通常有 10Mb/s/100Mb/s 自适应能力

6.4 以下关于 1000BASE-SX 标准的描述中,错误的是( )。

    A. 1000BASE-SX 是 IEEE 802.3u 的物理层标准之一

    B. 1000BASE-SX 支持多模光纤作为传输介质

    C. 1000BASE-SX 支持全双工与半双工两种模式

    D. 1000BASE-SX 数据传输采用 8B/10B 编码方法

6.5 以下关于网卡的描述中,错误的是( )。

    A. 网卡通过总线电路来连接计算机

    B. 网卡使用的总线是 PCI 或 AUI

    C. 网卡可实现数据的编码与解码

    D. 网卡可实现 CSMA/CD 控制方法

6.6 以下关于交换机的描述中,错误的是( )。

    A. 交换机支持在结点之间建立多个并发连接

    B. 交换机需要维护一个端口-MAC 地址映射表

    C. 交换机的每个端口仅能连接台式计算机

    D. 交换机的 100Mb/s 全双工端口的带宽为 200Mb/s

6.7　以下关于无线 AP 的描述中,错误的是(　　)。

　　A. 无线 AP 是无线局域网的中心连接设备

　　B. 无线 AP 可分为单纯型与扩展型 AP

　　C. 无线 AP 的主要性能指标是传输距离

　　D. 无线 AP 都支持路由器与网桥功能

6.8　以下关于千兆以太网组网的描述中,错误的是(　　)。

　　A. 千兆以太网的主干部分通常使用集线器

　　B. 千兆以太网中可将千兆与百兆交换机混合使用

　　C. 千兆以太网根据网络规模可选二级或三级结构

　　D. 千兆以太网的传输介质可使用光纤与双绞线

6.9　以下关于多集线器级联结构的描述中,错误的是(　　)。

　　A. 多集线器级联结构可增加网络的结点数量

　　B. 多集线器级联结构可扩大网络的覆盖范围

　　C. 多集线器级联结构支持粗缆实现级联

　　D. 多集线器级联结构不支持双绞线实现级联

6.10　以下关于结构化布线系统的描述中,错误的是(　　)。

　　A. 结构化布线系统可在建筑物内预先安装通信线路

　　B. 结构化布线系统结构与设备位置直接相关

　　C. 结构化布线系统可连接计算机网络与电话系统

　　D. 结构化布线系统可通过调整跳线装置来完成配置

2. 填空题

6.11　根据支持的扩展方式,交换机可分为普通交换机、堆叠式交换机与＿＿＿＿＿＿。

6.12　100BASE-TX 支持的传输介质是＿＿＿＿＿＿。

6.13　10000BASE-ER 使用 $10\mu m$ 单模光纤时,光纤最大长度为＿＿＿＿＿＿。

6.14　根据支持的扩展方式,集线器可分为普通集线器与＿＿＿＿＿＿。

6.15　一台交换机有 48 个 10/100Mbps 全双工端口与 2 个 1Gb/s 全双工端口,如果所有端口都工作在全双工状态,则交换机的总带宽为＿＿＿＿＿＿。

6.16　建筑物综合布线系统的传输介质主要采用双绞线与＿＿＿＿＿＿。

6.17　1000BASE-CX 工作在全双工模式下,其传输介质的最大长度为＿＿＿＿＿＿。

6.18　无线局域网组网结构包括对等式、集中式与＿＿＿＿＿＿。

6.19　机架式交换机是一种插槽式交换机,通过不同插槽可支持不同的＿＿＿＿＿＿。

6.20　在结构化布线系统中,连接用户端系统与垂直竖井系统的是＿＿＿＿＿＿。

第 7 章　典型操作系统的网络功能

在掌握局域网组网的基本方法后,进一步学习操作系统的网络功能。本章将在介绍几种常见操作系统的基础上,以 Windows Server 2012 为例,介绍用户账号、用户组、文件与目录服务,以及 IIS 服务器的使用方法。

7.1　主要的操作系统

7.1.1　操作系统的概念

操作系统(Operating System,OS)是计算机中支撑应用程序运行与用户操作的系统软件。实际上,操作系统是一组程序的集合,用于统一管理计算机资源,协调计算机系统各部分之间、用户与系统之间的关系。操作系统的功能主要包括:处理器管理、存储管理、文件管理、设备管理与作业管理等。从概念上,操作系统分为两个部分:内核(kernel)与外壳(shell)。其中,内核是操作系统的核心部分,与计算机硬件直接交互;外壳是操作系统的外围部分,通过用户界面与用户交互。有些操作系统的内核与外壳分离(例如 UNIX、Linux 等),有些操作系统的内核与外壳关系紧密(例如 Windows、macOS X 等)。

当前的操作系统多数是具有网络功能的操作系统,用于管理网络通信与共享网络资源,协调网络环境中多个结点的任务,并向用户提供统一、有效的网络接口的软件集。这些操作系统的网络功能主要包括:网络通信、资源管理、网络服务、网络管理等。这些操作系统通常包括两个组成部分:客户端操作系统与服务器端操作系统。这类操作系统的基本任务是:屏蔽本地与网络资源的差异性,为用户提供各种网络服务。

纵观近几十年来操作系统的发展,其经历了从对等结构向非对等结构的演变过程。操作系统可分为两种类型:面向任务型与通用型。其中,面向任务型系统是为某种特定应用而设计的操作系统;通用型系统能提供基本的网络服务,并且支持用户的各种网络应用需求。通用型系统又可分为两类:变形级系统与基础级系统。其中,变形级系统是在原有的单机操作系统的基础上,通过增加网络服务功能而形成;基础级系统则是以计算机硬件为基础,根据网络服务的特殊要求而设计。

对等结构操作系统中的所有结点地位平等,安装在每个结点的系统软件相同,并且联网结点的资源可以相互共享。每台联网结点都以前后台方式工作,前台为本地用户提供服务,后台为网络用户提供服务。网络中任何两个结点之间可直接通信。对等结构系统可共享硬盘、打印机、屏幕、CPU 等。对等结构系统的优点:结构简单,任何结点之间能直接通信。对等结构系统的缺点:每个结点既要是客户端又是服务器,既要完成本地用户的任务,又要承担较重的网络通信管理与共享资源管理任务。

非对等结构操作系统分为两部分：服务器软件与客户端软件。由于服务器集中管理网络资源与服务，因此服务器是网络的中心部分。服务器运行的操作系统的功能与性能，直接决定着网络服务、系统性能与安全性。早期的非对等结构系统是共享硬盘服务系统。后来，研究者提出基于文件服务的操作系统。这种操作系统分为两个部分：文件服务器与客户端。文件服务器具有分时文件管理功能，为用户提供文件、目录的并发访问控制。目前，流行的操作系统属于基于文件服务的操作系统。

7.1.2 Windows 操作系统

Windows 是 Microsoft 公司推出的操作系统，它是一种支持网络功能的操作系统，包括不同系列和不同版本的 Windows 系统。

1. 早期的 Windows 操作系统

1992 年，Microsoft 公司推出 Windows 3.1 系统，它在 DOS 环境中增加了图形用户界面，其成功与用户的网络需求分不开。同年，Microsoft 公司推出 Windows for Workgroup 3.1，它是一种对等式结构的操作系统。1995 年，Microsoft 公司推出 Windows 95，它是一种 16 位/32 位混合的操作系统，在 PC 操作系统领域占据主导地位。1998 年，Microsoft 公司推出 Windows 98，它是在 Windows 95 的基础上发展而来。2000 年，Microsoft 公司推出 Windows ME 系统。这些操作系统都没有摆脱 DOS 的束缚。

2. Windows NT 操作系统

1993 年，Microsoft 公司推出 Windows NT 3.1，它是一种支持网络功能的 32 位操作系统。Windows NT 3.1 的缺点是对系统资源要求高。针对 Windows NT 3.1 的缺点，Microsoft 公司推出 Windows NT 3.5，它不仅降低了对 PC 配置的要求，在性能、安全与网管等方面都有提高。Windows NT 4.0 是在 Windows NT 3.5 基础上的改进版。Windows NT 操作系统可分为两部分：Windows NT Server 与 Windows NT Workstation。其中，Windows NT Server 是服务器端软件，安装在服务器中，提供各种基本的网络服务；Windows NT Workstation 是客户端软件，安装在客户机中，用于访问服务器的资源与服务。

3. Windows 2000 操作系统

2000 年，Microsoft 公司推出 Windows 2000，它是基于 Windows NT 内核的操作系统。由于 Windows NT 内核已完全成熟，Microsoft 公司决定放弃 DOS 内核的 Windows 95/98/ME。Windows 2000 可提供文件与打印、Web 等服务，具有功能强、配置容易、安全性等特点。Windows 2000 家族主要包括 4 个版本：Professional、Server、Advance Server 与 Datacenter Server 版。其中，Windows 2000 Professional 是客户端软件，Server、Advance Server 与 Datacenter Server 是服务器端软件，它们提供的网络功能与服务不同。

4. Windows XP 操作系统

2001 年，Microsoft 公司推出 Windows XP，它在 Windows 2000 的基础上开发而来。Windows XP 具备 Windows 2000 的安全性、可靠性与管理功能，以及 Windows 98 的即插即用、界面简单等优点。最初，Windows XP 只包括两个版本：Home 与 Professional 版。其中，Professional 版去掉了家庭用户不常用的功能。2003 年，Microsoft 公司推出 Windows XP 的 64 位版本。2005 年，Microsoft 公司推出两个新版本：Media Center 与 Tablet PC 版。它们分别支持特定的硬件平台，例如平板电脑。

5. Windows Server 2003 操作系统

2003 年,Microsoft 公司推出 Windows Server 2003,它是专门用于服务器的操作系统。Windows Server 2003 主要包括 4 个版本:Web、Standard、Enterprise 与 Datacenter 版。其中,Web 版主要提供 Web 服务,Standard 版主要面向中小企业,Enterprise 版提供高性能服务器与集群服务,Datacenter 版提供更高的可用性、可靠性与可扩展性。在 Windows Server 2003 的基础上,Microsoft 公司陆续推出新版服务器系统。2008 年,Microsoft 公司推出 Windows Server 2008。2012 年,Microsoft 公司推出 Windows Server 2012。从 Windows Server 2008 R2 版本开始,其内置 Hyper-V2.0 虚拟机支持动态迁移。

6. Windows Vista 操作系统

2007 年,Microsoft 公司推出 Windows Vista,它是 Windows XP 的替代版本。由于 Windows XP 内核没有考虑安全性,只能通过打补丁方式解决问题。Windows Vista 在内核方面有很大改进,操作系统部分运行在核心模式下,硬件驱动等运行在用户模式下,核心模式要求非常高的权限,这样病毒、木马等恶意软件难以破坏核心系统。由于具有兼容性差、运行速度慢等问题,用户对 Windows Vista 的欢迎程度不高。2009 年,Microsoft 公司推出 Windows 7,它是开始支持触控技术的桌面操作系统,其内核版本号为 Windows NT 6.1。2012 年,Windows 7 超越 XP 成为最受欢迎的操作系统。

7. Windows 8 操作系统

2012 年,Microsoft 公司正式推出 Windows 8,它是新一代的跨平台的桌面操作系统,其内核版本号为 Windows NT 6.2。Windows 8 的界面变化极大。在系统界面上,采用 Modern 模式的用户界面,各种程序以磁贴的样式呈现;在操作方式上,大幅改变了以往的操作逻辑,提供屏幕触控支持;在硬件兼容上,支持来自 Intel、AMD 和 ARM 的芯片架构,可用于台式计算机与平板电脑上。Windows 8 主要包括四个版本:Windows 8、Pro、Enterprise 与 RT 版。其中,Windows 8、Pro 与 Enterprise 版用于台式计算机,RT 版用于平板电脑。2013 年,Microsoft 公司推出 Windows 8.1,它是 Windows 8 系统的改进版本。2015 年,Microsoft 公司推出 Windows 10,该系统仍沿用 Windows 8 的设计思路。

7.1.3　UNIX 操作系统

UNIX 操作系统是一种典型的操作系统,它包括不同公司和研究机构的产品。1969 年,AT&T 公司的 Kenneth L. Thompson 用汇编语言编写了 UNIX 的第一个版本 V1,目的是为开发新软件的程序员提供一个工具。1973 年,Dennis M. Ritchie 重写 UNIX,在 PDP-11 上运行成为 UNIX 的第五个版本 V5,使 UNIX 具有其他操作系统没有的可移植性优势。1981 年,AT&T 公司发布 UNIX 的 System Ⅲ(或 S3)版。同年,加州大学伯克利分校在 VAX 上推出 UNIX 的伯克利版本,即人们常说的 UNIX BSD。1985 年,AT&T 公司发布 UNIX 的 System V(或 S5)版。这样,形成 UNIX 的两个主要版本:UNIX BSD 与 UNIX S5。

最初,贝尔实验室公开 UNIX 系统的源代码,允许其他厂商或研究人员在此基础上进行二次开发,这对 UNIX 研究、推广与普及有积极作用。但是,这也造成 UNIX 的版本过多,彼此之间不够兼容等缺点。各个公司的 UNIX 系统主要包括:IBM 公司的 AIX、Oracle 公司的 Solaris、HP 公司的 HP-UX 等,它们大多运行在本公司的计算机硬件上。UNIX 良好的系统功能已被广大用户接受,并有很多应用软件可运行在 UNIX 系统上。

UNIX 作为工业标准已被很多计算机厂商接受,并广泛用于大型计算机、中型计算机、小型计算机、工作站与微型计算机,特别是工作站中几乎全部采用 UNIX 系统。TCP/IP 作为 UNIX 的核心部分,使 UNIX 与 TCP/IP 共同得到了普及与发展。UNIX 原本是针对小型计算机环境开发的操作系统,采用的是集中式、分时、多用户的系统结构。由于体系结构方面的限制,UNIX 的市场占有率呈下降的趋势。但是,随着客户机/服务器工作模式的发展,基于 Intel 平台的 UNIX 系统又有了新的市场。

20 世纪 80 年代,UNIX 用户协会开始进行 UNIX 标准化。后来,这项工作由 IEEE 接手并继续执行,制定基于 UNIX 的易移植操作系统环境(POSIX)。此后,计算机厂商在 UNIX 标准上分裂为两个阵营:一个是 UNIX 国际,以 AT&T、SCO 公司为首;另一个是开放系统基金会(OSF),以 IBM、HP 公司为首。这种分工促进 UNIX 技术的迅速发展,同时也造成广大用户的困惑。1993 年,两大阵营终于走到一起,成立公共开放软件环境(COSE)组织,至此为 UNIX 标准化奠定了良好的基础。

7.1.4 Linux 操作系统

Linux 系统是一种典型的操作系统,它包括不同公司和研究机构推出的产品。Linux 设计来源于芬兰赫尔辛基大学的学生 Linus B. Torvalds。最初,Torvalds 并没有发布该系统的二进制文件,只是对外发布程序源代码。如果用户想编译该系统的源代码,还需要使用 MINIX 的编译程序。最初,Torvalds 将这个系统命名为 Freax,目标是创造一个基于 Intel 硬件、在 PC 上运行、类似于 UNIX 的新型操作系统。

Linux 系统虽然与 UNIX 系统相似,但它并不是 UNIX 的简单变种。Torvalds 从开始编写内核代码就仿效 UNIX,几乎所有 UNIX 工具与外壳都可运行于 Linux。因此,熟悉 UNIX 系统的用户很容易掌握 Linux。Torvalds 将源代码放在芬兰最大的 FTP 站点上,他认为这套系统是"Linus"的"Minix",因此建立一个名为"Linux"的目录存放源代码,结果 Linux 这个名字就开始被使用。

在以后的时间里,世界各地的 Linux 爱好者加入开发,促进 Linux 系统不断完善与自我发展,并开发出各种可在 Linux 上运行的应用程序。Linux 系统从开始就是一个编程爱好者的系统,它的出发点在于核心部分的开发,而不是对用户界面的统一处理。随着 Internet 的快速发展与广泛应用,Linux 研究成果很快散布到世界各个角落,并成为操作系统领域中的一颗新星。

Linux 是一个完全免费的操作系统。它的内核代码全部是重新编写,只是它符合 POSIX 1003.1 标准,并且所有 UNIX 命令都被实现,这一点与 UNIX 系统非常相似。实际上,Linux 只是一个操作系统内核,正确的叫法应该是 GNU/Linux 系统。1975 年,Richard Stallman 在 MIT 成立自由软件联盟(FSF),GNU 是 FSF 执行的一个计划,意思是"Gnu's Not UNIX"。Linux 就是在 GNU 的推动下发展起来的。

不同厂商的 Linux 版本只是 Linux 发行版,它们采用的核心部分是某个版本的内核。 Linux 内核一直在进行升级,其内核版本号在不断变化,当前较新的版本是 Linux Kernel V4. 14.x。目前,常见的 Linux 发行版主要包括:Red Hat、Mandrake、Slackware、SUSE、Debian、 Ubuntu、CentOS,以及国内的蓝点、红旗 Linux 等。

Linux 系统适合作为 Internet 服务平台,其源代码开放、安装与配置简单,对广大网络用户有着很大的吸引力。目前,Linux 常用于各种 Internet 应用服务器,例如 DNS、Web、E-mail 与 FTP 服务器等。Linux 与 Windows 等传统操作系统相比,最大的区别在于它的源代码开放,正是这一点使它获得用户的广泛关注。

7.2　用户账号的使用

用户账号是维护操作系统安全的基本手段。操作系统通过用户账号来辨别用户身份,合法用户可登录计算机并访问本地资源,或通过网络访问计算机的共享资源。服务器的用户管理是网络安全的第一道防线。

7.2.1　用户账号的概念

从 Windows 3.2 操作系统开始,用户需通过用户账号来登录计算机。从 Windows NT 操作系统出现后,其 NTFS 文件系统允许为用户设置权限,限制不同用户对文件资源的访问权限,例如读取、写入、修改、运行等,从而有效增强了计算机的安全管理。实际上,用户账号是本地安全数据库中的用户信息,包括用户名、密码、所属组与访问权限等。用户只有输入正确的用户名与密码后,通过 Windows Server 2012 的身份认证,才能访问自己拥有权限的计算机资源或服务。

Windows Server 2012 支持两种用户账号:本地账号与域账号。其中,本地账号是建立在一台独立服务器中,并在本地的安全数据库中加密存储。用户利用本地账号登录某台服务器时,该服务器在安全数据库中检查账号合法性,并为用户赋予对本地资源的相应访问权限。这种本地账号仅存在于一台服务器中,通常适用于在工作组网络中,可以为工作组中的每个用户分别建立账号。如果网络资源集中在一台服务器中,在该服务器中为每个用户建立账号,用户登录该服务器就可访问相应资源。

如果网络中的资源分布在几台服务器中,可以将这些服务器组织在一个域中,通过这种域结构为用户分配多台服务器的访问权限。域账号是建立在一个域控制器中,并在该域的活动目录(active directory)中加密存储。用户利用域账号登录某个域控制器时,该控制器在安全数据库中检查账号合法性,并为用户赋予对域中资源的相应访问权限。当某个域控制器建立一个域账号后,该账号会自动复制到该域中的其他控制器。域中的所有控制器都有权审核域账号的用户身份。

Windows Server 2012 提供了两个内置的本地账号。

(1) Administrator:管理员账号,拥有最高权限,通常在系统安装时由安装者指定。该账号可以改名、禁用,但不能删除。

(2) Guest:访客账号,仅拥有少数权限,供临时访问服务器的用户使用。该账号可以改名、禁用,但不能删除。

在 Windows Server 2012 系统中,每个用户账号会分配唯一的安全标识码(Security IDentifier,SID),用户账号的权限设置是通过 SID 来设置,而不是使用该账号的用户名。SID 不会被重复使用,即使在某个账号被删除后,再添加一个相同名称的账号,它也不会拥有原来账户的访问权限。

Windows Server 2012 的管理工具集是“服务器管理器”(如图 7-1 所示),它可以管理本地服务器、所有服务器、文件和存储服务等。其中,本地服务器是指操作系统所在的服务器;所有服务器是指某个域中的域控制器与独立服务器。服务器管理器提供了各种管理工具(右上角的“工具”选项),主要包括:计算机管理、服务、系统配置、事件查看器、任务计划程序、本地安全策略、Windows 防火墙等。

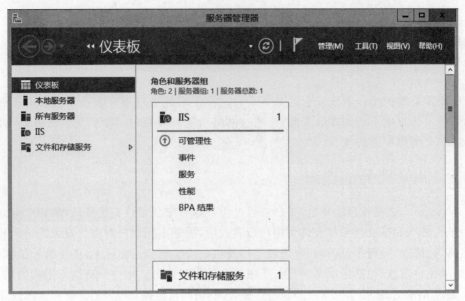

图 7-1 "服务器管理器"窗口

7.2.2 用户账号的创建

用户账号包含用户名与密码。用户名的命名规则包括:用户名必须唯一,不能与已有账号或组名相同,不能包含特殊字符等。密码设置则要符合复杂性要求,最少由 6 个字符组成,包含四种字符中的三种:英文大写字母、英文小写字母、十进制数、非英文字符。本地安全策略可设置用户账号与密码复杂性要求。

如果管理员要创建新的用户账号,可以按以下步骤进行操作。

(1) 在"服务器管理器"窗口,单击右上角的"工具"选项,在弹出菜单中选择"计算机管理"选项,出现"计算机管理"窗口(如图 7-2 所示)。在中间的列表框中,列出了已有的用户账号,例如 Administrator 与 Guest。在左侧的树状列表中,选择操作对象(例如"用户"),单击鼠标右键,在弹出菜单中选择"新用户"选项。

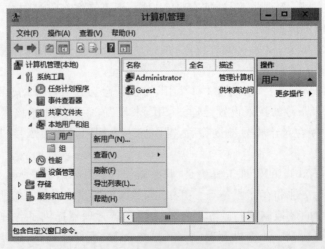

图 7-2 "计算机管理"窗口

（2）出现"新用户"对话框（如图 7-3 所示）。在"用户名"框中，输入用户名（例如"zhangsan"）；在"密码"框中，输入用户密码；在"确认密码"框中，再次输入同一密码。在完成输入后，单击"创建"按钮。

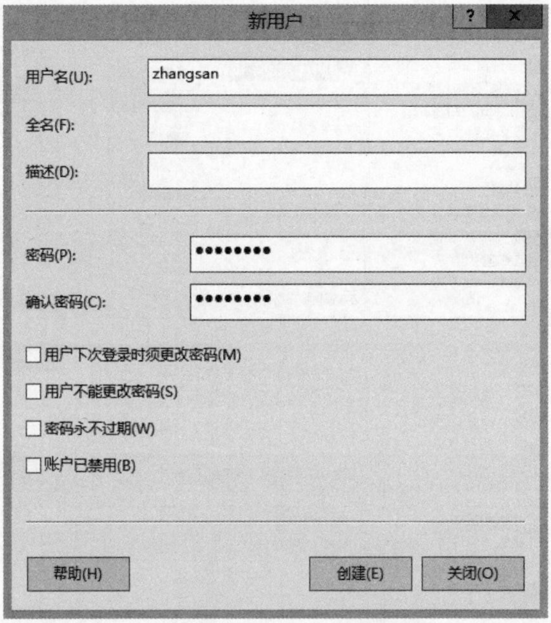

图 7-3 "新用户"对话框

（3）返回"计算机管理"窗口。这时，在中间的列表框中，将会出现新创建的用户账号（例如"zhangsan"）。

7.2.3 用户账号的管理

管理员可以管理所有的用户账号，该操作需要有 Administrator 或同等权限。用户账号的管理操作主要包括：设置账号属性、修改账号密码、删除用户账号、重命名账号，以及禁用与启用账号等。

1. 设置账号属性

如果管理员要设置某个用户账号的属性，可以按以下步骤进行操作：

（1）打开"计算机管理"窗口。在中间的列表框中，选择操作对象（例如"zhangsan"），单击鼠标右键，在弹出菜单中选择"属性"选项（如图 7-4 所示）。

（2）出现"zhangsan 属性"对话框（如图 7-5 所示）。在"常规"选项卡中，用户可修改用户名、禁用账号、要求更改密码等。用户要禁用账号，可选中"账号已禁用"复选框；用户必须修改密码，选中"用户下次登录时须更改密码"复选框。在完成操作后，单击"确定"按钮。

2. 修改账号密码

如果管理员要修改某个用户账号的密码，可以按以下步骤进行操作。

（1）打开"计算机管理"窗口，在中间的列表框中，选择操作对象（例如"zhangsan"），单击鼠标右键，在弹出菜单中选择"设置密码"选项。

（2）出现"为 zhangsan 设置密码"对话框（如图 7-6 所示）。在"新密码"框中，输入新的密

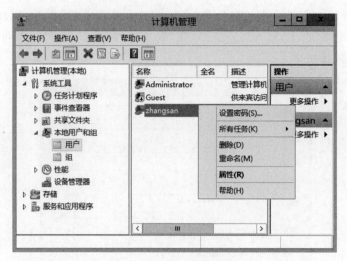

图 7-4　选择"属性"选项

图 7-5　"zhangsan 属性"对话框

码;在"确认密码"框中,再次输入同一密码。在完成输入后,单击"确定"按钮。

3. 删除用户账号

如果管理员要删除某个用户账号,可以按以下步骤进行操作。

(1)打开"计算机管理"窗口,在中间的列表框中,选择操作对象(例如"zhangsan"),单击鼠标右键,在弹出菜单中选择"删除"选项。

(2)出现"本地用户和组"对话框(如图 7-7 所示)。该对话框中给出了删除用户账号的提示信息。若用户确认要删除该用户账号,单击"是"按钮。

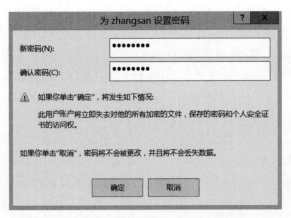

图 7-6　"为 zhangsan 设置密码"对话框

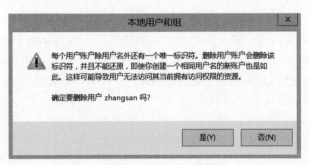

图 7-7　"本地用户和组"对话框

7.3　用户组的使用

Windows Server 2012 可基于组来管理用户账号。对于组成员的划分需要很清晰,这样有利于管理大型的网络系统。

7.3.1　用户组的概念

用户组是一种针对用户账号的逻辑单位,将具有相同属性或特点的用户形成组,这样做的主要目的是方便管理与使用。组账号是包含多个用户账号的集合,但是组账号并不能用于登录到服务器。管理员可通过某个组同时向一组用户分配权限。一个用户账号可以同时是多个组的成员。

Windows Server 2012 支持两种组账号:本地组与域组。其中,本地组是建立在一台独立服务器中,其中的用户账号都是本地账号。Windows Server 2012 内置的本地组主要包括:Administrators、Guests、Backup Operators、Print Operators、Power Users、Users 等。其中,Administrators 是管理员组,包含 Administrator 与同等权限账号;Guests 是访客组,包含 Guest 与同等权限账号;Backup Operators 是备份操作员组;Print Operators 是打印操作员组。

本地组是运行在工作组模式下的用户组,而域组是运行在域模式下的用户组。每个域组都有一个作用域,以确定其在域中的作用范围。从这个角度来看,域组主要分为三种类型:域本地组、全局组与通用组。其中,域本地组(domain local group)主要用于设置其在所属域中的权限,以便用户访问该域中的资源。Windows Server 2012 内置的域本地组主要包括:Administrators、Power Users、Guests、Backup Operators、Print Operators、Account Operators、Server Operators、Users 等。

全局组(global group)主要功能是组织用户,可包含同一域中的用户账号或全局组,它的作用范围是所有域。Windows Server 2012 内置的全局组主要包括:Domain Admins、Domain Guests、Domain Users、Domain Controllers、Domain Computers 等。通用组(universal group)主要功能是组织用户,可包含所有域中的用户账号、全局组或通用组,它的作用范围是所有域。Windows Server 2012 内置的通用组主要包括:Enterprise Admins、Schema Admins 等。

在 Windows Server 2012 中,还存在一些特殊的、类似于组的对象,它们中的成员无法更改。这些特殊的组主要包括:Everyone、Authenticated Users、Interactive、Network、Anonymous Login 等。其中,Everyone 包含任何用户,Authenticated Users 包含任何合法登录的用户,Interactive 包含任何在本地登录的用户,Network 包含任何通过网络登录的用户,Anonymous Login 包含任何非法登录的用户。

7.3.2 用户组的创建

内置的用户组通常可满足基本的系统管理需求。管理员可以根据需要创建一些用户组,并为其成员分配一定的访问权限。只有 Administrators 与 Power Users 组成员才有权限来创建本地组。组账号的命名规则与用户账号类似,用户名必须唯一,不能与已有账号或组名相同,不能包含特殊字符。

如果管理员要创建新的用户组,可以按以下步骤进行操作。

(1) 在"服务器管理器"窗口,单击右上角的"工具"选项,在弹出菜单中选择"计算机管理"选项,出现"计算机管理"窗口。在中间的列表框中,列出了已有的用户组,例如 Administrators、Power Users、Guest 等。在左侧的树状列表中,选择操作对象(例如"组"),单击鼠标右键,在弹出菜单中选择"新建组"选项(如图 7-8 所示)。

(2) 出现"新建组"对话框(如图 7-9 所示)。在"组名"框中,输入用户组的名称(例如"student");在"成员"框中,将会列出所有的组成员,当前没有任何成员。用户要添加组成员,可单击"添加"按钮。

(3) 出现"选择用户"对话框(如图 7-10 所示)。在"选择此对象类型"框中,显示对象类型;在"查找位置"框中,显示服务器名称;在"输入对象名称来选择"框中,输入用户账号的名称(例如"zhangsan")。在完成输入后,单击"确定"按钮。

(4) 返回"新建组"对话框(如图 7-11 所示)。在"成员"框中,将会列出所有的组成员(例如"zhangsan")。用户要创建用户组,可单击"确定"按钮。

(5) 返回"计算机管理"窗口。这时,在中间的列表框中,将会出现新创建的用户组(例如"student")。

图 7-8　选择"新建组"选择

图 7-9　"新建组"对话框

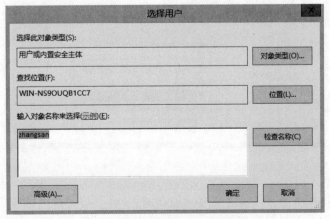

图 7-10　"选择用户"对话框

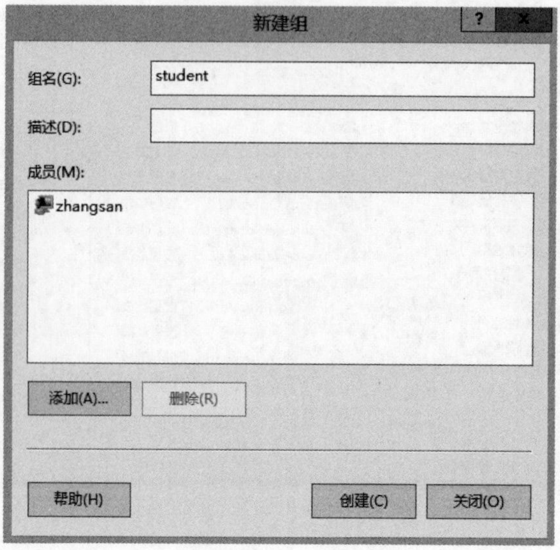

图 7-11　新建组

7.2.3　用户组的管理

　　管理员可以管理所有的用户组账号，该操作需要有 Administrator 或同等权限。用户组账号的管理操作主要包括：设置组账号属性、删除组账号、重命名用户组等。

1. 设置组账号属性

　　如果管理员要设置某个组账号的属性，可以按以下步骤进行操作。

　　（1）打开"计算机管理"窗口，在中间的列表框中，选择操作对象（例如"student"）。在菜单栏中，依次选择"操作"→"属性"选项（如图 7-12 所示）。

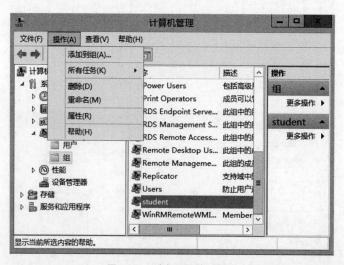

图 7-12　选择"属性"选项

　　（2）出现"student 属性"对话框（如图 7-13 所示）。在"成员"框中，将会列出新添加的组成员（例如"zhangsan"）。如果要添加其他成员，可单击"添加"按钮；如果要删除某个成员，可单击"删除"按钮。在完成操作后，单击"确定"按钮。

图 7-13 "student 属性"对话框

2. 删除组账号

如果管理员要删除某个组账号,可以按以下步骤进行操作。

(1) 打开"计算机管理"窗口。在中间的列表框中,选择操作对象(例如"student")。在菜单栏中,依次选择"操作"→"删除"选项。

(2) 出现"本地用户和组"对话框(如图 7-14 所示)。该对话框中给出了删除组账号的提示信息。用户确认要删除该组账号后,单击"是"按钮。

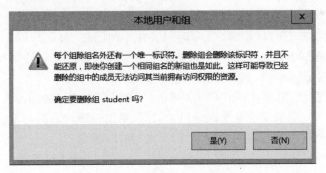

图 7-14 "本地用户和组"对话框

7.4 共享目录的使用

文件系统是操作系统中的重要组成部分,负责提供实际的文件与目录服务。只有将某个目录设置为共享状态,其他用户才能通过网络访问其中的文件。

7.4.1　共享目录的概念

文件系统是对存储设备的空间进行组织与分配,负责文件的存储、检索以及保护的系统。目前,Windows 系统中常见的文件系统包括：FAT、FAT32 与 NTFS。其中,FAT 是早期的 16 位文件分配表系统;FAT32 是改进的 32 位文件分配表系统,可支持的磁盘大小达到 2TB。NTFS 是一种基于安全性的文件系统,它建立在保护文件与目录数据的基础上。FAT32 仅支持设置共享方式的访问权限,而没有文件与目录的访问权限。NTFS 不仅可设置共享方式的访问权限,还可针对文件与目录来设置访问权限。

在 Windows 系统构成的网络环境中,用户除了可以使用本地资源之外,还可以使用其他计算机中的资源。共享资源是指同一个资源可被多个用户使用,这些资源主要包括硬件、软件、数据等。实际上,共享软件资源就是对文件与目录的共享。当某个目录被设置为共享状态时,需要为该目录起一个共享名,该名称与目录名可相同或不同。网络用户可以通过这个共享名来访问相应的目录。管理员有必要为共享目录设置共享权限,以限制网络用户对该目录与其中文件的访问权限。共享权限包括以下 3 种。

(1) 读取权限：分配给 Everyone 组的默认权限,允许查看子目录与文件名、查看文件中的数据、运行程序文件。

(2) 更改权限：不是任何组的默认权限,除了允许所有的读取权限之外,还允许添加子目录与文件、修改文件中的数据、删除子目录与文件。

(3) 完全控制权限：分配给本地组 Administrators 的默认权限,除了允许所有的更改权限之外,还拥有文件与目录的 NTFS 权限,主要包括读取、写入、执行、修改、完全控制等。

7.4.2　共享目录的设置

如果管理员要将某个目录设置为共享,可以按以下步骤进行操作。

(1) 打开"这台电脑"窗口(如图 7-15 所示)。选择要设置共享的目录(例如"文档"),单击鼠标右键,在弹出菜单中依次选择"共享"→"特定用户"选项。

(2) 出现"文件共享"窗口(如图 7-16 所示)。在中间的列表框中,将会列出有权限的用户或组账号,例如 Administrator,它是该目录的所有者。如果要添加新的账号,可在上面的框中输入账号名(例如"Everyone"),然后单击"添加"按钮。

(3) 进入"文件共享"第 2 步(如图 7-17 所示)。在中间的列表框中,将会列出新添加的账号(例如"Everyone")。如果要为某个账号设置权限,单击该账号右侧的下箭头,在弹出菜单中选择相应权限(例如"读取")。在完成设置后,单击"共享"按钮。

(4) 进入"文件共享"第 3 步(如图 7-18 所示)。在中间的框中,显示了该目录在网络中的共享名。用户确认要共享该目录,单击"完成"按钮。

7.4.3　共享目录的取消

如果管理员要取消某个目录的共享,可以按以下步骤进行操作。

(1) 打开"这台电脑"窗口。选择要取消共享的目录(例如"文档"),单击鼠标右键,在弹出菜单中依次选择"共享"→"停止共享"选项(如图 7-19 所示)。

(2) 出现"文件共享"窗口。用户要取消该目录的共享,可单击"停止共享"按钮(如图 7-20 所示)。

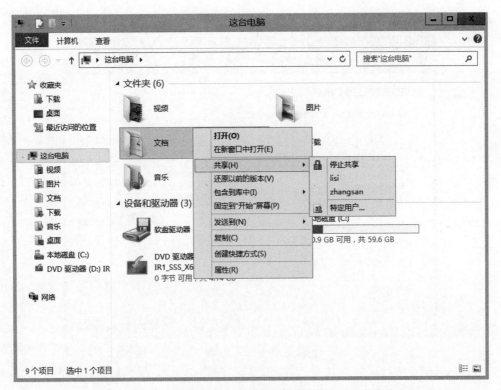

图 7-15 "这台电脑"窗口

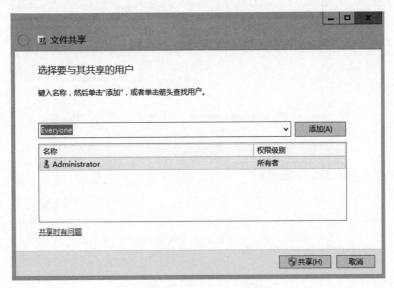

图 7-16 "文件共享"窗口

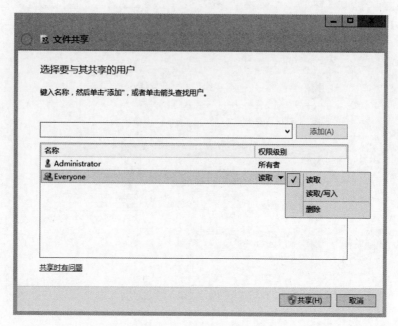

图 7-17 "文件共享"第 2 步

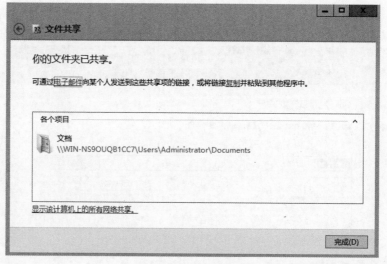

图 7-18 "文件共享"第 3 步

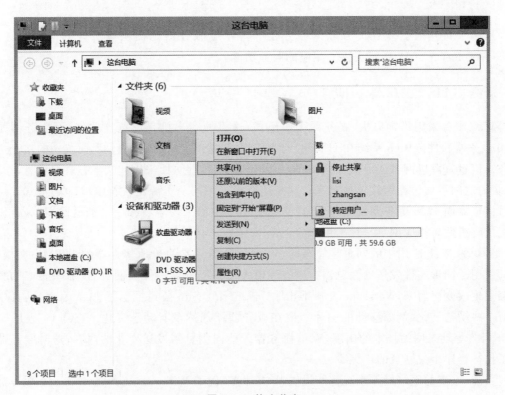

图 7-19　停止共享

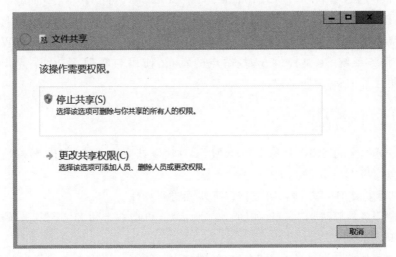

图 7-20　取消目录的共享

7.5　Web 服务器的使用

Web 服务是最受欢迎的互联网服务之一。Web 服务器是提供该服务的应用服务器，Windows Server 2012 系统提供了相应的服务功能。

7.5.1　IIS 服务器的概念

Web 服务采用了客户机/服务器工作模式，这里的客户机是浏览器软件，而服务器是指 Web 服务器软件。Web 系统在 HTML 与 HTTP 的基础上，为用户提供界面统一的信息浏览服务。信息资源以网页的形式存储在 Web 服务器中，这些页面采用超文本方式对信息进行组织，页面之间可通过超链接连接起来。这些超链接采用同一资源定位符(URL)的形式。用户通过浏览器向 Web 服务器发出请求，Web 服务器根据请求内容将相应文档返回浏览器，浏览器经过解析后将相应网页呈现给用户。

最初的 Web 应用中的网页是静态的，Web 服务器只是简单地将存储的 HTML 文档，以及其引用的图形文件发送给浏览器。只有编辑人员在服务器中修改网页后，那些相应的页面才会发生改变。后来，Netscape 公司推出了 JavaScript，Sun 公司推出了 Java 语言，网页中开始有一些动态变化(例如移动的图片)，但在服务器端仍然没有动态变化。直到 CGI、ISAPI、ASP、JSP 等动态网站技术的出现，Web 服务器才能向浏览器发送变化的内容，这时服务器增加了执行程序生成网页的步骤。

目前，主流的网络操作系统都能提供 Web 服务，例如 Windows、UNIX、Linux 等服务器版本。这类 Windows 系统主要是 Windows Server 2008 与 Windows Server 2012。另外，还有一些免费的 Web 服务器软件，例如 Apache、Sambar、CERN 等。其中，Apache 是当前很流行的 Web 服务器，其源代码完全开放，支持 Windows、UNIX 等多种平台，可支撑每天数百万人次访问的大型网站。Internet 信息服务(Internet Information Service，IIS)是 Windows 系统提供的 Web 服务系统，主要提供 Web 站点的发布、使用与管理等功能。Windows Server 2012 系统中集成了 IIS 8.5 服务组件。

7.5.2　IIS 服务器的安装

在 Windows Server 2012 中安装 Web 服务，这时默认安装的就是 IIS 服务器。注意，安装 IIS 的计算机需要设置一个静态 IP。

如果用户要安装 IIS 服务器，可以按以下步骤进行操作。

(1) 打开"服务器管理器"窗口(如图 7-21 所示)。单击右上角的"管理"选项，在弹出菜单中选择"添加角色和功能"选项。

(2) 进入"添加角色和功能向导"窗口(如图 7-22 所示)。用户需要选择安装类型，可选择基于服务器或虚拟机安装。如果要选择基于服务器安装，选中"基于角色或基于功能的安装"单选按钮。在完成设置后，单击"下一步"按钮。

(3) 进入"添加角色和功能向导"第 2 步(如图 7-23 所示)。用户需要选择安装位置，可选择服务器或虚拟硬盘。如果要选择服务器，选中"从服务器池中选择服务器"单选按钮，在下面

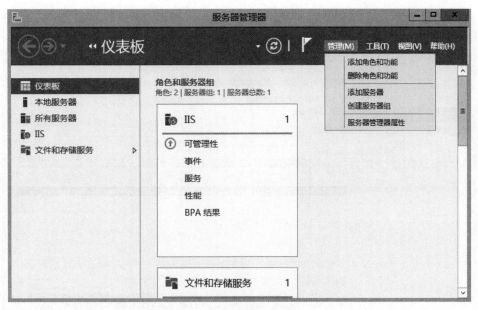

图 7-21　"服务器管理器"窗口

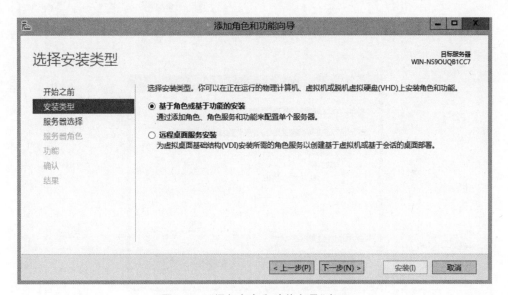

图 7-22　"添加角色和功能向导"窗口

的列表中选择某台服务器。在完成设置后,单击"下一步"按钮。

（4）进入"添加角色和功能向导"第 3 步（如图 7-24 所示）。用户需要添加服务器功能,例如某些管理工具。如果要安装管理工具,选中"包括管理工具"复选框。在完成设置后,单击"添加功能"按钮。

（5）进入"添加角色和功能向导"第 4 步（如图 7-25 所示）。用户需要选择服务器角色,可选择系统提供的各种服务器。如果要选择某个角色,在"角色"列表框中,选中"Web 服务器（IIS）"复选框。在完成设置后,单击"下一步"按钮。

（6）进入"添加角色和功能向导"第 5 步（如图 7-26 所示）。用户需要选择角色服务,包括

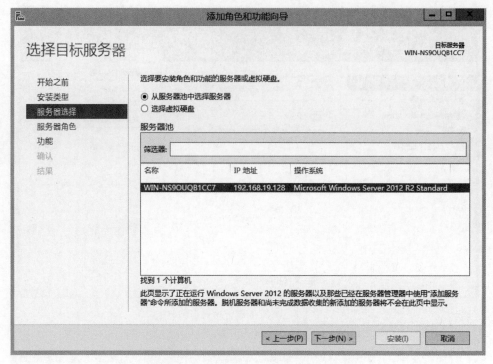

图 7-23 "添加角色和功能向导"第 2 步

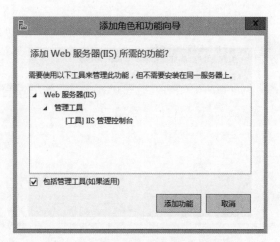

图 7-24 "添加角色和功能向导"第 3 步

安全性、常见 HTTP 功能等。如果要选择某项服务,在"角色服务"列表框中,选中相应的复选框。在完成设置后,单击"下一步"按钮。

(7) 进入"添加角色和功能向导"第 6 步(如图 7-27 所示)。在中间的列表框中,列出了详细的安装信息。用户确认安装 IIS 服务器,单击"安装"按钮。

(8) 进入"添加角色和功能向导"第 7 步(如图 7-28 所示)。在中间的进度条中,显示了详细的安装进度。在安装成功后,单击"关闭"按钮。

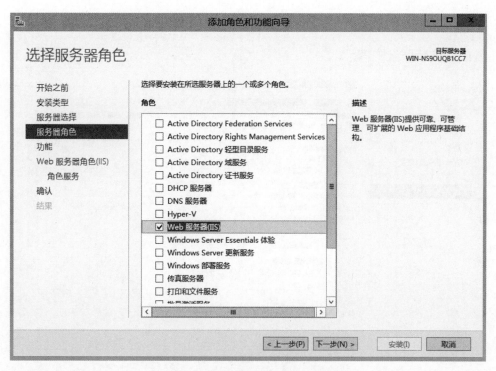

图 7-25　"添加角色和功能向导"第 4 步

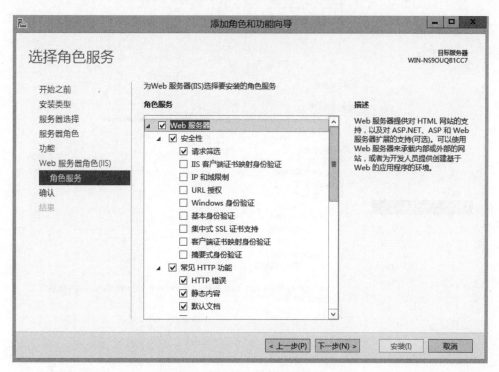

图 7-26　"添加角色和功能向导"第 5 步

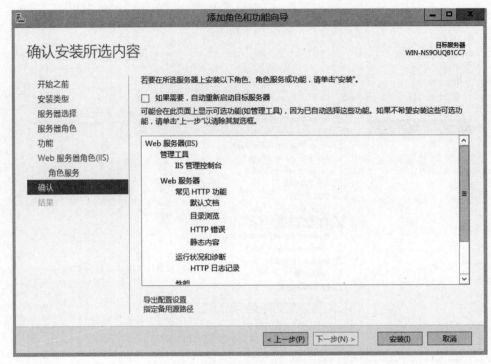

图 7-27 "添加角色和功能向导"第 6 步

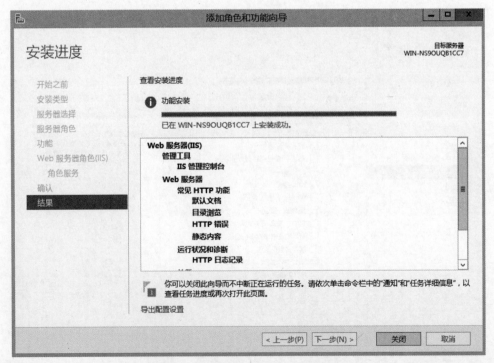

图 7-28 "添加角色和功能向导"第 7 步

7.5.3　IIS 服务器的配置

在 Windows Server 2012 系统中,IIS 管理器负责对 Web 站点进行管理,通过"服务器管理器"→"工具"→"Internet Information Services(IIS)管理器"选项打开。

如果用户要配置 IIS 服务器,可以按以下步骤进行操作。

(1) 打开"服务器管理器"窗口(如图 7-29 所示)。单击右上角的"工具"选项,在弹出菜单中选择"Internet Information Services(IIS)"选项。

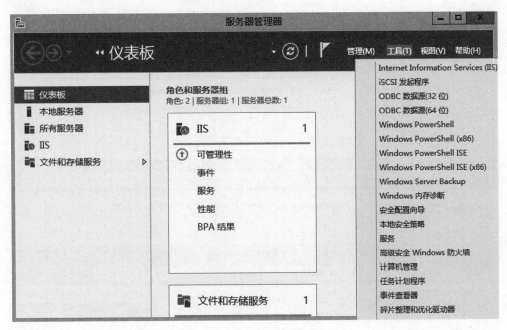

图 7-29　"服务器管理器"窗口

(2) 打开"Internet Information Services(IIS)管理器"窗口(如图 7-30 所示)。在左侧的树状列表中,列出了 IIS 服务器的层次结构。在中间的列表框中,列出了 IIS 服务器的相关信息,包括最近的连接、连接任务、联机资源等。在左侧的树状列表中,依次展开树状结构,并单击"网站"选项。

(3) 进入"网站"面板(如图 7-31 所示)。在中间的列表框中,列出了 Web 站点的详细信息,例如名称、ID、状态、绑定等。在右侧的操作列表中,列出了可选择的操作,例如添加网站、网站默认设置等。在左侧的树状列表中,单击 Default Web Site 选项。

(4) 进入"Default Web Site 主页"面板(如图 7-32 所示)。在中间的列表框中,列出了提供的所有功能,例如 HTTP 相应标头、MIME 类型、SSL 设置等。在右侧的操作列表中,列出了可选择的操作,例如启动、停止、浏览等。用户要修改网站相关信息,在右侧的操作列表中,单击"基本设置"选项。

(5) 出现"编辑网站"对话框(如图 7-33 所示)。其中,列出了网站名称、应用程序池,如果需要修改这些选项,单击右侧的"选择"按钮;列出了在服务器磁盘中的位置,"inetpub\wwwroot"是网站的根目录,如果需要修改物理路径目录,单击右侧的"…"按钮。在完成设置后,单击"确定"按钮。

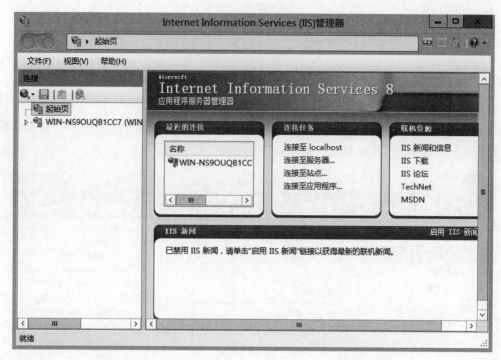

图 7-30　"Internet Information Services(IIS)管理器"窗口

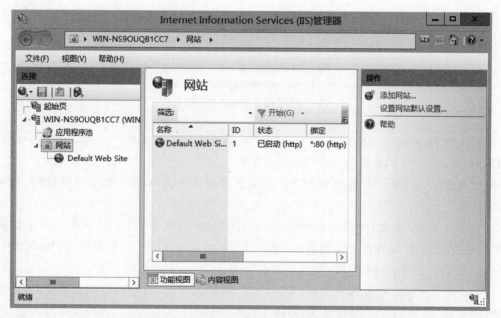

图 7-31　"Internet Information Services(IIS)管理器"窗口"网站"面板

(6) 返回"Internet Information Services(IIS)管理器"窗口,在右侧的操作列表中,单击"编辑权限"选项,出现"wwwroot 属性"对话框(如图 7-34 所示)。其中,列出了网站根目录的相关属性,例如常规、共享、安全等方面。如果需要设置访问权限,单击"安全"标签,进入"安全"选项卡。在"组或用户名"列表中,列出了所有用户及其权限,其中的"IIS_IUSRS"是网站

图 7-32 "Internet Information Services(IIS)管理器"窗口"Default Web Site 主页"面板

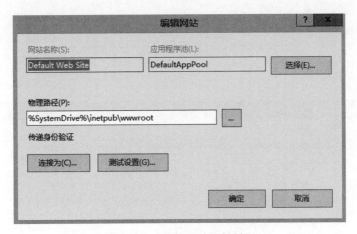

图 7-33 "编辑网站"对话框

访客组,它拥有读取和执行、列出文件夹内容、读取权限。在完成设置后,单击"确定"按钮。

(7)返回"Internet Information Services(IIS)管理器"窗口,在右侧的操作列表中,单击"浏览"按钮,出现 wwwroot 窗口(如图 7-35 所示)。其中,列出了该网站包含的所有文档。在网站的根目录"wwwroot"下,包含"iisstart.htm"与"iis-85.png"两个文件,分别是网站主页与链接图片的文件。

(8)打开 IE 浏览器(如图 7-36 所示)。在地址栏中,输入网站所在目录与文件名,例如"C:\inetpub\wwwroot\iisstart.htm",按回车键,打开这个主页。

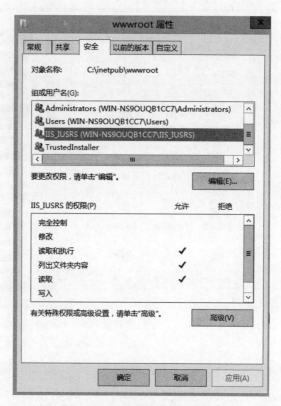

图 7-34 "wwwroot 属性"对话框

图 7-35 wwwroot 窗口

图 7-36 IE 浏览器

小结

（1）当前的操作系统多数是具有网络功能的操作系统，用于管理网络通信与共享网络资源，协调网络环境中多个结点的任务，并向用户提供统一、有效的网络接口的软件集。常用的操作系统软件主要包括：Windows、UNIX、Linux 等系列。

（2）用户账号是本地安全数据库中的用户信息，包括用户名、密码、所属组与访问权限等。用户账号主要分为两类：本地账号与域账号。本地账号的作用范围是独立的服务器，域账号的作用范围是多台服务器组成的域。内置的本地账号是 Administrator 与 Guest。

（3）用户组是一种针对用户账号的逻辑单位，将具有相同属性或特点的用户形成组。组账号主要分为两类：本地组与域组。它们的作用范围与用户账号类似。根据在域中的作用范围大小，域组又分为三种类型：域本地组、全局组与通用组。

（4）文件系统是操作系统中的重要组成部分，负责提供实际的文件与目录服务。只有将某个目录设置为共享状态，其他用户才能通过网络访问其中的文件。共享权限用于限制用户对该目录与其中文件的网络访问。共享权限主要包括读取、修改与完全控制。

（5）Web 服务器是提供 Web 服务的应用服务器。IIS 是 Windows 操作系统提供的 Web 服务，主要提供 Web 站点的发布、使用与管理等功能。Windows Server 2012 系统中集成了 IIS 8.5 服务组件。

习题

1. 单项选择题

7.1 在 Windows Server 2012 中,拥有最大权限的用户账号是( )。

A. Administrator B. Server Operator

C. Guest D. Backup Operator

7.2 Solaris 软件所属的操作系统类型是( )。

A. Windows B. Linux C. NetWare D. UNIX

7.3 以下关于 Windows 操作系统的描述中,错误的是( )。

A. Windows 由 Microsoft 公司开发

B. Windows 是一种开源的操作系统

C. Windows 通常提供文件与网络服务

D. Windows 分为客户端与服务器软件

7.4 以下关于 UNIX 操作系统的描述中,错误的是( )。

A. UNIX 由不同公司或研究机构开发

B. UNIX 第一个版本由汇编语言编写

C. UNIX 采用分布式、单任务的结构

D. UNIX 版本比较多,兼容性不够好

7.5 以下关于 Linux 操作系统的描述中,错误的是( )。

A. Linux 由不同公司或研究机构开发

B. Linux 是不开源的商业操作系统

C. Linux 主要部分是操作系统内核

D. Linux 可用作 Internet 应用服务器

7.6 以下关于 IIS 软件的描述中,错误的是( )。

A. IIS 是一种 Web 服务器 B. IIS 是 Windows 的组件

C. IIS 可用于搭建 Web 站点 D. IIS 是 Hyper-V 的客户端

2. 填空题

7.7 Windows NT 操作系统分为 Windows NT Server 与_____。

7.8 AIX 软件是一种由 IBM 公司开发的_____。

7.9 Linux 操作系统的最大特点是开放_____。

7.10 在 Windows Server 2012 内置账号中,供访客临时使用的是_____。

7.11 在 Windows Server 2012 共享权限中,拥有最大权限的是_____。

7.12 在 Windows Server 2012 特殊组中,包含任何一个用户的是_____。

第 8 章　Internet 接入方法

如果用户想要使用各种 Internet 服务，首先要将自己的计算机接入 Internet。本章将系统地讨论 Internet 接入的基本概念、宽带接入以及局域网接入的工作过程。

8.1　Internet 接入的基本概念

无论用户要上网浏览、收发邮件或传输文件，首先需要将自己的计算机接入 Internet，选择合适的接入方式是用户面临的首要问题。

8.1.1　ISP 的概念

Internet 服务提供者（Internet Service Provider，ISP）是 Internet 接入服务的提供者，任何用户都需要使用 ISP 提供的接入服务。

1. ISP 的工作原理

按照使用的传输网络不同，Internet 接入方式主要分为 3 种：电话网接入、局域网接入与有线电视网接入。其中，电话网接入是家庭用户使用调制解调器或 ADSL 调制解调器，通过电话网接入 Internet 的方式。局域网接入是家庭或单位用户使用路由器，通过专用线路（例如光纤）接入 Internet 的方式。有线电视网接入是家庭用户使用电缆调制解调器，通过有线电视网接入 Internet 的方式。早期的电话网接入方式是拨号接入，后期的电话网接入方式主要是 ADSL 接入，它是宽带接入的一种主要方式。

Internet 接入可能有很多种方式，但是任何接入方式都需要通过 ISP。图 8-1 给出了 ISP 的工作原理。无论采用哪种接入方式，用户首先要连接 ISP 的接入服务器，然后通过 ISP 的网络与出口接入 Internet，进而使用 Internet 提供的服务功能。ISP 主要分为两种类型：主干网 ISP 与其他 ISP。其中，主干网 ISP 是拥有国际出口的主干网运营商，例如，中国联通、中国电信、中国移动等电信网，以及 CERNET、CSTNET 等教育与科研网络；其他 ISP 是租用主干网线路的 ISP，它们通常集中在我国的大中型城市。

2. ISP 的选择方法

在用户选择 ISP 时，需要考虑 ISP 提供的服务质量，主要包括带宽、价格与便于使用等因素。这时，通常要注意以下几个问题。

（1）用户要考虑 ISP 的所在位置，优先考虑选择本地的 ISP。这样，用户可花费更少的通信费用，并获得更可靠的通信线路。

（2）用户要考虑 ISP 的传输带宽，它关系到能获得的最大传输速率。例如，拨号接入可提

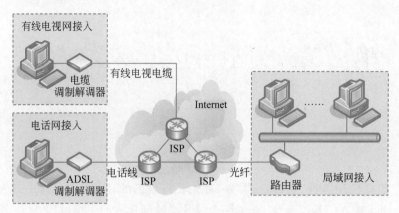

图 8-1　ISP 的工作原理

供 56kb/s 的传输速率,宽带接入可提供 2Mb/s 甚至更高的速率。

（3）用户要考虑 ISP 的可靠性。ISP 能否保证用户顺利建立连接,在连接建立后能否保证不中断,以及域名服务器能否可靠提供服务。

（4）用户要考虑 ISP 的出口带宽。所有用户共享 ISP 的国际出口带宽,如果 ISP 的出口带宽比较窄,将成为用户访问国际站点的瓶颈。

（5）用户要考虑 ISP 的收费标准。ISP 通常会提供不同的收费标准,例如,根据建立连接的时间来收费,以及采用包月的收费方法等。

8.1.2　宽带接入的概念

宽带接入是指用户计算机使用宽带连接设备,通过某种网络(例如电话网或有线电视网)与 ISP 建立连接,然后通过 ISP 线路接入 Internet 的方式。为了区别于传统的拨号接入方式,通常传输速率超过 256kb/s 的接入方式称为宽带接入。虽然宽带接入与拨号接入都可能使用普通电话线,但是它们使用的接入设备不同。宽带接入提供的传输速率比拨号上网快得多。近年来,我国宽带接入的发展速度非常快,各个 ISP 都在推广自己的宽带接入方式,例如,ADSL 接入与 HFC 接入方式。

1. ADSL 接入

ADSL 接入使用的接入设备是 ADSL 调制解调器(ADSL modem),它的最大传输速率可达 8Mb/s。ADSL 接入的最大优点是不需要特殊的传输线路,只需使用覆盖很广的传统电话网中的电话线,因此 ADSL 接入常用于家庭用户接入。图 8-2 给出了 ADSL 接入的工作原理。用户的计算机通过 ADSL 调制解调器连接电话网,ISP 的接入服务器通过 ADSL 调制解调器池(由很多 ADSL 调制解调器构成)连接电话网。当用户的计算机需要访问 Internet 时,用户

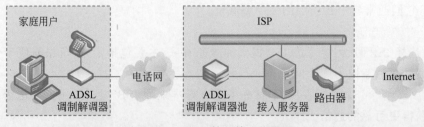

图 8-2　ADSL 接入的工作原理

的 ADSL 调制解调器与 ISP 的某个 ADSL 调制解调器建立连接,并进而与接入服务器建立连接,ISP 自动为用户分配一个 IP 地址,这时用户可通过 ISP 的线路访问 Internet。

传统的调制解调器将计算机产生的数字信号调制成模拟信号,通过普通电话线传输这些模拟信号,在接收端将模拟信号解调成计算机识别的数字信号。ADSL 调制解调器直接发送与接收计算机的数字信号,无须完成数字信号与模拟信号之间的转换。实际上,在传统的电话网中仅提供电话服务,电话线传输的语音信号仅占线路带宽的小部分,而线路带宽的绝大部分都没有被利用。ADSL 接入正是利用电话线中没使用的带宽,通过 ADSL 调制解调器为用户提供高速的数据传输服务。

ADSL 接入的原理是将电话线频带划分为三个信道,分别用于电话通话、发送数据与接收数据,这样在一条电话线上可同时上网与通话。ADSL 调制解调器采用某种调制技术区分不同信号,发送数据与接收数据的传输速率不同。为了保证 ADSL 连接能够正常工作,用户与 ISP 的 ADSL 调制解调器之间有距离限制。为了提高传输速率与扩大传输距离,ITU 组织针对 ADSL 制定了两个新标准,分别是 ADSL2 与 ADSL2＋。近年来,我国各大电信运营商都在改造电话网,以光纤代替连接到用户家庭的普通电话线。

2. 光纤接入

光纤接入使用的接入设备是光纤调制解调器(fiber modem),它的最大传输速率可达500Mb/s。光纤接入的最大优点是使用了信号衰减很小的光纤,可提供远距离、高速率的宽带接入服务。随着传统电话网光纤改造的不断深入,光纤接入目前也常用于家庭用户接入。图 8-3 给出了光纤接入的工作原理。用户的计算机通过光纤调制解调器连接电话网,ISP 的接入服务器通过多端口光端机连接电话网。当用户的计算机需要访问 Internet 时,用户的光纤调制解调器与 ISP 的某个光端口建立连接,并进而与接入服务器建立连接,ISP 自动为用户分配一个 IP 地址,这时用户可通过 ISP 的线路访问 Internet。

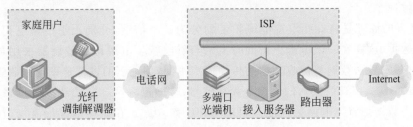

图 8-3 光纤接入的工作原理

光纤接入是我国各大电信运营商推广的宽带接入方式。在光纤介质上传输的是光信号,在计算机中与双绞线上传输的是电信号。光纤调制解调器负责完成光信号与电信号之间的转换。实际上,在改造后的电话网上主要提供电话服务,光纤上传输的语音信号仅占带宽的很小部分,而线路带宽的绝大部分都没有被利用。光纤接入正是利用电话网中未使用的带宽,通过光纤调制解调器为用户提供高速的数据传输服务。

光纤接入的原理是将光纤频带划分为三个信道,分别用于电话通话、发送数据与接收数据,这样在一条光纤上可同时上网与通话。光纤调制解调器采用某种调制技术区分不同信号,发送数据与接收数据的传输速率不同,并且要完成光信号与电信号之间的转换。基于光纤这种传输介质的技术特征,用户的光纤调制解调器与 ISP 的光交换机之间的距离较远。为了推进光纤接入方式的应用,我国工业和信息化部近年发布了光纤入户标准。

3. HFC 接入

HFC 接入使用的接入设备是电缆调制解调器(cable modem),它的最大传输速率可达40Mb/s。HFC 接入的最大优点是不需要特殊的传输线路,只需使用覆盖很广的传统有线电视网中的电缆,因此 HFC 接入常用于家庭用户接入。图 8-4 给出了 HFC 接入的工作原理。用户的计算机通过电缆调制解调器连接有线电视网,ISP 的接入服务器通过电缆调制解调器终端系统(CMTS)连接有线电视网。当用户的计算机需要访问 Internet 时,用户的电缆调制解调器与 ISP 的 CMTS 建立连接,并进而与接入服务器建立连接,ISP 自动为用户分配一个IP 地址,这时用户可通过 ISP 的线路访问 Internet。

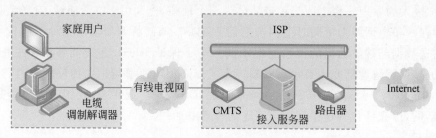

图 8-4　HFC 接入的工作原理

HFC 接入是我国广播电视部门推广的宽带接入方式。从广播电视部门提供接入服务的角度来看,它实际上也可以扮演 ISP 的角色。虽然电缆调制解调器也称为调制解调器,但是它与传统调制解调器的工作原理不同。电缆调制解调器可直接发送与接收计算机产生的数字信号,无须完成数字信号与模拟信号之间的转换。实际上,在传统的有线电视网中仅提供电视服务,有线电视电缆上传输的电视信号只占线路带宽的很小部分,这时线路带宽的绝大部分都没有被利用。HFC 接入正是利用有线电视电缆中没使用的带宽,通过电缆调制解调器为用户提供很高的传输速率。

HFC 接入的原理是将有线电视电缆频带划分为三个信道,分别用于传输电视信号、发送数据与接收数据,这样在一条电缆上可同时上网与看电视。电缆调制解调器采用某种调制技术区分不同信号,发送数据与接收数据的传输速率不同,理论上的发送速率与接收速率分别为10Mb/s 与 40Mb/s。HFC 接入的优点是无须拨号、传输速率高。它的缺点是价格相对较贵,小区内上网人数增加将影响网络性能。目前,HFC 接入方式在北美地区很流行,在国内仅在少数的大城市开通了服务,它又被称为广电通或有线通。

8.1.3　局域网接入的概念

局域网接入是指局域网中的用户计算机使用路由器,通过某种数据通信网与 ISP 建立连接,然后通过 ISP 的线路接入 Internet 的方式。图 8-5 给出了局域网接入的工作原理。数据通信网包括很多种类型,例如,DDN、帧中继、光纤网等。其中,DDN 与帧中继都是早期的数据通信网,租用线路的价格通常比较昂贵,近年来已经逐步被光纤网代替。局域网接入的主要优点是传输速率高、价格低廉与无须拨号。它的缺点是需要额外布设双绞线,上网人数增加将对网络性能带来影响。

局域网接入是我国大、中城市常用的家庭用户接入方式,典型结构是 FTTX 与局域网相结合的结构,ISP 首先通过光纤连接到楼下,然后通过双绞线连接到用户的家中。目前,国内有很多地区级 ISP 提供这种宽带接入方式。局域网接入方式通常由小区出面申请安装,ISP

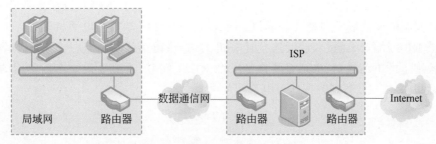

图 8-5　局域网接入的工作原理

不会受理用户个人的安装请求。局域网接入通常为用户提供的最大带宽为 100Mb/s,但小区所有用户需要共享这个带宽,随着小区中的上网用户数量增加,每个用户实际获得的带宽将远小于 100Mb/s。

我国的很多单位用户也会采用局域网接入方式,这是由于它们的内部网通常包括多个局域网,每个局域网中都连接了数量众多的计算机。例如,我国的大中院校和一些研究机构是通过 CERNET 将校园网接入 Internet,有些科研机构是通过 CSTNET 将其网络接入 Internet,很多企业会通过局域网接入来构建自己的企业内部网。如果某个企业希望通过 Internet 提供某种信息服务,例如搜索引擎、电子商务、流媒体播放等内容提供商,它们通常选择采用光纤加局域网的接入方式。

8.2　宽带接入的工作过程

宽带接入主要包括三种方式:ADSL 接入、光纤接入与 HFC 接入。这些接入方式采用不同的宽带接入设备,下面将分别介绍每种设备的连接方式。

8.2.1　接入设备的安装

1. ADSL 调制解调器的安装

ADSL 接入可通过传统电话网接入 Internet,它能提供比拨号接入更快的传输速率。ADSL 接入使用的接入设备是 ADSL 调制解调器,其工作原理与拨号接入使用的调制解调器不同。ADSL 调制解调器将电话线按频带划分为不同信道,在上行与下行信道中直接传输数字信号。其中,下行信道是从 ISP 端到用户端的专用信道,上行信道是从用户端到 ISP 端的专用信道。目前,下行信道的最大传输速率为 8Mb/s,而上行信道的最大传输速率为 640kb/s,该速率由提供 ADSL 服务的电信运营商来决定。

ADSL 接入可以分为两种类型:专线接入与虚拟拨号。其中,专线接入是指用户拥有固定的静态 IP 地址,并且与 ISP 保持全天候连接的方式。虚拟拨号是指用户要经过类似于拨号连接的过程,经过账号验证与动态 IP 地址分配,然后与 ISP 建立连接的方式。但是,ADSL 连接的不是 ISP 的拨号连接号码,而是 ISP 的虚拟专用网的接入服务器。虚拟拨号接入使用 PPPoE(PPP over Ethernet)协议,它将 PPP 协议扩展到常用的 Ethernet,用于在 ADSL 调制解调器与接入服务器之间建立连接。

ADSL 调制解调器通常由运营商的工作人员调试好,仅需将它连接到用户的计算机并建立连接,并不需要自己安装驱动程序与进行配置。图 8-6 给出了 ADSL 调制解调器的连接方式。ADSL 调制解调器通常包括 3 个端口:网线端口、电话线端口与电话机端口。其中,网线端口是一个 RJ-45 端口,通过双绞线连接计算机的网卡;电话线端口是一个 RJ-11 端口,通过电话线连接墙上的电话端口;电话机端口是一个 RJ-11 端口,通过电话线连接使用的电话机,以实现电话机与 ADSL 调制解调器对电话线的共享。

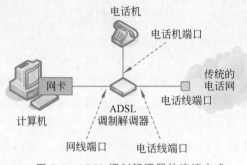

图 8-6　ADSL 调制解调器的连接方式

2. 光纤调制解调器的安装

随着我国很多电信运营商对传统电话网的改造,光纤开始代替传统的电话线进入很多家庭。光纤接入使用的接入设备是光纤调制解调器,它又被称为单端口光端机(俗称光猫)。在光纤介质中传输的是光信号,它负责实现光信号与电信号之间的转换。光纤调制解调器将光纤按频带划分为不同信道,下行信道是从 ISP 端到用户端的专用信道,上行信道是从用户端到 ISP 端的专用信道。目前,下行信道的最大传输速率为 20Mb/s,而上行信道的最大传输速率为 1Mb/s,该速率由提供光纤接入的电信运营商来决定。

光纤调制解调器通常由运营商的工作人员调试好,仅需将它连接到用户的计算机并建立连接,并不需要自己安装驱动程序与进行配置。图 8-7 给出了光纤调制解调器的连接方式。光纤调制解调器通常包括 3 个端口:网线端口、光纤端口与电话机端口。其中,网线端口是一个 RJ-45 端口,通过双绞线连接计算机的网卡;光纤端口是一个 SC 端口,与引入家庭的光纤直接建立连接;电话机端口是一个 RJ-11 端口,通过电话线连接使用的电话机,以便电话机通过光纤调制解调器支持语音通话。

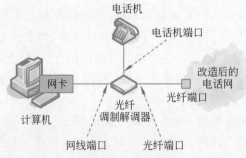

图 8-7　光纤调制解调器的连接方式

3. 电缆调制解调器的安装

HFC 接入可通过传统有线电视网接入 Internet,它能提供比 ADSL 接入更快的传输速率。HFC 接入使用的接入设备是电缆调制解调器,其工作原理与 ADSL 接入使用的调制解调器类似。电缆调制解调器将有线电视电缆按频带划分为不同信道,在上行与下行信道中直接传输数字信号。其中,下行信道是从 ISP 端到用户端的专用信道,上行信道是从用户端到 ISP 端的专用信道。目前,下行信道的最大传输速率为 40Mb/s,而上行信道的最大传输速率为 2Mb/s,该速率由提供 HFC 服务的电视运营商来决定。

电缆调制解调器通常由运营商的工作人员调试好,仅需将它连接到用户的计算机并建立连接,并不需要自己安装驱动程序与进行配置。图 8-8 给出了电缆调制解调器的连接方式。电缆调制解调器通常包括 3 个端口:网线端口、电缆端口与机顶盒端口。其中,网线端口是一个 RJ-45 端口,通过双绞线连接计算机的网卡;电缆端口是一个 CATV 端口,通过有线电视电缆连接墙上的 CATV 端口;机顶盒端口是一个铜缆端口,通过铜缆连接使用的机顶盒,再通过机顶盒为电视机提供电视服务。

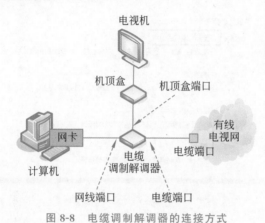

图 8-8　电缆调制解调器的连接方式

8.2.2　宽带账号的创建

虚拟拨号连接是宽带接入设备使用的连接程序。用户想要使用宽带接入设备建立连接,首先需要创建一个相应的宽带账号。

如果用户要创建新的 ADSL 账号,可以按以下步骤进行操作。

(1) 在"控制面板"窗口中,依次选择"所有控制面板项"→"网络和共享中心",打开"网络和共享中心"窗口(如图 8-9 所示)。在"更改网络设置"列表中,选择"设置新的连接或网络"选项。

(2) 出现"设置连接或网络"窗口(如图 8-10 所示)。在"选择一个连接选项"列表中,选择"连接到 Internet"选项,单击"下一步"按钮。

(3) 出现"连接到 Internet"窗口(如图 8-11 所示)。在"您想如何连接"列表中,选择"宽带(PPPoE)"选项,单击"下一步"按钮。

(4) 进入"连接到 Internet"第 2 步(如图 8-12 所示)。在"用户名"文本框中,输入运营商提供的账号名称;在"密码"文本框中,输入运营商提供的账号密码;在"连接名称"文本框中,输入宽带连接的名称。在完成输入后,单击"连接"按钮。

(5) 进入"连接到 Internet"第 3 步(如图 8-13 所示)。在创建宽带账号成功后,将会显示"连接已经可用"。如果用户要建立宽带连接,选择"立即连接"选项。

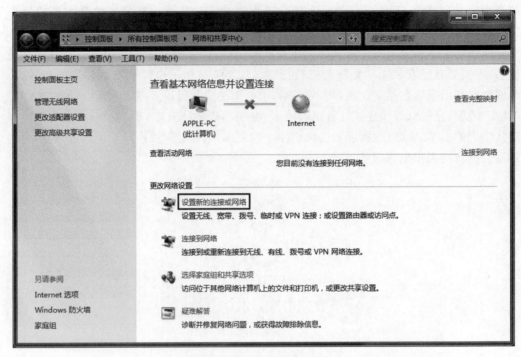

图 8-9 "网络和共享中心"窗口

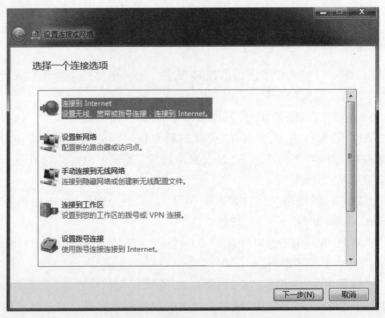

图 8-10 "设置连接或网络"窗口

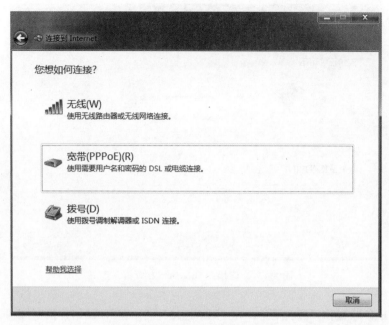

图 8-11　"连接到 Internet"窗口

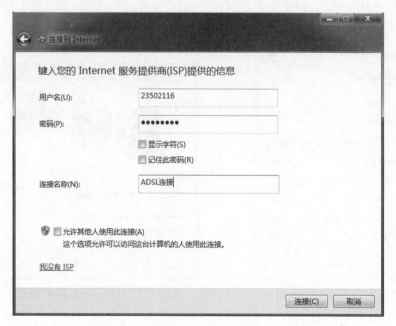

图 8-12　"连接到 Internet"窗口第 2 步

8.2.3　宽带连接的建立

宽带账号中包含网络运营商所提供的账号信息。用户想要使用 Internet 提供的各种应用,首先需要通过该账号来建立一个宽带连接。

如果用户要建立一个 ADSL 连接,可以按以下步骤进行操作。

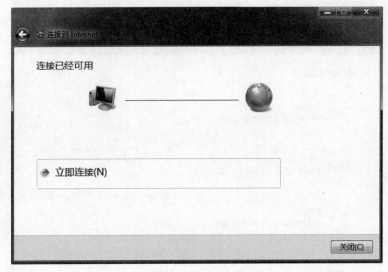

图 8-13　"连接到 Internet"窗口第 3 步

（1）在 Windows 操作系统右下角，单击"网络连接"图标，打开"网络连接"对话框（如图 8-14 所示）。在"拨号和 VPN"列表中，选中相应的宽带账号（例如"ADSL 连接"），单击"连接"按钮。

（2）出现"连接 ADSL 连接"对话框（如图 8-15 所示）。在"密码"文本框中，输入运营商提供的账号密码，单击"连接"按钮。

图 8-14　"网络连接"对话框

图 8-15　"连接 ADSL 连接"对话框

（3）出现"正在连接到 ADSL 连接…"对话框（如图 8-16 所示）。在建立宽带连接的过程中，将会显示"正在连接到 ADSL 连接"。在建立宽带连接成功后，该对话框将自动关闭。

图 8-16　"正在连接到 ADSL 连接…"对话框

8.3　无线路由器的工作过程

8.3.1　无线路由器的安装

　　如果家庭用户有多台计算机需要接入 Internet,可在宽带接入设备与这些计算机之间连接一个网络设备,例如,交换机或无线路由器。一台交换机可将多台计算机组成一个局域网,结点数量要看交换机提供的网络端口数。目前,家庭中最常用的网络设备是无线路由器,它通常需遵循某种 IEEE 802.11 标准。例如,一台 IEEE 802.11n 标准的无线路由器,可组成最大传输速率为 600Mb/s 的无线局域网,在该局域网中可容纳多个无线结点,包括笔记本电脑、平板电脑、智能手机,以及带有无线网卡的台式计算机等。

　　无线路由器通常是由用户自己来购买,仅需将它连接宽带接入设备与计算机,并不需要自己安装驱动程序,但是需要经过简单的配置过程。图 8-17 给出了无线路由器的连接方式。无线路由器通常包括两类端口:广域网端口与局域网端口。其中,广域网端口是一个 RJ-45 端口,它通过双绞线连接宽带接入设备(例如 ADSL 调制解调器、光纤调制解调器或电缆调制解调器)的网线端口,这类端口通常仅有 1 个。局域网端口也是一个 RJ-45 端口,它通过双绞线连接台式计算机的网卡,这类端口数量通常为 1～4 个。

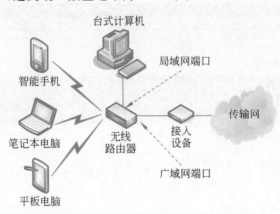

图 8-17　无线路由器的连接方式

8.3.2　无线路由器的配置

　　不同厂商的无线路由器产品有自己的配置方法。目前,多数无线路由器产品提供了基于 Web 的用户界面,用户可通过浏览器方便地完成配置。

　　如果用户要配置新的无线路由器,可以按以下步骤进行操作。

　　(1) 在浏览器的地址栏中输入相应的 IP 地址,打开无线路由器的用户界面(如图 8-18 所示)。在“登录密码”文本框中,输入无线路由器的登录密码。在完成输入后,单击“登录”按钮。

　　(2) 在无线路由器的用户界面中,选择“我要上网”连接,出现“我要上网”页面(如图 8-19 所示)。在“上网方式”下拉列表框中,选择“宽带账号上网(PPPoE)”选项;在“宽带账号”文本框中,输入运营商提供的账号名称;在“宽带密码”文本框中,输入运营商提供的账号密码。在完成设置后,单击“保存”按钮。

图 8-18　无线路由器的用户界面

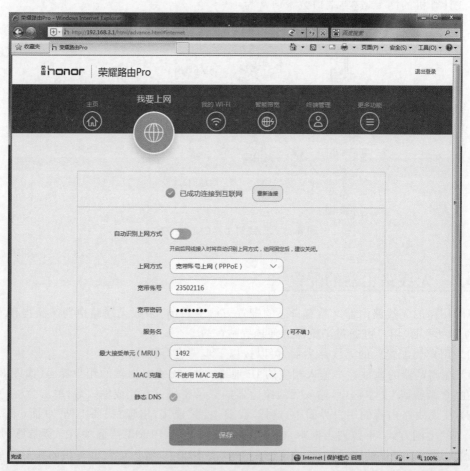

图 8-19　"我要上网"页面

（3）在无线路由器的用户界面中,选择"我的 Wi-Fi"连接,出现"我的 Wi-Fi"页面(如图 8-20
所示)。在"安全"框中,选择"WPA2 PSK 模式"选项;在"Wi-Fi 密码"文本框中,输入无线路由
器的登录密码。在完成设置后,单击"保存"按钮。

图 8-20　"我的 Wi-Fi"页面

8.3.3　无线连接的建立

在无线路由器的配置过程中,已设置了宽带账号(例如 ADSL 连接)的相关信息,以及基
于 WPA2 协议的无线路由器登录密码。

如果用户要建立一个无线连接,可以按以下步骤进行
操作。

（1）在 Windows 操作系统右下角,单击"网络连接"图标,
打开网络连接对话框(如图 8-21 所示)。在"无线网络连接"列
表中,选中相应的无线路由器(例如"HUAWEI-WF878X"),
单击"连接"按钮。

（2）出现"连接到网络"对话框(如图 8-22 所示)。在"安
全密钥"文本框中,输入无线路由器的登录密码。在完成输入
后,单击"确定"按钮。

（3）在"控制面板"窗口中,依次选择"所有控制面板项"→
"网络和共享中心",打开"网络和共享中心"窗口(如图 8-23 所
示)。这时,将会显示计算机、无线路由器与 Internet,表示无
线连接与宽带连接均已成功建立。

图 8-21　网络连接对话框

图 8-22　"连接到网络"对话框

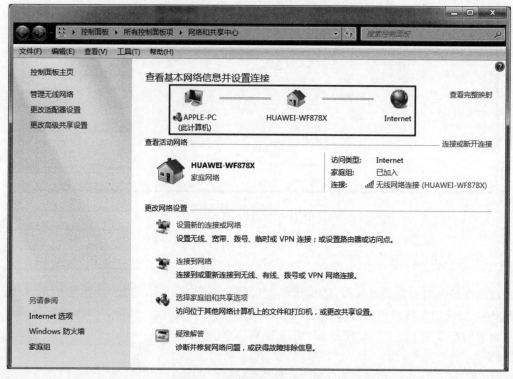

图 8-23　"网络和共享中心"窗口

8.4　局域网接入的工作过程

单位用户通常采用的是局域网接入方式,这种方式无须经过拨号接入的过程。用户的计算机需要通过网卡接入局域网,再通过路由器与 Internet 建立连接。

8.4.1　局域网设备的安装

如果单位用户有多台计算机需要接入 Internet,可在路由器与这些计算机之间连接一个网络设备,例如,交换机或网桥。一台设备可将多台计算机组成一个局域网,结点数量要看该设备提供的网络端口数。目前,单位用户最常用的网络设备是交换机,它通常需遵循以太网的某个 IEEE 802.3 标准。例如,一台 IEEE 802.3z 标准的交换机,可组成最大传输速率为 1Gb/s 的千兆以太网,在该局域网中可容纳多个网络结点,包括台式计算机、笔记本、服务器等,这些结点需要安装同样标准的以太网卡。

交换机与路由器通常由用户单位来购买,仅需将它们通过级联结构构成局域网,并不需要自己安装驱动程序,但是需要经过简单的配置过程。图 8-24 给出了局域网的连接方式。交换机通常包括两类端口:局域网端口与上行端口。其中,局域网端口是一个 RJ-45 端口,它通过双绞线连接计算机的网卡,这类端口数量通常为双数(例如 4 个、8 个、16 个或 32 个)。上行端口是一个 SC 端口或 RJ-45 端口,它通过光纤或双绞线连接其他交换机,也可以直接连接到通向 Internet 的路由器,这类端口数量通常仅为 1 个。

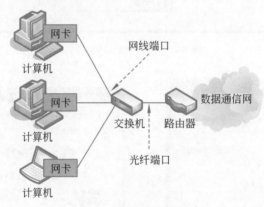

图 8-24　局域网的连接方式

8.4.2　网卡的配置

无论用户的计算机是台式计算机还是笔记本电脑,通常会内置一块带有 RJ-45 端口的网卡,通过网卡与双绞线可连接在一个局域网中。这些网卡都会预先安装好驱动程序,用户仅需简单配置就可使用网卡。

如果用户要对网卡进行配置,可以按以下步骤进行操作。

(1) 在“控制面板”窗口中,依次选择“网络和 Internet”→“网络连接”,出现“网络连接”窗口(如图 8-25 所示)。在“网络连接”列表中,选中相应的局域网连接(例如“本地连接 1”),单击鼠标右键,在弹出菜单中选择“属性”选项。

(2) 打开“本地连接 1 属性”对话框(如图 8-26 所示)。在“连接时使用”框中,显示该局域网连接使用的网卡,单击“配置”按钮。

(3) 打开“网卡属性”对话框(如图 8-27 所示)。在“常规”选项卡中,显示该网卡运转正常。用户要查看网卡的驱动程序,单击“驱动程序”标签。

(4) 在“驱动程序”选项卡中(如图 8-28 所示),用户可查看、更新与卸载该驱动程序,以及禁用该网卡。用户要更新驱动程序版本,单击“更新驱动程序”按钮。

(5) 打开“更新驱动程序软件”对话框(如图 8-29 所示)。用户可在网络中自动搜索或在本机中查找驱动程序。用户要自动搜索驱动程序,单击“自动搜索更新的驱动程序软件”选项,网卡配置程序会通过网络完成自动搜索。

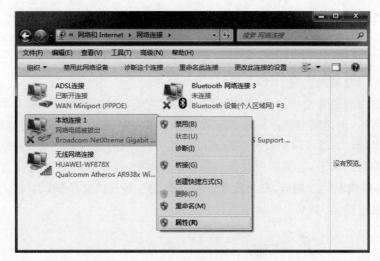

图 8-25 "网络连接"窗口

图 8-26 "本地连接 1 属性"对话框

图 8-27 "网卡属性"对话框

图 8-28 "驱动程序"选项卡

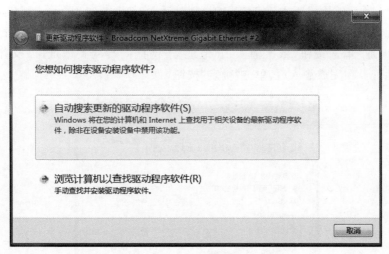

图 8-29　"更新驱动程序软件"对话框

8.4.3　网络协议的配置

用户的计算机在 Internet 中需要有自己的身份,它是通过 TCP/IP 协议族中的 IP 协议来实现的。计算机中的每块网卡都会分配一个 IP 地址,根据协议版本分为 IPv4 地址与 IPv6 地址。用户可设置本机、网关与 DNS 服务器的 IP 地址。

如果用户要设置网卡的网络协议,可以按以下步骤进行操作。

(1) 打开"本地连接 1 属性"对话框(如图 8-30 所示)。在"此连接使用下列项目"框中,列出该局域网连接使用的程序与协议,用户可配置 IPv4 协议、IPv6 协议、网络客户端、文件与打印机共享等。用户要配置网卡的 IPv4 协议,选中"Internet 协议版本 4(TCP/IPv4)"选项,单击"属性"按钮。

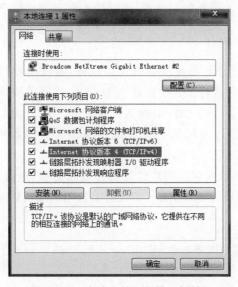

图 8-30　"本地连接 1 属性"对话框

(2) 出现"Internet 协议版本 4(TCP/IPv4)"对话框(如图 8-31 所示)。用户可选择是否动态分配 IP 地址,取决于局域网中是否有 DHCP 服务器。如果用户要手工完成配置,选择"使用下面的 IP 地址"单选按钮,依次输入 IP 地址、子网掩码与网关地址,以及首选与备用的DNS 服务器地址。在完成输入后,单击"确定"按钮。

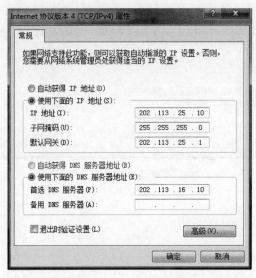

图 8-31 "Internet 协议版本 4(TCP/IPv4)"对话框

小结

本章主要讲述了以下内容。

(1) ISP 是 Internet 接入服务的提供者,通过接入服务器与用户的计算机建立连接。按照使用的传输网络不同,Internet 接入主要分为三种类型:电话网接入、局域网接入与有线电视网接入。

(2) 宽带接入是指用户计算机使用宽带连接设备,通过某种网络(例如电话网或有线电视网)与 ISP 建立连接,然后通过 ISP 线路接入 Internet。宽带接入方式主要包括:ADSL 接入、光纤接入与 HFC 接入。其中,ADSL 接入使用的是 ADSL 调制解调器,光纤接入使用的是光纤调制解调器,HFC 接入使用的是电缆调制解调器。多数的家庭用户采用宽带接入方式。

(3) 局域网接入是指局域网中的用户计算机使用路由器,通过某种数据通信网与 ISP 建立连接,然后通过 ISP 线路接入 Internet。多数的单位用户采用局域网接入方式。

习题

1. 单项选择题

8.1　HFC 接入方式使用的传输网络是_____。

A. 移动通信网　　　B. 有线电视网　　　C. 固定电话网　　　D. 卫星通信网

8.2　ADSL 接入的虚拟拨号方式使用的协议是_____。

A. PPPoE　　　　　B. WEP　　　　　C. DHCP　　　　D. SLIP

8.3　以下关于 ISP 的描述中,错误的是_____。

A. ISP 是 Internet 服务提供商的英文缩写

B. 用户接入 Internet 需要 ISP 的支持

C. CERNET 实际上也是一个 ISP

D. ISP 仅提供通过传统电话网的接入方式

8.4　以下关于传统拨号接入的描述中,错误的是_____。

A. 传统拨号接入通过有线电话网提供接入服务

B. 传统拨号接入使用的接入设备称为调制解调器

C. 传统拨号接入可提供的最大传输速率为 1Gb/s

D. 传统拨号接入需实现模拟信号与数字信号之间的转换

8.5　以下关于 ADSL 接入的描述中,错误的是_____。

A. ADSL 接入使用的接入设备是 ADSL 调制解调器

B. ADSL 调制解调器的上行与下行信道速率相同

C. ADSL 接入使用传统电话网的普通电话线

D. ADSL 接入与传统调制解调器的工作原理不同

8.6　以下关于局域网接入的描述中,错误的是_____。

A. 局域网接入仅用于单位用户接入 Internet

B. 局域网接入使用的接入设备是路由器

C. 局域网接入经常与 FTTX 方式相结合

D. 局域网用户共享接入带宽

2. 填空题

8.7　ADSL 调制解调器网线端口支持的端口类型是_____。

8.8　在 ADSL 接入中,从 ISP 端到用户端的专用信道称为_____。

8.9　HFC 接入使用的接入设备是_____。

8.10　调制解调器将模拟信号转换为数字信号的过程称为_____。

8.11　拨号接入与 ADSL 接入使用的传输网络都是_____。

8.12　光纤接入使用的接入设备是_____。

第 9 章　Internet 使用方法

在掌握 Internet 的接入方法之后，可进一步学习 Internet 应用的使用方法。本章将系统地介绍网页浏览、电子邮件、文件传输、即时通信等服务，以及常用搜索引擎的使用方法。

9.1　Web 服务的使用方法

9.1.1　IE 浏览器简介

Internet Explorer 是 Microsoft 公司开发的浏览器软件，通常被简称为 IE 浏览器。Microsoft 公司是 Windows 操作系统的开发商，IE 浏览器可与自己的操作系统有效融合，使其在功能与性能上具有一定的优势，并成为使用广泛的浏览器软件之一。IE 浏览器还具有 FTP 客户端、文件下载与管理等功能。IE 浏览器软件的版本比较多，常见版本主要包括 5.0、6.0、7.0、8.0、9.0、10.0、11.0 等。本书中的例子使用的是 IE 11.0 版本。图 9-1 给出了 IE 浏览器的用户界面。

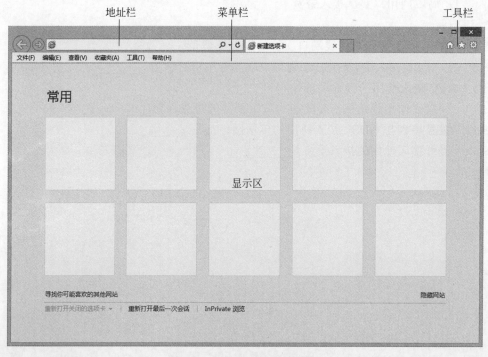

图 9-1　IE 浏览器的用户界面

IE 浏览器主要包括以下几个部分。

（1）菜单栏：通过菜单选项可完成 IE 浏览器的各种操作。

（2）工具栏：通过快捷按钮可快速完成常用的操作。当某个快捷按钮为灰色时，表示该功能目前不能使用。表 9-1 给出了常用的快捷按钮功能。

（3）地址栏：输入需要访问网页的 URL 地址，或显示当前网页的 URL 地址。

（4）显示区：显示当前网页或文档内容。

表 9-1　常用的快捷按钮功能

名　　称	作　　用
后退 ⬅	查看上一个打开的网页
前进 ➡	查看下一个打开的网页
刷新 🔍	重新访问当前网页
主页 🏠	打开默认网页
搜索 ↻	打开搜索栏网页
收藏夹 ★	显示收藏夹

Netscape Navigator 是早期很流行的浏览器软件。目前，各种操作系统平台上都有流行的浏览器软件。除了 IE 浏览器之外，常用的浏览器软件主要包括：Google Chrome、Mozilla Firefox、Apple Safari、Microsoft Edge 与 Opera 等，以及各种基于 IE 内核或 Chrome 内核的浏览器软件。例如，国内流行的 360 安全浏览器是基于 IE 与 Chrome 双内核的浏览器软件，QQ、搜狗等都是基于 Chrome 内核的浏览器软件。这些浏览器的基本功能与 IE 浏览器相似，仅在实现方法与使用细节上有些差别。

9.1.2　浏览网页的方法

IE 浏览器的基本功能是打开与浏览网页。用户既可通过直接输入 URL 地址，又可通过单击超链接来打开网页。

1. 通过 URL 地址打开网页

1）在地址栏中输入 URL 地址

如果用户知道某个网页的 URL 地址，在浏览器的地址栏中输入该地址，按回车键可打开相应的网页。例如，用户输入"http://www.nankai.edu.cn"，打开"南开大学"网页（如图 9-2 所示）。浏览器支持地址栏输入的部分匹配功能，只要输入曾经输入的地址关键字，浏览器会自动将该地址填充完整。例如，用户输入关键字"nankai"，浏览器可将它补全为"http://www.nankai.edu.cn"。

2）通过菜单栏输入 URL 地址

用户可通过菜单栏中的选项输入 URL 地址，在菜单栏中选择"文件"→"打开"选项，弹出"打开"对话框（如图 9-3 所示）。在"打开"下拉框中，输入网页的 URL 地址，或单击"打开"下拉框右侧箭头，并在弹出列表中选择地址。在完成输入后，单击"确定"按钮，浏览器将打开对应的网页。用户可通过"打开"对话框，打开本机或局域网中的文件。

图 9-2　在地址栏中输入 URL 地址

图 9-3　通过菜单栏输入 URL 地址

3）通过地址栏的下拉列表

IE 浏览器具有地址记忆功能,地址栏的下拉列表中会列出一些地址,这些地址在某段时期内曾经被输入。用户可单击地址栏右侧箭头,在弹出列表中选择地址,按回车键可打开相应的网页。例如,用户在列表中选择"http://www.nankai.edu.cn",将打开"南开大学"网页(如图 9-4 所示)。

4）通过工具栏中的快捷按钮

IE 浏览器的工具栏中有几个快捷按钮,通过它们可打开本次访问过的网页。"后退"按钮可打开访问过的上个网页,"前进"按钮可打开访问过的下个网页,"主页"按钮可打开默认网页。用户单击"后退"按钮上的箭头,在弹出列表中选择地址,按回车键可打开相应的网页。

5）通过历史记录打开网页

IE 浏览器具有历史记录功能,可保存某段时间内访问过的网页,这些网页将按访问的时间顺序排列。用户可在地址栏中输入"?",在弹出列表中选择某个历史记录,按回车键可打开相应的网页。例如,用户在列表中选择"南开大学",将打开"南开大学"网页(如图 9-5 所示)。

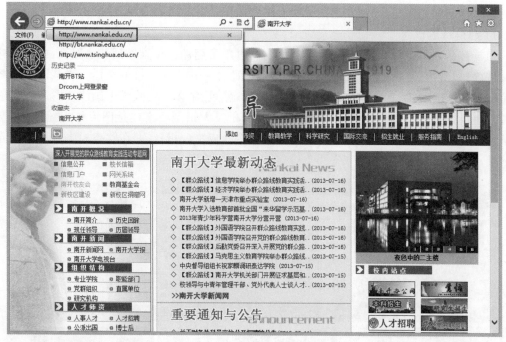

图 9-4　通过地址栏的下拉列表

图 9-5　通过历史记录打开网页

2. 通过超链接打开主页

超链接的存在使网页浏览成为容易的事。用户在网页中单击某个超链接,可打开它所链接的另一个网页。但是,如何知道网页中有哪些超链接?

1) 超链接的概念

超链接是网页中保存超链接地址的元素,通过单击超链接可跳转到其他网页,或打开链接的文件(例如文本、图片、音频与视频等)。文本和图片可作为超链接的载体。当某段文本被用作超链接时,它通常与其他文本有显著区别,例如,颜色、字体不同或带下画线。图形作为超链接通常难以区分。图9-6给出了一个超链接的例子。无论是文本还是图形作为超链接,当鼠标移动经过网页中的超链接位置,这时鼠标指针将变成手型指针,并在状态栏中显示该超链接的地址。

文本超链接　　　　　　　　　　图形超链接

图9-6　一个超链接的例子

2) 打开超链接的方法

文本超链接从外表来看与正常文本相同。用户可通过单击方式打开文本超链接,或在超链接上单击鼠标右键,并在弹出菜单中选择"打开"选项。图9-7给出了打开文本超链接的例子。例如,用户打开"南开大学"网页,用鼠标左键单击文本超链接,将在当前窗口中显示其链接的网页。图形超链接的打开方式与文本超链接相同,可通过单击方式打开超链接,或在超链接上单击鼠标右键,并在弹出菜单中选择"打开"选项。

3) 用其他窗口打开超链接

IE浏览器可在当前窗口直接显示链接内容,也可在其他窗口显示链接内容。如果要在新选项卡中打开超链接,可在超链接上单击鼠标右键,并在弹出菜单中选择"在新选项卡中打开"选项(如图9-8所示)。如果要在另一个窗口中打开超链接,可在超链接上单击鼠标右键,并在弹出菜单中选择"在新窗口中打开"选项。

图 9-7 打开文本超链接的例子

图 9-8 在新选项卡中打开超链接的例子

9.1.3 保存网页与图片

用户可将整个网页或其中的图片保存在计算机中,也可将网页内容输出到打印机,以便在脱机状态下浏览网页内容。

1. 保存整个网页

如果用户要保存整个网页内容,可以按以下步骤进行操作。

(1) 通过浏览器打开网页(例如"南开大学"),在菜单栏中选择"文件"→"另存为"选项。

(2) 出现"保存网页"对话框(如图 9-9 所示)。首先,选择保存网页的目录;在"文件名"框中,输入网页的文件名;在"保存类型"框中,选择网页的文件类型(例如 * .htm; * html)。在完成选择后,单击"保存"按钮。

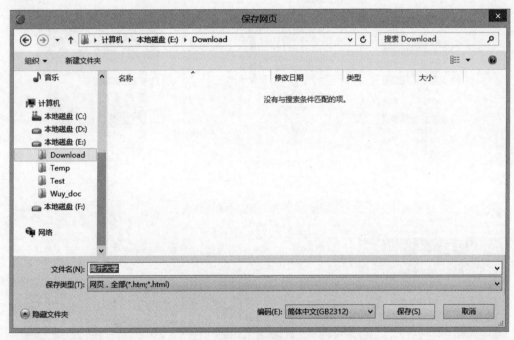

图 9-9 "保存网页"对话框

2. 保存单张图片

如果用户要保存网页中的单张图片,可以按以下步骤进行操作。

(1) 通过浏览器打开网页(例如"南开大学"),用鼠标右键单击要保存的图片(例如带"南开大学"字样的图片),在弹出菜单中选择"图片另存为"选项。

(2) 出现"保存图片"对话框(如图 9-10 所示)。首先,选择保存图片的目录;在"文件名"框中,输入图片的文件名;在"保存类型"框中,选择图片的文件类型(例如 JPEG),常见的类型还有 BMP、GIF 与 TIFF 等。在完成选择后,单击"保存"按钮。

9.1.4 设置浏览器属性

1. 设置浏览器起始网页

IE 浏览器在启动后将会自动打开起始网页,默认网页是微软公司的 MSN 中文网首页

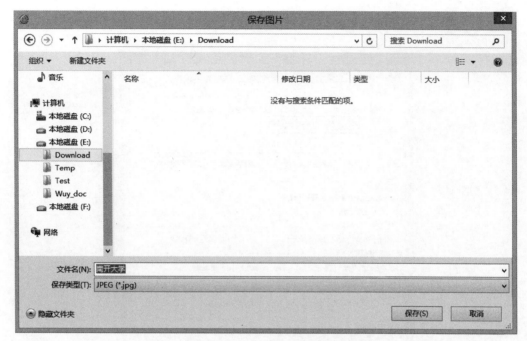

图 9-10　"保存图片"对话框

"http://cn.msn.com"。用户可自行设置需要的起始网页。

如果用户要改变起始网页,可以按以下步骤进行操作。

(1) 通过浏览器打开网页(例如"南开大学"网页),在菜单栏中选择"工具"→"Internet 选项"选项。

(2) 出现"Internet 选项"对话框(如图 9-11 所示)。在"主页"区域中,可选择将哪个网页设置为起始网页。如果要选择默认网页,单击"使用默认值"按钮;如果要选择空白网页,单击"使用新选项卡"按钮。这里,将"南开大学"网页设为起始页,单击"使用当前页"按钮。在完成设置后,单击"确定"按钮。

2. 设置临时文件存储空间

IE 浏览器将访问过的网页存储为临时文件。如果用户访问的网页在临时文件中,浏览器直接从本地读取网页内容,这样有助于加快网页的访问速度。临时文件存储空间大小决定了本地存储的临时文件数。

如果用户要设置临时文件选项,可以按以下步骤进行操作。

(1) 打开"Internet 选项"对话框,在"浏览历史记录"区域中,单击"设置"按钮。

(2) 出现"网站数据设置"对话框(如图 9-12 所示)。用户可选择检查所存网页的方式,如果要由浏览器自动检查,则选中"自动"单选按钮。用户可调整使用的存储空间,如果要设置250MB 空间,则在后面框中输入"250"。在完成设置后,单击"确定"按钮。

3. 设置历史记录选项

历史记录中保存一段时间内访问的网页地址。Cookie 是用来保存个人信息的临时文件,例如,登录某个网站时输入的信息。用户可自行删除历史记录与 Cookie,这样做有助于防止个人隐私信息泄露。

如果用户要删除历史记录与 Cookie,可以按以下步骤进行操作。

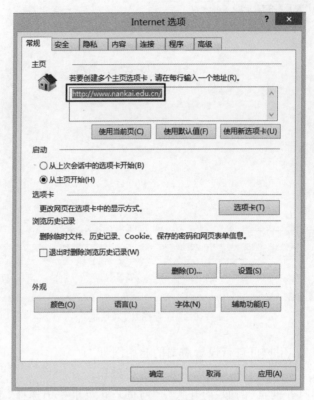

图 9-11 "Internet 选项"对话框

图 9-12 "网站数据设置"对话框

（1）打开"Internet 选项"对话框，在"浏览历史记录"区域中，单击"删除"按钮。

（2）出现"删除浏览历史记录"对话框（如图 9-13 所示）。如果要删除历史记录，则选中"历史记录"复选框；如果要删除 Cookie，则选中"Cookie 和网站数据"复选框；如果要临时文件，则选中"临时 Internet 文件和网站文件"复选框。在完成选择后，单击"删除"按钮。

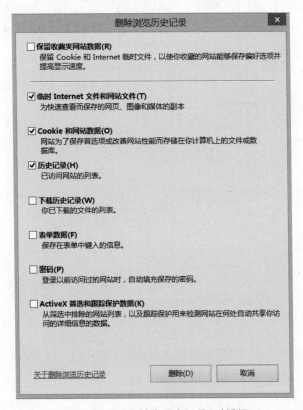

图 9-13　"删除浏览历史记录"对话框

4. 设置 Internet 安全级别

Internet 安全是用户需要注意的问题，除了安装与及时更新杀毒软件之外，对浏览器进行安全设置是也有必要的。IE 浏览器根据信息来源与可信程度，为用户设置了不同的安全级别。

如果用户要设置 Internet 安全级别，可以按以下步骤进行操作。

（1）打开"Internet 选项"对话框，单击"安全"标签，出现"安全"选项卡（如图 9-14 所示）。用户可选择预定义的不同区域，包括 Internet、本地 Intranet、受信任的站点、受限制的站点，例如，选择 Internet 区域。用户为某个区域自定义安全级别，单击"自定义级别"按钮。

（2）出现变化后的"安全"选项卡（如图 9-15 所示）。在"该区域的安全级别"区域中，用户可通过滑动条设置安全级别。例如，选择"中-高"安全级别，该级别适用于多数网站，提供在下载可能不安全内容之前提示、不下载未签名的 ActiveX 控件等功能。在完成设置后，单击"确定"按钮。

5. 设置浏览器高级属性

IE 浏览器的高级属性主要包括：浏览、多媒体、安全、国际与辅助功能等。合理选择其中的选项将有助于提高浏览速度。

如果用户要设置浏览器的高级属性，可以按以下步骤进行操作。

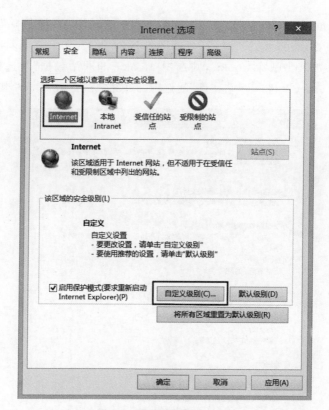

图 9-14　"安全"选项卡（1）

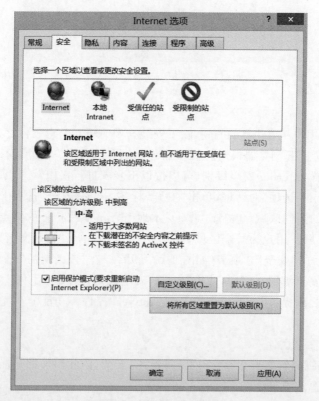

图 9-15　"安全"选项卡（2）

（1）打开"Internet 选项"对话框，单击"高级"标签。

（2）出现"高级"选项卡（如图 9-16 所示）。用户可选择有助于提高浏览速度的选项，例如，选中"显示图片"与"启用自动图像大小调整"复选框，取消"在网页中播放动画"与"在网页中播放声音"复选框。在完成设置后，单击"确定"按钮。

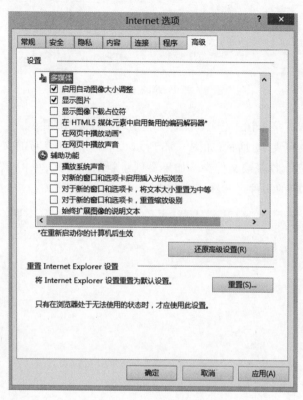

图 9-16　"高级"选项卡

9.1.5　添加与管理收藏夹

收藏夹用来保存某个网页的 URL 地址，用户可通过它方便地访问收藏的网页。收藏夹中的网页地址可分组保存，以便用户区分与查找各类网页。

1. 收藏新的网页

如果用户要将网页地址添加到收藏夹，可以按以下步骤进行操作。

（1）通过浏览器打开网页（例如"南开大学"），在菜单栏中选择"收藏"→"添加到收藏夹"选项。

（2）出现"添加收藏"对话框（如图 9-17 所示）。在"名称"文本框中，输入网页在收藏夹中的收藏名，例如"南开大学"；在"创建位置"下拉列表框中，选择收藏网页的文件夹名，例如"收藏夹"。在完成选择后，单击"确定"按钮。

2. 整理收藏夹内容

当收藏夹中保存了很多网页地址后，其中内容将会变得杂乱无章。用户可通过建立文件夹来分类，将收藏内容分类保存在不同文件夹中。

如果用户要整理收藏夹中的内容，可以按以下步骤进行操作。

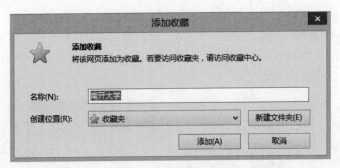

图 9-17 "添加收藏"对话框

（1）打开浏览器，在菜单栏中选择"收藏"→"整理收藏夹"选项。

（2）出现"整理收藏夹"对话框（如图 9-18 所示）。用户可创建新的文件夹、将收藏移到其他文件夹、重命名或删除收藏或文件夹。如果要创建新的文件夹，单击"新建文件夹"按钮，在列表框中将出现新创建的文件夹。在完成整理后，单击"关闭"按钮。

图 9-18 "整理收藏夹"对话框

3. 通过收藏夹打开网页

收藏夹为用户提供了打开网页的简便方法，单击其中内容可打开相应的网页。通过收藏夹打开网页有以下两种方法。

（1）通过"收藏夹"菜单（如图 9-19 所示）。打开浏览器，在菜单栏中选择"收藏夹"→"南开大学"选项，将打开"南开大学"网页。

（2）通过"收藏夹栏"（如图 9-20 所示）。打开浏览器，在工具栏中单击"收藏"快捷按钮，在窗口右侧将显示"收藏夹"栏，其中列出收藏夹中的收藏。例如，单击"南开大学"链接，将打开"南开大学"网页。

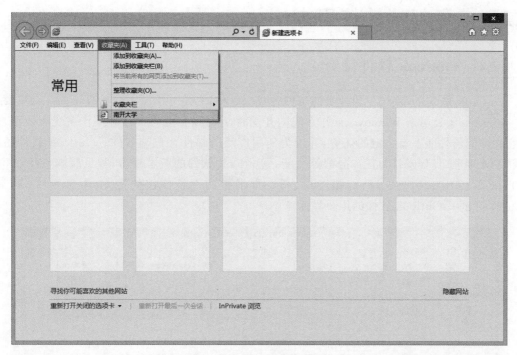

图 9-19 通过"收藏夹"菜单

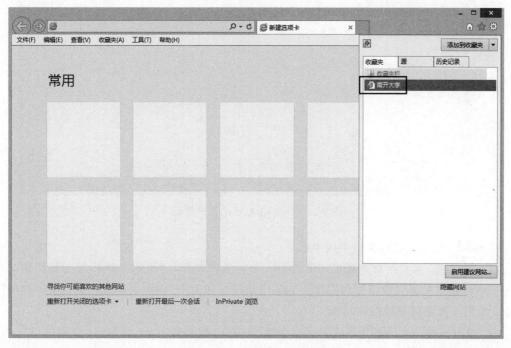

图 9-20 通过"收藏夹栏"

9.2 电子邮件的使用方法

9.2.1 Outlook 软件简介

Outlook 是 Microsoft 公司开发的邮件客户端软件,它是 Office 办公软件集的一个重要组件。Microsoft 公司是 Windows 操作系统的开发商,Outlook 可与自己的操作系统有效融合,使它在功能与性能上有一定的优势,并成为使用广泛的邮件客户端软件。Outlook 软件还具有联系人管理、日程安排与任务分配等功能。Outlook 软件的版本较多,常见版本包括 2000、2003、2007、2010、2013、2017、2020、2022 等。本书中的例子使用的是 Outlook 2020 版本。图 9-21 给出了 Outlook 软件的用户界面。

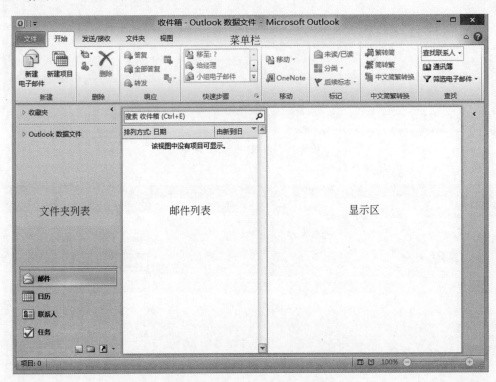

图 9-21 Outlook 软件的用户界面

Outlook 2020 主要包括以下四个部分。

(1) 菜单栏:通过菜单选项可完成 Outlook 的各种操作,这里的菜单栏与工具栏相结合。通过快捷按钮可快速完成常用的操作。当某个快捷按钮为灰色时,表示该功能目前不能使用。表 9-2 给出了常用的快捷按钮功能。

(2) 文件夹列表:通过不同文件夹区分邮件操作,包括收件箱、已发送、已删除邮件与垃圾邮件。在文件夹列表中选择不同文件夹,邮件列表与显示区将发生变化。

(3) 邮件列表:列出某个文件夹中的所有邮件。

(4) 显示区:显示某封邮件的具体内容。

表 9-2　常用的快捷按钮功能

名　　称	作　　用
新建邮件	打开新邮件窗口
答复	向发件人答复邮件
转发	将邮件转发给其他人
删除 ✗	删除电子邮件
发送/接收	发送与接收电子邮件
通讯簿	打开通讯簿窗口

目前,各种操作系统平台上都有流行的邮件客户端软件。Outlook Express 是 Microsoft 公司开发的邮件客户端软件,主要被集成在早期的 Windows 操作系统中。Outlook 比 Outlook Express 提供了更强大的功能。另外,常见的邮件客户端软件主要包括:Mozilla Thunderbird、The Bat!、Foxmail、网易闪电邮等。这些邮件客户端软件的基本功能与 Outlook 相似,仅在实现方法与使用细节上有些差别。

9.2.2　创建电子邮件账户

用户只有拥有合法的电子邮件账户,才能在邮件客户端程序中创建账户,并通过它发送、接收与管理自己的邮件。

如果用户要创建新的邮件账户,可以按以下步骤进行操作。

(1) 打开 Outlook 窗口,在菜单栏中选择"文件"→"信息"选项,单击"添加账户"按钮(如图 9-22 所示)。

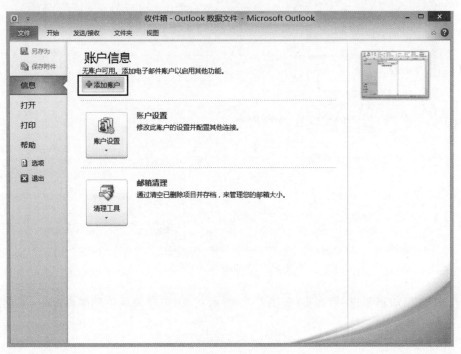

图 9-22　Outlook 窗口

（2）出现"添加新账户"对话框（如图 9-23 所示）。在"您的姓名"文本框中，输入邮件账户名称；在"电子邮件地址"文本框中，输入邮箱账号；在"密码"与"重新键入密码"文本框中，两次输入邮箱密码。在完成输入后，单击"下一步"按钮。

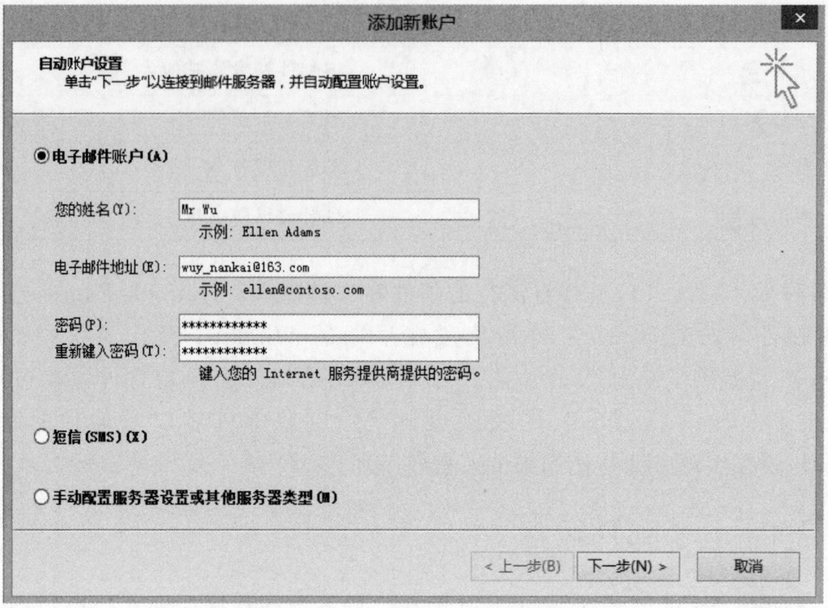

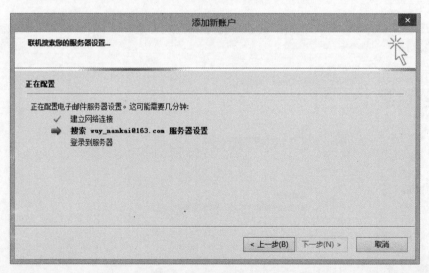

图 9-23　"添加新账户"对话框

（3）进入"添加新账户"第 2 步（如图 9-24 所示）。这时，Outlook 软件根据用户输入的账户信息，与远程的邮件服务器建立连接，自动完成邮件账户的配置工作。

图 9-24　"添加新账户"第 2 步

（4）进入"添加新账户"第 3 步（如图 9-25 所示）。用户要确认创建邮件账户，单击"完成"按钮。

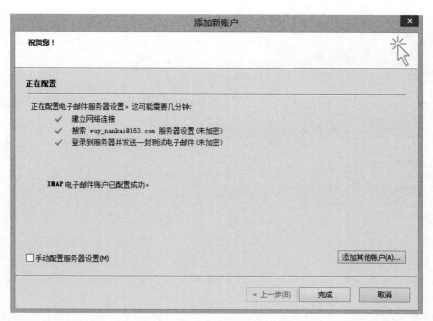

图 9-25　"添加新账户"第 3 步

9.2.3　接收与处理邮件

接收邮件可以采用两种方法：手动接收与自动接收。其中，自动接收是指在启动 Outlook 后，自动从邮件服务器接收邮件。手动接收是用户自己接收邮件。

1. 手动接收邮件

如果用户要手动接收邮件，可以按以下步骤进行操作。

（1）打开 Outlook 窗口，在菜单栏中选择"发送/接收"→"发送/接收所有文件夹"选项（如图 9-26 所示）。

（2）在 Outlook 窗口中，在文件夹列表中，单击"收件箱"文件夹，将会进入收件箱窗口（如图 9-27 所示）。在邮件列表中，列出收件箱中的所有邮件，单击其中某封邮件；在显示区中，显示这封邮件的具体内容。

2. 答复邮件

答复邮件是指用户在接收某封邮件后，向该邮件的发件人发送回信的过程。当用户答复邮件时，无须输入邮件主题与收件人地址，系统会自动填写这些内容。

如果用户要答复某封邮件，可以按以下步骤进行操作。

（1）打开收件箱窗口，在邮件列表中选择要答复的邮件，在工具栏中单击"答复"按钮（如图 9-28 所示）。

（2）出现答复邮件窗口（如图 9-29 所示）。用户需要自己书写邮件正文。在完成输入后，单击"发送"按钮。

3. 转发邮件

转发邮件是指用户在接收某封邮件后，将该邮件发送给其他收件人的过程。当用户转发邮件时，无须自己输入邮件主题，但需要输入收件人地址。

如果用户要转发某封邮件，可以按以下步骤进行操作。

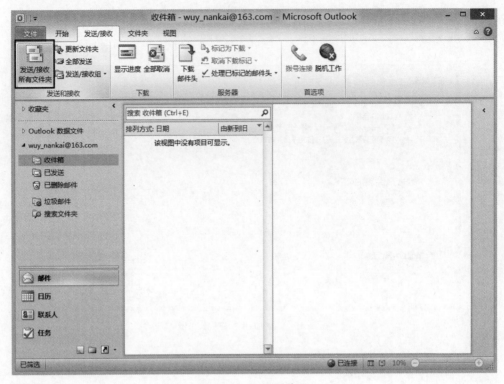

图 9-26 Outlook 窗口

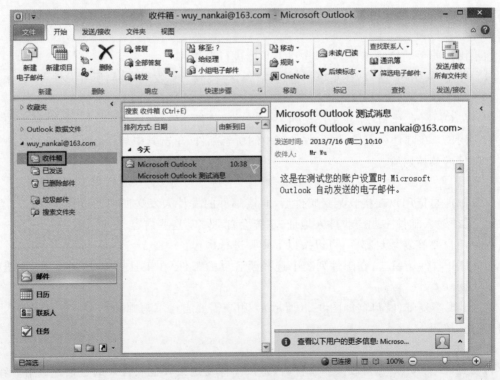

图 9-27 收件箱窗口

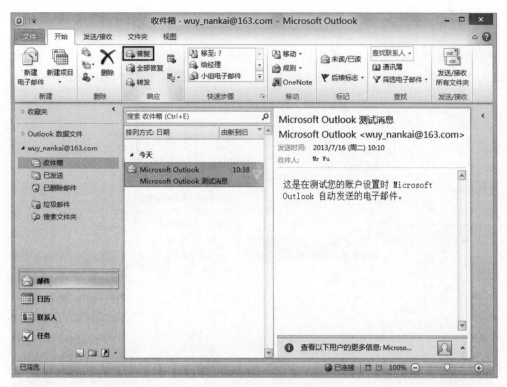

图 9-28　收件箱窗口

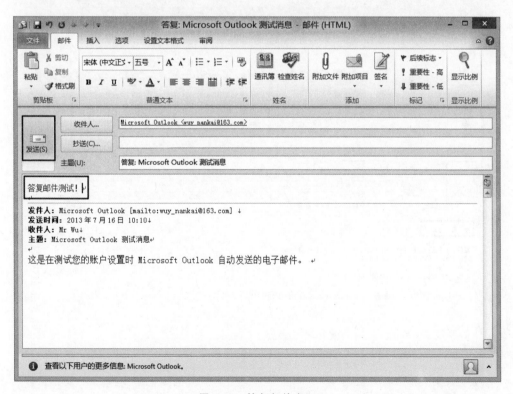

图 9-29　答复邮件窗口

　　(1) 打开收件箱窗口,在邮件列表中选择要转发的邮件,在工具栏中单击"转发"按钮(如图 9-30 所示)。

　　(2) 出现转发邮件窗口(如图 9-31 所示)。系统自动添加邮件主题。在"收件人"文本框中,输入收件人地址。用户需要书写邮件正文。在完成输入后,单击"发送"按钮。

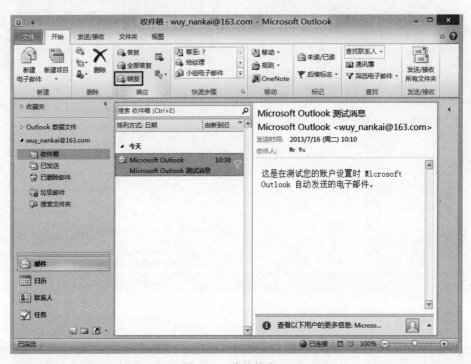

图 9-30　收件箱窗口

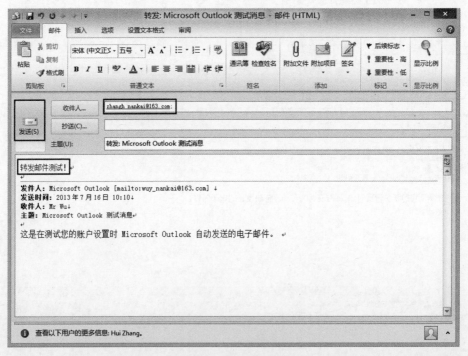

图 9-31　转发邮件窗口

4. 删除邮件

如果用户要删除某封邮件,可以按以下步骤进行操作。

(1) 打开收件箱窗口,在邮件列表中选择要删除的邮件,在工具栏中单击"删除"按钮(如图 9-32 所示)。这时,删除的邮件将会消失。在文件夹列表中,选择"已删除邮件"文件夹。

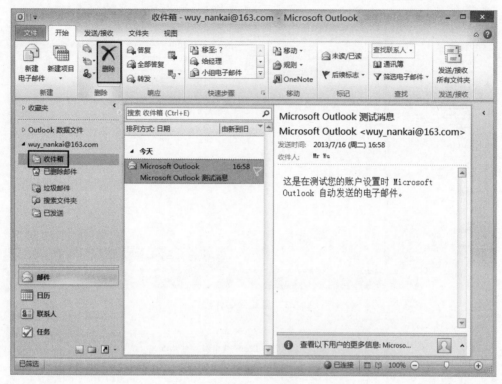

图 9-32 收件箱窗口

(2) 出现已删除邮件窗口(如图 9-33 所示)。实际上,删除的邮件只是从"收件箱"转移到"已删除邮件"。在邮件列表中选择要删除的邮件,在工具栏中单击"删除"按钮。

(3) 出现 Microsoft Outlook 对话框。如果用户确认删除邮件,单击"是"按钮,这时邮件被彻底删除。

9.2.4　书写与发送邮件

用户可创建新邮件并书写邮件内容,然后将邮件发送给相关的收件人。收件人地址可以手工填写,也可以通过通讯簿来获得。

如果用户要发送一封新邮件,可以按以下步骤进行操作。

(1) 打开收件箱窗口,在工具栏中单击"新建电子邮件"按钮(如图 9-34 所示)。

(2) 出现新邮件窗口(如图 9-35 所示)。在"收件人"文本框中,输入收件人地址;在"主题"文本框中,输入邮件主题;在正文区域中,输入邮件正文部分。如果用户要为邮件附加某个文件,在工具栏中单击"附加文件"按钮。

(3) 出现"插入文件"对话框(如图 9-36 所示)。选择插入文件所在的目录,再选择插入文件的名称。在完成选择后,单击"插入"按钮。

(4) 返回"新邮件"窗口,在"工具栏"中单击"发送"按钮。

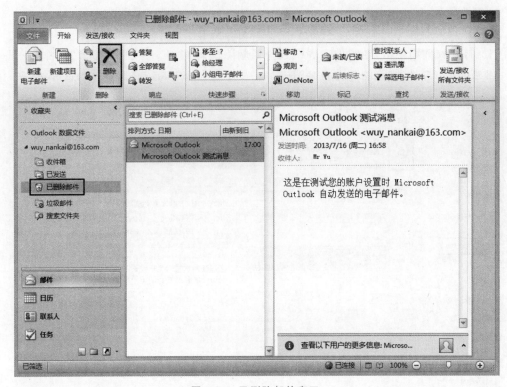

图 9-33　已删除邮件窗口

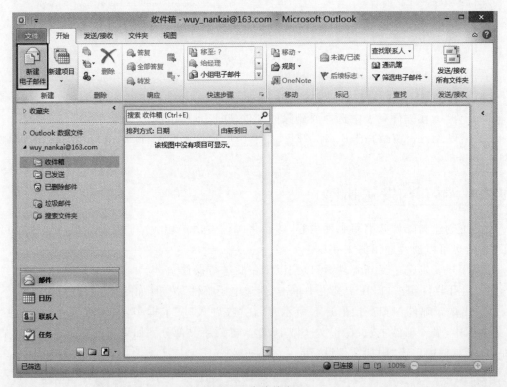

图 9-34　收件箱窗口

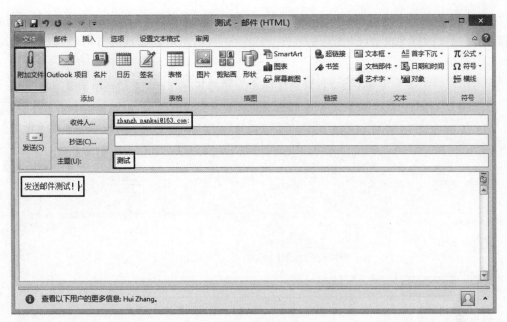

图 9-35　新邮件窗口

图 9-36　"插入文件"对话框

9.2.5　使用与管理通讯簿

Outlook 软件提供了通讯簿功能,用于保存联系人的相关信息,包括邮件地址、电话号码、家庭与工作单位等。用户可在通讯簿中手工输入联系人,也可在阅读邮件时将发件人地址添加到通讯簿中。

如果用户要手工添加新联系人,可以按以下步骤进行操作。

(1) 打开收件箱窗口,在工具栏中单击"通讯簿"按钮(如图 9-37 所示)。

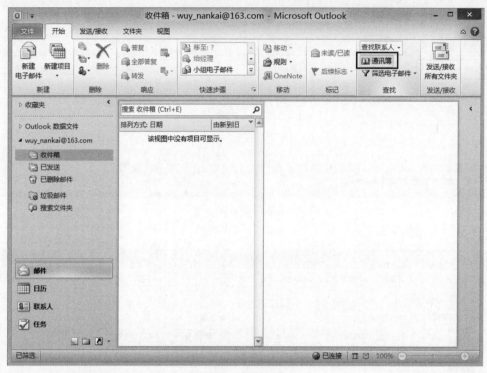

图 9-37　收件箱窗口

(2) 出现"通讯簿:联系人"窗口(如图 9-38 所示),在菜单栏中选择"文件"→"添加新地址"选项。

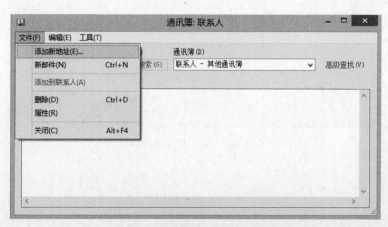

图 9-38　"通讯簿:联系人"窗口

（3）出现"添加新地址"对话框（如图 9-39 所示）。在"选定地址类型"列表框中，选择"新建联系人"选项。在完成选择后，单击"确定"按钮。

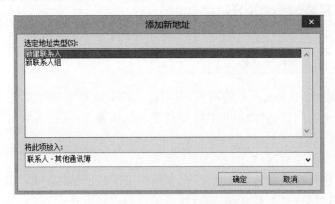

图 9-39　"添加新地址"对话框

（4）出现联系人窗口（如图 9-40 所示）。在"姓氏/名字"文本框中，输入联系人的姓名；在"单位"文本框中，输入联系人的单位；在"电子邮件"文本框中，输入联系人的邮件地址。在完成输入后，单击"保存并关闭"按钮。

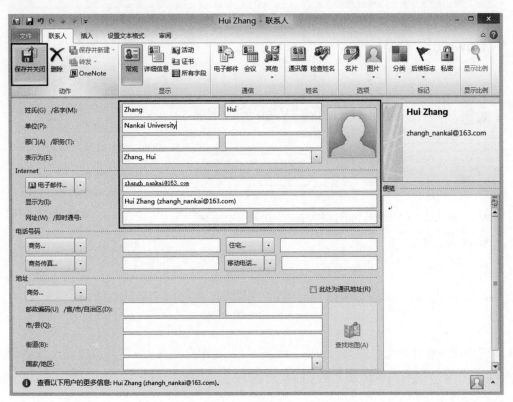

图 9-40　联系人窗口

9.3 文件下载的使用方法

9.3.1 通过浏览器下载文件

IE 浏览器可以浏览 Internet 中的网页,也可将文件下载到本地计算机中。用户需要在自己的计算机中安装杀毒软件,并及时更新杀毒软件及其病毒库,以免下载文件中带有病毒而感染计算机。

1. 通过超链接下载文件

网页中的超链接可用来跳转到其他网页,也可用来下载所链接的某个文件。

如果用户要通过超链接下载文件,可以按以下步骤进行操作。

(1) 通过浏览器打开下载文件所在的网页,例如,Microsoft 下载中心网页(如图 9-41 所示)。在页面中部的"选择语言"下拉列表框中,选择文件的语言版本,单击"下载"按钮。

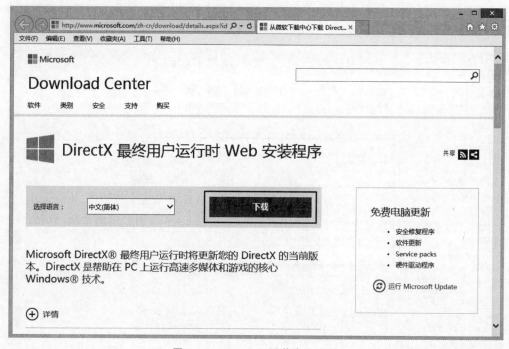

图 9-41 Microsoft 下载中心网页

(2) 出现下载详细信息网页(如图 9-42 所示)。在网页底部,用户可选择要执行的操作,包括运行、保存与取消。用户要下载并保存该文件,单击"保存"按钮。

2. 通过 FTP 站点下载文件

IE 浏览器既可以浏览 Internet 中的网页,又可以作为 FTP 客户端程序使用。用户可以通过 IE 浏览器登录 FTP 站点。

如果用户要通过 FTP 站点下载文件,可以按以下步骤进行操作。

(1) 在浏览器中输入 FTP 服务器地址(例如"ftp://ftp.pku.edu.cn"),出现 FTP 站点根目录网页(如图 9-43 所示)。其中,列出 FTP 服务器中的根目录。用户要打开根目录中的某

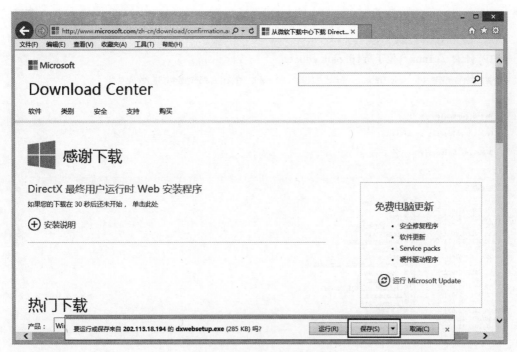

图 9-42　下载详细信息页面

个子目录,单击该子目录(例如"Linux")。

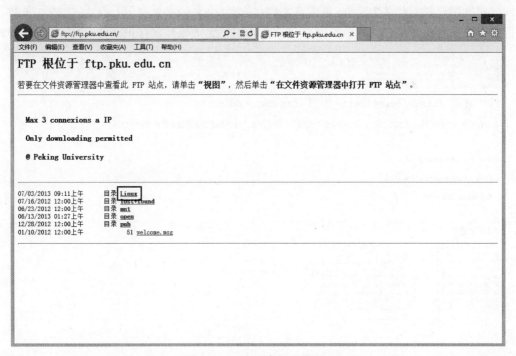

图 9-43　FTP 站点根目录网页

　　(2) 出现 FTP 站点子目录网页(如图 9-44 所示)。其中,列出 Linux 目录中的子目录。用户要打开该目录中的某个子目录,单击该子目录(例如"kernel.org")。

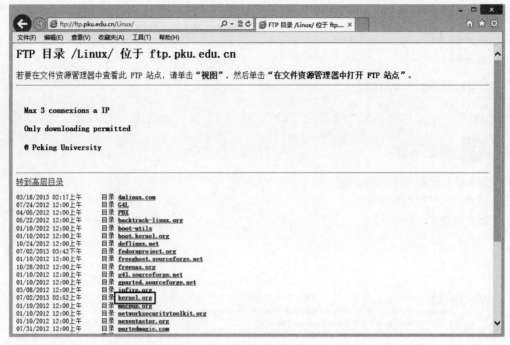

图 9-44　FTP 站点子目录网页

(3) 出现 FTP 站点文件列表网页(如图 9-45 所示)。其中,列出 kernel.org 目录中的所有文件。如果用户要下载某个文件,单击该文件(例如 linux-2.6.34.14.tar.xz)。在网页底部,用户可选择要执行的操作,包括运行、保存与取消。用户要下载并保存该文件,单击"保存"按钮。

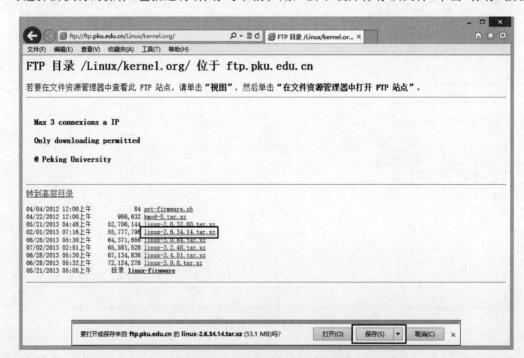

图 9-45　FTP 站点文件列表网页

9.3.2　常用的 FTP 客户端软件

FTP 客户端软件用来登录 FTP 站点，从 FTP 服务器下载或向服务器上载文件。本节将以 LeapFTP 软件为例，介绍 FTP 客户端软件的使用方法。

如果用户要使用 FTP 客户端软件，可以按以下步骤进行操作。

（1）打开 LeapFTP 窗口。在"地址"框中，输入要访问的 FTP 服务器地址（例如"ftp.pku.edu.cn"），按回车键。如果 FTP 服务器提供匿名服务，选中"匿名"复选框；如果 FTP 服务器不提供匿名服务，需要输入用户名与密码。

（2）进入 FTP 站点的根目录（如图 9-46 所示）。在"服务器目录"区中，列出的是 FTP 服务器的根目录。用户要打开其中的子目录，双击该子目录（例如 Linux）。

图 9-46　FTP 站点的根目录

（3）进入 FTP 站点的子目录（如图 9-47 所示）。在"服务器目录"区中，列出 Linux 目录中的子目录。用户要打开其中的子目录，双击该子目录（例如 kernel.org）。

（4）进入 FTP 站点的文件列表（如图 9-48 所示）。在"服务器目录"区中，列出 kernel.org目录中的所有文件。如果用户要下载其中的文件，双击该文件（例如 linux-2.6.34.14.tar.xz）。

（5）完成 FTP 文件下载（如图 9-49 所示）。在"本地目录"区中，列出所有已下载完成的文件。

9.3.3　Internet 中的文件格式

当用户从 Internet 中下载文件之后，可通过文件扩展名判断文件类型，并对不同类型的文件进行不同处理。例如，字处理软件可读取文档文件，压缩软件可解压缩压缩文件，音频播放

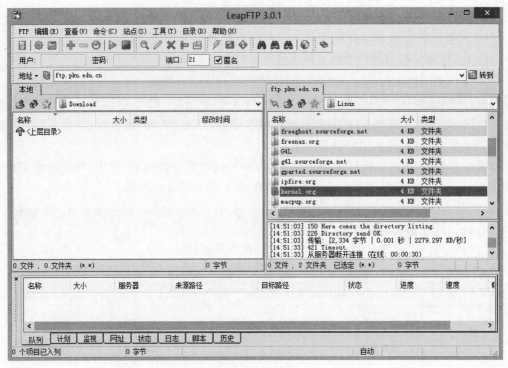

图 9-47　FTP 站点的子目录

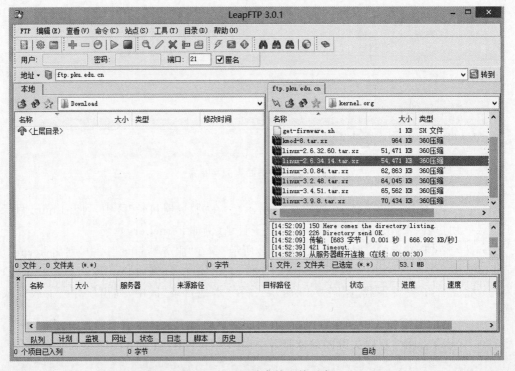

图 9-48　FTP 站点的文件列表

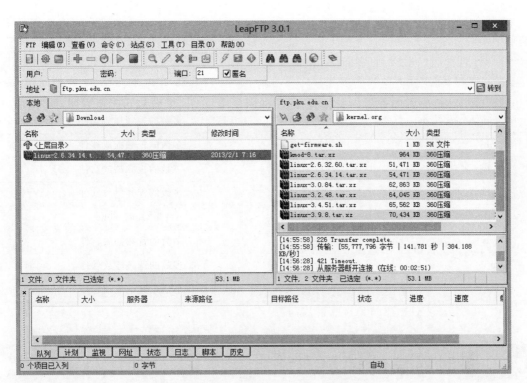

图 9-49　完成 FTP 文件下载

软件可播放音频文件。由于 Internet 中的文件类型很多，用户经常会遇到不熟悉的文件类型。
表 9-3 给出了 Internet 中常见的文件类型。

表 9-3　Internet 中常见的文件类型

文件扩展名	文件类型	应用程序
txt	文本文件	多数的文本编辑软件
pdf	文本文件	Adobe Acrobat Reader
doc 与 docx	文本文件	Microsoft Word
ppt 与 pptx	演示文件	Microsoft PowerPoint
xls 与 xlsx	表格文件	Microsoft Excel
htm 与 html	网页文件	多数的浏览器软件
rar	压缩文件	多数的压缩软件
zip	压缩文件	多数的压缩软件
arj	压缩文件	多数的压缩软件
bmp	图形文件	多数的图形处理软件
gif	图形文件	多数的图形处理软件
jpg 与 jpeg	图形文件	多数的图形处理软件
swf	动画文件	多数的浏览器软件

续表

文件扩展名	文件类型	应用程序
rm 与 rmvb	视频文件	多数的视频播放软件
avi	视频文件	多数的视频播放软件
mpg、mpeg 与 dat	视频文件	多数的视频播放软件
mkv	视频文件	多数的视频播放软件
mp4	视频文件	多数的视频播放软件
wma	视频文件	多数的视频播放软件
mov	视频文件	Apple QuickTime
wav	音频文件	多数的音频播放软件
mp3	音频文件	多数的音频播放软件
exe	可执行文件	不依赖其他应用程序

9.4　即时通信的使用方法

9.4.1　QQ 软件简介

目前,QQ 是受欢迎的即时通信软件之一。QQ 的最大特点是将即时通信与门户网站、电子邮件等服务相结合。QQ 是腾讯公司开发的即时通信软件,其标志是一只戴着红色围巾的小企鹅。1999 年,腾讯公司推出了最初的即时通信产品 OICQ。2000 年,OICQ 软件正式更名为 QQ。此后,QQ 软件的用户数开始迅速增长。2010 年,QQ 软件的注册用户数超过 10 亿,同时在线人数超过 1 亿。QQ 软件使用的账号是 QQ 号,该号码长度已从最初的 5 位数,逐渐变为现在的 10 位数。

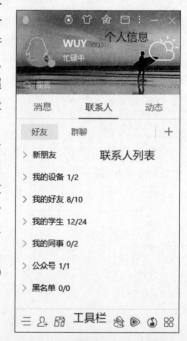

QQ 用户群体最初主要是个人用户,通常用于日常生活中的即时交流。后来,QQ 用户群体逐渐覆盖办公用户与白领阶层,逐渐演化成工作交流中使用的工具。最初的 QQ 软件运行在 Windows 操作系统的计算机上,现在也可以运行在 Android、iOS 操作系统的手机上。目前,常用的 QQ 版本包括计算机的 6.x、7.x、8.x、9.x,以及手机的 2012、2016、2019、2022 等。本书中的例子使用的是 QQ 9.1 版。图 9-50 给出了 QQ 软件的用户界面。

QQ 软件的主要功能如下。

(1) 即时消息:通过网络发送与接收在线或离线消息。

(2) 文件传输:通过网络与好友进行文件传输或中转。

图 9-50　QQ 软件的用户界面

（3）视频聊天：通过网络摄像机进行视频与音频交流。

（4）共享文件夹：通过共享文件夹来共享文件与图片等。

（5）其他信息服务：腾讯网（QQ 门户）、电子邮件（QQ 邮箱）、在线游戏（QQ 游戏）、视频播放（腾讯视频）、音乐播放（QQ 音乐）等。

9.4.2 登录 QQ 网络

用户只有拥有合法账户才能登录 QQ 网络。如果用户已注册了一个 QQ 号，可使用该账号来登录 QQ 网络。

如果用户要登录 QQ 网络，可以按以下步骤进行操作。

（1）打开 QQ 登录窗口（如图 9-51 所示）。在"用户账户"框中，输入 QQ 号（例如"751716186"）；在"密码"框中，输入登录密码。如果要在下次开机时自动登录，选中"自动登录"复选框。在完成输入后，单击"登录"按钮。

（2）出现 QQ 窗口（如图 9-52 所示）。在窗口中部的联系人列表中，列出了所有的联系人，它们被列在不同分组中。用户要退出 QQ 网络，鼠标单击用户名上的绿点，在弹出菜单中选择"离线"选项。

图 9-51 QQ 登录窗口

图 9-52 QQ 窗口

9.4.3 添加联系人

QQ 用户可将其他用户添加为联系人，这时将向对方发送添加联系人请求，在对方同意后建立联系人关系。QQ 用户可将多个用户添加为聊天组，这样聊天信息可以被组中的所有人看见。

如果用户要添加新的联系人，可以按以下步骤进行操作。

(1) 打开 QQ 窗口,在"联系人"选项卡中,出现"好友"选项卡。单击右上角的"+"按钮,在弹出菜单中选择"添加好友"选项(如图 9-53 所示)。

(2) 在"联系人"选项卡中,单击"群聊"标签,出现"群聊"选项卡(如图 9-54 所示)。单击右上角的"+"按钮,在弹出菜单中选择"创建群聊"选项。

图 9-53 "添加好友"选项

图 9-54 "群聊"选项卡

9.4.4 发送与接收消息

用户可以与其他联系人进行通信,最主要的通信方式是即时消息,这个消息会即时显示在对方的 QQ 中。

1. 发送即时消息

如果用户要向其他联系人发送消息,可以按以下步骤进行操作。

(1) 在 QQ 窗口中,单击"消息"标签,出现"消息"选项卡(如图 9-55 所示)。在消息列表中,列出所有曾发过消息的联系人。用户要向某个联系人发消息,鼠标双击该联系人(例如"老猫")。

(2) 出现 QQ 消息窗口(如图 9-56 所示)。在窗口底部的编辑框中,输入要发送给对方的消息内容。在完成输入后,单击"发送"按钮。

2. 接收即时信息

如果用户要接收其他联系人的消息,可以按以下步骤进行操作。

(1) 当用户接收到一条消息时,出现 QQ 消息窗口,在窗口中部的消息列表中,列出了双方发送的即时消息(如图 9-57 所示)。

(2) 用户要向该联系人回复消息,在窗口底部的编辑框中,输入发送给对方的消息内容。在完成输入后,单击"发送"按钮。

图 9-55　"消息"选项卡

图 9-56　QQ 消息窗口

3. 设置个人状态

　　用户可设置自己的个人状态,提示其他联系人自己是否在线。例如,联机状态可接收即时消息,离开状态无法接收消息。

　　如果用户要设置个人状态,可以按以下步骤进行操作。

图 9-57 双方发送的即时消息

(1) 打开 QQ 窗口,用户要设置为离开状态,鼠标单击用户名上的绿点,在弹出菜单中选择"离开"选项(如图 9-58 所示)。

图 9-58 "离开"选项

(2) 返回 QQ 窗口。这时,联系人图标将变为灰色,表示自己无法接收信息。

9.5　搜索引擎的使用方法

Internet 中有很多流行的英文搜索引擎,例如,Google、Yahoo!、Bing、Lycos、Altavista 等。近年来,中文搜索引擎的发展速度很快,例如,百度、新浪、搜狐与天网等。掌握常用的搜索引擎的使用方法,对提高信息检索效率有很大帮助。

9.5.1　Google 搜索引擎

目前,Google 是受欢迎的英文搜索引擎,近年开始提供中文等语言的搜索服务。Google 只提供基于关键字的搜索方式,它的网页非常简洁与易于使用。Google 提供了多种特定类型信息的搜索服务,包括网页、论坛、图片、视频与地图等。

如果用户要使用 Google 搜索引擎,可以按以下几个步骤进行操作。

(1) 通过浏览器打开 Google 网页(如图 9-59 所示)。用户可通过关键字进行信息搜索。在页面中央的框中,输入本次搜索使用的关键字(例如"Football"),单击"Google 搜索"按钮。

图 9-59　Google 网页

(2) 出现搜索结果网页(如图 9-60 所示)。其中,列出了符合搜索条件的 2 010 000 000 个网页记录,每个页面仅显示其中 10 条记录。用户可通过设置搜索条件提高搜索精度。在页面底部,单击"高级搜索"链接。

(3) 出现"高级搜索"网页(如图 9-61 所示)。用户可选择搜索结果、语言、区域与文件格式等。用户可设置关键字所在位置(例如"网页的标题")。在完成设置后,单击"Google 搜索"按钮。

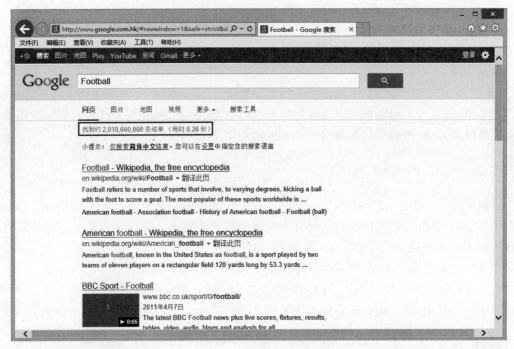

图 9-60　搜索结果网页

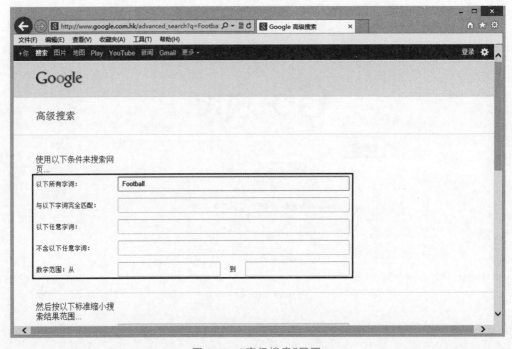

图 9-61　"高级搜索"网页

（4）返回搜索结果网页。其中，列出了符合搜索条件的 496 000 个网页记录。显然，高级搜索结果更接近用户的要求。

9.5.2　百度搜索引擎

百度是近年来新兴的搜索引擎之一,它是最受欢迎的中文搜索引擎。百度只提供基于关键字的搜索方式,它的网页非常简洁与易于使用。百度提供了多种特定类型信息的搜索服务,包括网页、论坛、图片、视频与地图等。

如果用户要使用百度搜索引擎,可以按以下几个步骤进行操作。

(1)通过浏览器打开百度网页(如图 9-62 所示)。用户可通过关键字进行信息搜索。在页面中央的框中,输入本次搜索使用的关键字(例如"足球"),单击"百度一下"按钮。

图 9-62　百度网页

(2)出现搜索结果网页(如图 9-63 所示)。其中,列出了符合搜索条件的 100 000 000 个网页记录,每个页面只能显示其中 10 条记录。用户可通过设置搜索条件提高搜索精度。在页面底部,单击"高级搜索"链接。

(3)出现高级搜索网页(如图 9-64 所示)。用户可设置搜索使用的语言,选中"仅在简体中文中"单选按钮;或者设置关键字所在位置,选中"仅网页的标题中"单选按钮。在完成设置后,单击"百度一下"按钮。

(4)返回搜索结果网页。其中,列出了符合搜索条件的 30 100 000 个网页记录。显然,高级搜索结果更接近用户的要求。

图 9-63　搜索结果网页

图 9-64　高级搜索网页

小结

（1）IE 浏览器是 Microsoft 公司的浏览器软件，它是一种浏览网页的 Web 客户端软件。IE 浏览器的主要功能包括：浏览网页的方法、保存网页与图片、设置浏览器属性、添加与管理收藏夹。

（2）Outlook 是 Microsoft 公司的邮件客户端软件，它是 Office 办公软件集成的一个组件。Outlook 软件的主要功能包括：创建电子邮件账户、接收与处理邮件、书写与发送邮件、使用与管理通讯簿。

（3）IE 浏览器既可用来从网页中下载文件，也可作为 FTP 客户端从 FTP 站点下载文件。FTP 客户端软件可用来登录 FTP 站点，从 FTP 服务器下载或向服务器上载文件。

（4）QQ 是腾讯公司的即时通信软件，可提供即时消息、文件传输、视频聊天等功能。

（5）搜索引擎是在 Internet 执行信息搜索的专门网站。英文、中文搜索引擎的典型分别是 Google、百度。

习题

1. 单项选择题

9.1　在 IE 浏览器中，打开上一个网页的快捷按钮是（　　）。

　　A. 前进　　　　　B. 停止　　　　　C. 后退　　　　　D. 刷新

9.2　用户将接收的邮件原封未动地发送给其他收件人的过程称为（　　）。

　　A. 转发邮件　　　B. 下载邮件　　　C. 答复邮件　　　D. 上传邮件

9.3　以下关于 IE 浏览器的描述中，错误的是（　　）。

　　A. IE 浏览器是一种 Web 客户端软件　　B. IE 浏览器的最大特点是开放源代码

　　C. IE 浏览器可用于访问 FTP 服务器　　D. IE 浏览器可浏览网页与下载文件

9.4　以下关于 Outlook 软件的描述中，错误的是（　　）。

　　A. Outlook 是一种电子邮件客户端软件

　　B. Outlook 由 Microsoft 公司开发与维护

　　C. Outlook 可发送、接收与管理电子邮件

　　D. Outlook 与 Outlook Express 是同一软件

9.5　以下关于 QQ 软件的描述中，错误的是（　　）。

　　A. QQ 是一种 Web 服务器软件　　　B. QQ 的基本功能是即时通信

　　C. QQ 可支持文件传输功能　　　　D. QQ 可支持视频聊天功能

9.6　以下关于 Google 网站的描述中，错误的是（　　）。

　　A. Google 是一个典型的英文搜索引擎　　B. Google 仅支持分类目录的搜索方式

　　C. Google 仅支持基于关键字的搜索方式　D. Google 可提供针对图片的搜索方式

2. 填空题

9.7　在 Outlook 中，接收到的邮件默认保存在_____。

9.8　在网页中，超链接的载体主要是文字与_____。

9.9　在常见的文件类型，后缀为 zip 的文件属于_____。

9.10　在 IE 浏览器中，用于收藏网页地址的是_____。

9.11　在 FTP 服务器中，存储文件的典型结构是_____。

9.12　在 IE 浏览器中，保存登录信息的临时文件称为_____。

第 10 章　网络管理与网络安全技术

随着计算机网络的发展与广泛应用,网络在信息系统中的作用越来越重要,用户也越来越关心网络安全与管理问题。本章将系统地讨论网络管理技术、网络安全的概念、网络安全策略设计、网络防火墙技术,以及恶意代码及防护技术。

10.1　网络管理技术

10.1.1　网络管理的重要性

随着计算机网络广泛应用于社会生活的各个方面,特别是在政府部门、金融机构、企事业单位与军事领域的应用,支持各种信息系统的网络地位变得越来越重要。整个社会对网络的依赖程度不断增强。当前社会已经步入信息社会,信息已成为一种重要战略资源。1998 年,图灵奖获得者 Jim Gray 曾经预言:在网络环境中,每 18 个月新产生的信息量等于之前产生信息量的总和。这些信息大多数存储在计算机中,并且通过计算机网络进行传输。最初很多人都质疑这个预言,但它得到互联网发展现状的证实。

从电子商务、电子政务与远程教育,到个人常用的 Web 浏览、电子邮件、文件传输、即时通信、网络游戏、网络视频与博客等,这些服务都离不开互联网平台,以及后台复杂的硬件、软件系统的支持。小到个人用户,大到政府部门、金融机构、企事业单位与信息服务业,都对计算机网络有很大的依赖性。尤其是现在的年轻人,几乎是伴随着互联网而长大的,例如,百度、淘宝网、京东商城、优酷网、QQ 与 BT 等,这些都是日常生活中常用的服务,它们都离不开互联网这个平台。

对于政府机构,我国大多数政府部门都开通自己的网站,并且通过互联网与内部网开展电子政务服务。对于金融机构,我国各大商业银行、保险公司、证券公司都有自己的信息系统,每天都有数以亿计的资金通过这些系统周转。对于企事业单位,很多企业有自己的企业内部网与信息系统,越来越多的企业通过互联网开展电子商务。对于营业额日益增加的电子商务网站,它们提供的是 7×24h 的不间断服务,网络服务不正常带来的损失是巨大的。因此,网络自身运行的持续性、可靠性至关重要。

随着计算机网络与通信技术的飞速发展,计算机网络的规模不断扩大、结构日趋复杂。计算机网络技术经过几十年的发展,从广域网、局域网到城域网,不断有新的技术出现与过时的技术消失。广域网曾出现 X.25、帧中继、ATM、SONET、WDM 光网络等技术。城域网发展到当前的宽带城域网,从调制解调器拨号发展到局域网、ADSL、有线电视与光纤接入共存的局面。局域网从最初的以太网、令牌总线、令牌环网三分天下,到以太网一枝独秀的局面,从十兆到百兆、千兆甚至万兆以太网,以及交换式、无线局域网的出现。

局域网组网设备从集线器发展到交换机。以校园网或企业网为例,最初是在小范围内组建局域网,后来是校园内的多个局域网的互联,发展到多个校区之间的互联。在计算机网络不断扩展的过程中,网络设备数量增多、分布范围扩大、厂商与型号复杂。网络硬件设备主要包括:服务器、工作站、路由器、交换机、网关、网卡与传输介质等。网络软件产品主要包括:网络操作系统、网络服务器软件、数据库系统与网络信息系统等。只有具备丰富的网络管理知识的人员,才能对复杂的网络系统进行管理。

任何一个有效、实用的网络系统都离不开网络管理。如果在网络系统设计中没有考虑网络管理问题,那么这个设计方案是有严重缺陷的,按这样的设计组建的网络系统无疑存在风险。如果出现网络性能下降、甚至因故障而造成网络瘫痪,对信息化程度高的企业将会造成严重的损失,这种损失通常是远大于在组建网络系统时,用于购置网络软硬件与网络系统开发方面的投资。无论对于网络管理员、网络应用开发者或普通网络用户,学习网络管理的相关知识都是很重要的。

10.1.2　网络管理的基本概念

1. 网络管理的定义

网络管理(network management)起源于电信网络的管理。1969 年,随着第一个计算机网络 ARPANET 诞生,针对计算机网络的管理技术开始发展。网络管理的目标是通过合理的网络配置与安全策略,保证网络安全、可靠、连续与正常运行,当网络出现异常时及时响应并排除故障;通过网络状态监控、资源使用统计与网络性能分析,对网络做出及时调整与扩充,以便优化网络性能。图 10-1 给出了一个网络管理的例子。随着计算机网络与通信技术的发展,网络管理的定义一直在发生变化。

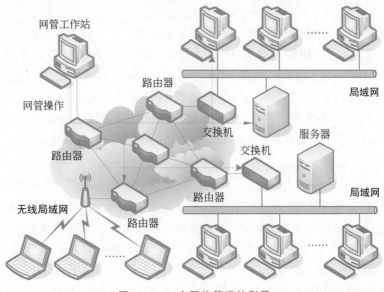

图 10-1　一个网络管理的例子

网络管理的定义主要分为两种:广义与狭义。狭义的网络管理是指对网络通信量的管理,广义的网络管理是指对网络系统的管理。本书中所说的是广义的网络管理,是指用于运营、管理与维护一个网络,以及提供网络服务与信息处理所需的各种活动的总称。这种网络管理的定义可以概括为 OAM&P。其中,O 是指运营(operation),A 是指管理(administration),M 是指维护(maintenance),P 是指提供(provisioning)。这是网络管理的一个比较权威的定义,国内外的很多教材都在使用这个定义。

广义的网络管理通常会涉及以下三个方面。

(1) 网络提供(network provisioning):通过提供新的服务类型来增加网络服务,或通过增加网络设备来提高网络性能。

(2) 网络维护(network maintenance):通过网络性能监控、故障诊断与报警、故障隔离与恢复等手段,保证网络可靠与连续地运行。

(3) 网络处理(network administration):通过收集与分析网络通信量、设备利用率等数据,以优化网络资源的使用效率。

2. 网络管理的相关概念

随着网络规模扩大与网络结构日趋复杂,用户对网络管理的需求也不断提高。为了支持不同网管系统之间的互操作,网络管理需要有一个国际性的标准。目前,很多国际组织致力于网络管理标准的制定。ISO 定义的网管模型包括四个部分:组织模型、信息模型、通信模型与功能模型。其中,组织模型描述网管系统的组成部分与基本结构,信息模型描述网管系统的对象命名与结构,通信模型描述网管系统使用的网管协议,功能模型描述网管系统提供的主要功能。

网管系统的管理操作是对管理对象的操作,需要解决的首要问题是管理对象如何表示。网络管理信息模型用于描述管理对象格式,以及各个管理对象之间的关系。网络管理信息模型涉及 3 个重要的概念:管理信息结构(Structure of Management Information,SMI)、管理信息库(Management Information Base,MIB)与管理信息树(Management Information Tree,MIT)。其中,SMI 用于定义表示管理信息的语法,它需要使用 ASN.1 语言来描述;MIB 用于存储管理对象的信息,其中的对象是由 MIT 来定义的。

MIT 是用于定义管理对象的树状结构。管理对象唯一地定义在树状结构中,每个对象都是树中的一个结点,括号中的整数是对象标识符。MIT 允许通过定义子树来扩展功能。图 10-2 给出了 MIT 的基本结构。其中,根结点下的 iso 定义 ISO 组织,iso 下的 org 定义 ISO 认可的组织,org 下的 dod 定义美国国防部的研究机构,dod 下的 internet 定义 Internet 的相关应用,internet 下的 mgmt 定义 MIB 库。根据这种命名规则,Internet 表示为 1.3.6.1,MIB 表示为 1.3.6.1.2.1,SNMP 表示为 1.3.6.1.2.1.11。

10.1.3　网络管理功能

为了满足不同网管系统之间互操作的需求,很多组织一直在进行网管标准化的努力。ISO 在这方面所做的贡献是最显著的,它定义的网管功能域包含主要网管功能,并被各个网管软件开发商与研究机构接受。ISO 网管功能定义为 5 个功能域:配置管理(configuration management)、故障管理(fault management)、性能管理(performance management)、安全管理(security management)与记账管理(accounting management)。根据需要管理的网络系统的实际情况,网管软件需要实现全部或其中部分功能。

1. 配置管理

配置管理用于实现网络设备的配置与管理,主要是网络设备的参数与设备之间的连接关

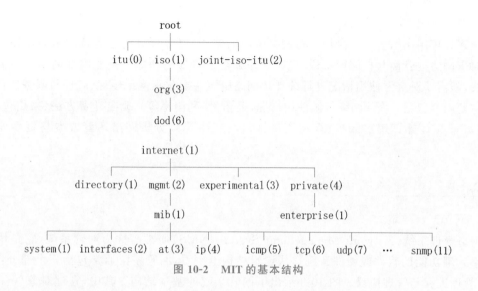

图 10-2 MIT 的基本结构

系。网络配置可能经常发生变化，主要原因包括：根据用户需求的变化来调整网络规模，设备或线路故障排除可能影响部分网络使用，通信子网结点故障可能造成路由改变。网络配置变化可能是临时或永久，网管系统需要支持对这些变化的响应。配置管理的主要内容包括：标识网络中的被管对象（网络设备的表示），识别网络的拓扑结构（生成拓扑结构图），修改指定设备的配置（工作参数、连接关系的改变）。

2. 故障管理

故障管理用于发现与解决网络中的故障，目的是保证网络连续、可靠地运行并提供服务。网络故障会导致网络出现异常甚至瘫痪，或者是用户无法接受的网络性能。故障管理需要能够及时发现与报告故障，通过分析事件报告确定故障位置、原因与性质，并采取必要的措施来排除故障。故障管理的主要内容包括：故障检测（通过轮询机制或告警信息），故障记录（生成故障事件、告警信息或日志），故障诊断（通过诊断测试或故障跟踪），故障恢复（通过设备更换、维修或启用冗余设备）。

3. 性能管理

性能管理用于测试网络运行中的性能指标，目的是检验网络服务是否达到预定水平，找出已经发生的问题或潜在的瓶颈，通过数据分析与统计来建立性能分析模型，以便预先报告网络性能的变化趋势，并为网络管理决策提供必要的依据。性能参数包括网络的吞吐率、利用率、错误率、响应时间、传输延时等。监控网络设备与连接的使用情况对性能管理至关重要。性能管理可以分为两个部分：性能监控与网络控制。其中，性能监控是指收集网络状态信息，网络控制是指为改善性能采取的措施。

4. 安全管理

安全管理用于保护网络中资源的安全，以及网管系统自身的安全性。安全管理需要利用各种层次的安全防护机制，包括防火墙、入侵检测、认证与加密、防病毒等，使非法入侵事件尽可能少发生。安全管理的主要内容包括：控制与维护对网络资源的访问权限，安全服务设施的建立、控制与删除，与安全措施有关的信息分发（例如密钥分发），与安全有关的事件通知（例如网络有非法入侵、无权用户对特定信息的访问），与安全有关的网络操作的记录、维护与查阅等，以及网络防病毒等。

5. 记账管理

记账管理用于监视与记录用户对网络资源的使用,以及计算网络运行成本与用户应交费用。对于网络运营商与校园网来说,记账管理都是很重要的功能。企业内部网通常不需要进行计费,但需要对资源使用情况进行统计。网络资源主要包括网络硬件、软件与服务。记账管理的主要内容包括:统计网络资源使用情况(通信量、利用率等),确定计费方法(采用包月、计时、按流量等),计算用户账单(根据资源、时段、费率等),分析网络运营成本与资费变更影响等。

10.1.4　网管系统的概念

1. 网管系统的定义

网络管理系统(Network Management System,NMS)通常简称为网管系统,它是用来实现网络管理功能的软件或硬件系统。从逻辑结构上来看,网管系统通常包括三个部分:管理对象、管理进程与管理协议。图 10-3 给出了网管系统的基本结构。其中,管理对象(managed object)是经过抽象的网络元素,对应于网络中具体可以操作的数据,例如,网络设备的工作参数、记录设备状态的变量与网络性能的统计参数等。网络设备主要包括:交换机、路由器、网桥、网关与服务器等。

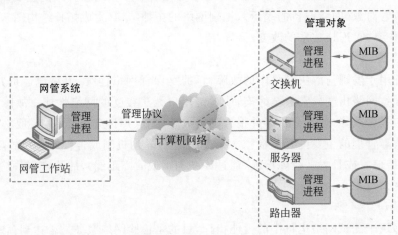

图 10-3　网管系统的基本结构

管理进程(management process)是负责对网络设备进行管理与监控的软件,它安装在网络中的网管工作站与各种网络设备中。管理进程根据网络中的各个管理对象的状态变化,决定对不同管理对象进行哪种具体的管理操作,例如,调整网络设备的工作参数、控制网络设备的工作状态等。管理协议(management protocol)负责在网管工作站与网络设备的管理进程之间通信,传输信息包括发送的操作命令与返回的操作结果。管理进程需要按照管理协议的具体规定来实现。

网管系统的管理操作是对具体管理对象的操作,管理对象的相关信息存储在 MIB 中。每个网管系统都需要 MIB 的支持,用于记录网络中管理对象的相关信息。网管系统中的每个管理进程都有 MIB,网管工作站中的 MIB 存储网络中所有设备的信息,网络设备中的 MIB 存储本身的管理信息。网管系统通过查询 MIB 中存储的管理信息,获得有关网络设备的工作参数与状态变量。网管系统需保证 MIB 与网络设备的对应数据的一致性。

2. 网管系统的分类

根据不同的分类方法,例如,管理对象、管理功能与管理范畴,网管系统可以分为不同类型。根据网络管理功能的不同,网管系统可以分为:网络配置管理、网络故障管理、网络性能管理、网络服务/安全管理、网络计费管理等系统。根据提供的管理功能的不同,根据网络管理范畴的不同,网管系统可以分为:针对主干网的管理、针对接入设备的管理、针对用户使用的管理等系统。

根据管理对象的不同,网管系统通常分为两种类型:一种是专用网络管理系统,通常称为网元管理系统(Element Management System,EMS);另一种是通用网络管理系统,也就是前面所说的网络管理系统(NMS)。这两种网管系统面对的管理对象不同,它们分别是针对设备级别与网络级别,因此适合管理的网络规模是不同的。

EMS 只负责管理单独的网络设备,例如,路由器、交换机、网桥与服务器等。EMS 通常是由硬件设备厂商提供的,各厂商会使用自己专有的 MIB,以实现对自己的网络设备的细致管理。EMS 通常为设备提供图形化的显示面板,以直观地完成网络设备的安装、配制与监控等。典型的 EMS 主要包括:Cisco 公司的 Cisco View、安奈特公司的 AT-View Plus、华为公司的 QuidView 等。这些 EMS 都提供一系列的管理工具,以管理自己的网络设备。

NMS 负责管理整个网络而不是单个设备,通常用于掌握整个网络的工作状况,作为底层网管平台服务于上层的 EMS。NMS 提供兼容性好的第三方网管平台,支持所有网络设备的发现与监控,可集成某些厂商的网络设备的私有 MIB,对多个厂商的网络设备进行识别与统一管理。典型的 NMS 主要包括:HP 公司的 OpenView、CA 公司的 Unicenter、IBM 公司的 Tivoli NetView、安奈特公司的 AT-SNMPc 等。这些 NMS 适于管理复杂的大型网络。

10.1.5　网络管理协议标准

很多组织在网络管理方面制定了自己的协议,主要包括通用管理信息协议(Common Management Information Protocol,CMIP)、简单网络管理协议(Simple Network Management Protocol,SNMP)与电信管理网络(Telecommunication Management Network,TMN)。其中,CMIP 是 ISO 制定的网络管理协议,SNMP 是 IETF 制定的网络管理协议,TMN 是 ITU 制定的网络管理协议。

目前,SNMP 是应用最多、支持最广的网管协议,可以说它已成为事实上的网管标准,受到网络设备生产商与软件开发商的支持。SNMP 是一种面向 Internet 的网络管理协议,面向的管理对象主要是各种网络互联设备,例如,交换机、路由器与网桥等设备,这些设备的共同特点是内存与 CPU 处理能力有限。SNMP 的设计目的是简化网络管理工作,正是这种设计思想促成了 SNMP 的成功。SNMP 的最大优点表现在:协议简单、易于实现。

1987 年,IETF 制定了简单网关监控协议(SGMP)。SGMP 是一种监控网关或路由器的协议。SNMP 在 SGMP 的基础上发展起来。1989 年,IETF 制定 SNMP 第一个版本(SNMPv1),它是一种设计简单、易于实现的协议。1993 年,IETF 制定 SNMP 第二个版本(SNMPv2),增加操作类型与支持多种传输层协议。1998 年,IETF 制定 SNMP 第三个版本(SNMPv3),提供安全性与改进的框架结构。1991 年与 1995 年,IETF 制定远程网络监控(RMON1 与 RMON2),作为对 SNMP 功能的补充。

SNMP 是一种应用层的网络协议,因此它可以看成是一种网络服务。SNMP 系统采用客户机/服务器工作模式。图 10-4 给出了 SNMP 系统的基本结构。SNMP 系统包括两个组成部分：SNMP 客户机与 SNMP 服务器。实际上，SNMP 客户机就是管理器(manager)，它安装在执行网络管理的计算机中；SNMP 服务器就是代理(agent)，它安装在被管理的网络设备中。管理器向代理发出 SNMP 请求，要求 SNMP 执行某种网管操作；代理执行管理器要求的网管操作，并向管理器返回 SNMP 应答。

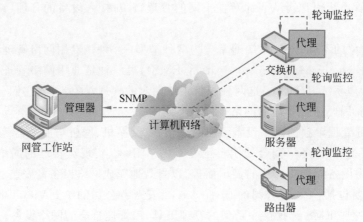

图 10-4 SNMP 系统的基本结构

SNMP 在传输层采用支持无连接服务的 UDP。SNMP 负责在管理器与代理之间传输管理信息，该信息用于表示网络设备的状态或参数。网络设备的管理信息可分为很多类型，并被保存在 MIB 中的管理对象中。SNMP 采用轮询监控的方式，管理器定时向代理请求获得管理信息，并根据返回的信息判断是否有异常事件发生。SNMP 只定义了很少几种操作命令，例如，GetRequest、SetRequest 与 GetResponse，用于实现读取、修改 MIB 库与返回应答信息。

10.2 网络安全的基本概念

10.2.1 网络安全的重要性

计算机网络对经济、文化、教育、科学等领域有重要影响，同时也不可避免地带来一些新的社会、道德与法律问题。Internet 技术的发展促进了电子商务技术的成熟，大量的商业信息与资金通过计算机网络在世界各地流通，这已经对世界经济发展产生重要的影响。政府上网工程的实施使各级政府、部门之间利用网络进行信息交互。远程教育使数以千万计的学生可以在不同地方，通过网络进行课堂学习、查阅资料与提交作业。网络正在改变人们的工作、生活与思维方式，对提高人们的生活质量产生重要的影响。发展网络技术已成为国民经济现代化建设的重要基础。

计算机网络应用对社会发展有正面作用，同时还必须注意到它所带来的负面影响。用户可以通过计算机网络快速地获取、传输与处理各种信息，涉及政治、经济、教育、科学与文化等领域。但是，计算机网络在给广大用户带来方便的同时，也必然会给个别不法分子带来可趁之机，通过网络非法获取重要的经济、政治、军事、科技情报，或是进行信息欺诈、破坏与网络攻击等犯罪活动。另外，也会出现涉及个人隐私的法律与道德问题，例如，利用网络发表不负责任或损害他人利益的信息等。

计算机犯罪正在引起整个社会的普遍关注,而计算机网络是犯罪分子攻击的重点。计算机犯罪是一种高技术型犯罪,其隐蔽性对网络安全构成很大威胁。根据有关统计资料表明,计算机犯罪案件以每年超过 100% 的速度增长,网站被攻击的事件以每年 10 倍的速度增长。从 1986 年发现首例计算机病毒以来,几年间病毒数量以几何级数增长,目前已经发现的计算机病毒数超过十万种。网络攻击者在世界各地寻找袭击网络的机会,并且他们的活动几乎到了无孔不入的地步。

黑客(hacker)的出现是信息社会不容忽视的现象。黑客一度被认为是计算机狂热者的代名词,他们一般是对计算机有狂热爱好的学生。当麻省理工学院购买第一台计算机供学生使用时,这些学生通宵达旦写程序并与其他同学共享。后来,人们对黑客有了进一步的认识:黑客中的大部分人不伤害别人,但也会做一些不应该做的事情;部分黑客不顾法律与道德的约束,由于寻求刺激、被非法组织收买或对某个组织的报复心理,而肆意攻击与破坏一些组织的计算机网络,这部分黑客对网络安全有很大的危害。

电子商务的兴起对网站的安全性要求越来越高。2001 年年初,在美国的著名网站被袭事件中,Yahoo!、Amazon、eBay、CNN 等重要网站接连遭到黑客攻击,这些网站被迫中断服务达数小时,据估算造成的损失高达 12 亿美元。网站被袭事件使人们对网络安全的信心受到重创。以瘫痪网络为目标的袭击破坏性大、造成危害速度快、影响范围广,而且更难于防范与追查。袭击者本身所冒的风险却非常小,甚至在袭击开始前就消失得无影无踪,使被袭击者没有实施追踪的可能。

计算机网络安全涉及一个系统的概念,它包括技术、管理与法制环境等多方面。只有不断健全有关网络与信息安全的法律法规,提高网络管理人员的素质、法律意识与技术水平,提高用户自觉遵守网络使用规则的自觉性,提高网络与信息系统安全防护的技术水平,才可能不断改善网络与信息系统的安全状况。人类社会靠道德与法律来维系。计算机网络与 Internet 的安全也需要保证,必须加强网络使用方法、网络安全与道德教育,研究与开发各种网络安全技术与产品,同样要重视"网络社会"中的"道德"与"法律"。

目前,网络安全问题已成为信息化社会的焦点问题。每个国家只能立足于本国,研究自己的网络安全技术,培养自己的专门人才,发展自己的网络安全产业,才能构筑本国的网络与信息安全防范体系。因此,我国的网络与信息安全技术的自主研究与产业发展,是关系到国计民生与国家安全的关键问题。

10.2.2 网络安全的基本问题

计算机网络是为了将单独的计算机互连起来,提供一个可共享资源或信息的通信环境。网络安全技术就是通过解决网络安全存在的问题,以保护信息在网络境中存储、处理与传输的安全。威胁网络安全的主要因素可归纳为以下六方面。

1. 网络防攻击问题

为了保证运行在网络中的信息系统安全,首要问题是保证网络自身能正常工作。首先要解决的是如何防止网络被攻击,或者网络被攻击后仍然能保持正常工作状态。如果网络被攻击后瘫痪或出现其他严重问题,则这个网络中的信息安全也无从说起。

Internet 中的网络攻击可分为两种类型:服务攻击与非服务攻击。服务攻击是指对网络中提供某种服务的服务器发起攻击,造成该网络的拒绝服务与网络工作不正常。例如,攻击者可能针对一个网站的 Web 服务,他会设法使该网站的 Web 服务器瘫痪或修改主页,使该网站的 Web 服务失效或无法正常工作。非服务攻击是指对网络通信设备(例如路由器、交换机)发起攻击,使网络通信设备的工作严重阻塞或瘫痪,这样就会造成小到一个局域网,大到一个或几个子网不能正常工作。

网络安全研究人员都懂得:知道自己被攻击就赢了一半。网络安全防护的关键是如何检测到网络被攻击,检测到网络被攻击后采取怎样的处理办法,将网络被攻击产生的损失控制到最小。因此,研究网络可能遭到哪些人的攻击,攻击类型与手段可能有哪些,如何及时检测并报告网络被攻击,以及相应的网络安全策略与防护体系,这些问题既是网络安全技术研究的重要内容,也是当前网络安全技术研究的热点问题。

2. 网络安全漏洞与对策问题

计算机网络系统运行一定会涉及:计算机硬件与操作系统、网络硬件与软件、数据库管理系统、应用软件,以及网络通信协议等。各种计算机硬件与操作系统、应用软件都存在一定的安全问题,它们不可能百分之百无缺陷或无漏洞。UNIX 是 Internet 中应用最广泛的网络操作系统,但在不同版本的 UNIX 操作系统中,或多或少会找到能被攻击者利用的漏洞。TCP/IP 是 Internet 使用的基本通信协议,在该协议中也会找到能被攻击者利用的漏洞。用户开发的各种应用软件可能存在更多的漏洞。

对于很多软件与硬件中的问题,在研发与测试中大部分会被发现与解决,但是总会遗留下一些问题。这些问题只能在使用过程中被发现。这是非常自然的事,否则技术就无法进步。需要注意的是:网络攻击者会寻找这些安全漏洞,并将这些漏洞作为攻击网络的首选目标。这要求网络安全研究人员与网管人员必须主动了解计算机硬件与操作系统、网络硬件与软件、数据库管理系统、应用软件与通信协议可能存在的安全问题,利用各种软件与测试工具检测网络可能存在的漏洞,并及时提出解决方案与对策。

3. 网络信息安全保密问题

网络中的信息安全保密主要包括两方面:信息存储安全与信息传输安全。信息存储安全是指防止计算机中存储的信息被未授权的网络用户非法访问。非法用户可以通过猜测或窃取用户口令的办法,或设法绕过网络安全认证系统冒充合法用户,以查看、修改、下载或删除未授权访问的信息。信息存储安全通常由操作系统、数据库管理系统、应用软件与防火墙共同完成,通常采用用户访问权限、身份认证、数据加密等方法。

信息传输安全是指防止信息在网络传输过程中泄露或被攻击。信息在网络传输中被攻击可分为四种类型:截获、窃听、篡改与伪造。图 10-5 给出了信息被攻击的四种类型。其中,截获信息是指信息从源结点发出后被攻击者截获,目的结点没有接收到该信息的情况;窃听信息是指信息从源结点发出后被攻击者窃听,目的结点接收到该信息的情况;篡改信息是指信息从源结点发出后被攻击者截获,并将修改的信息发送给目的结点的情况;伪造信息是指攻击者冒充源结点将信息发送给目的结点的情况。

信息安全的主要技术是数据加密与解密算法。密码学中将源信息称为明文。对于需要保护的重要信息,将明文通过某种算法变换成无法识别的密文。将明文变换成密文的过程称为加密;将密文恢复成明文的过程称为解密。图 10-6 给出了数据加密与解密过程。传统的密码学已经有很悠久的历史,自从 1976 年公开密钥密码体系诞生,密码学的发展速度很快,并在网络中获得广泛应用。目前,人们经常通过加密与解密算法、身份认证、数字签名等,保证信息在存储与传输中的安全问题。

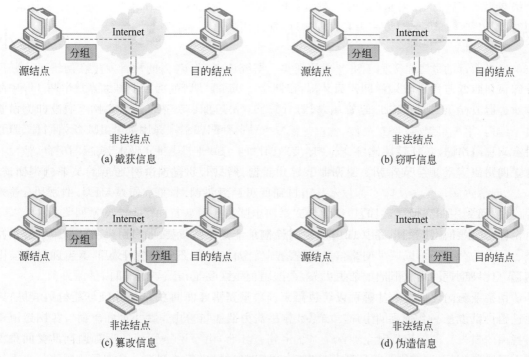

图 10-5　信息被攻击的四种类型

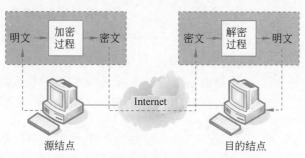

图 10-6　数据加密与解密的过程

4. 网络内部安全防范问题

除了上述可能对网络安全构成威胁的因素,还有一些威胁主要是来自网络内部。如何防止源结点用户发送信息后不承认,或是目的结点接收信息后不承认,即出现抵赖问题。"防抵赖"是网络对信息传输安全保障的重要内容之一。如何防抵赖也是电子商务应用必须解决的重要问题。网络安全技术需要通过身份认证、数字签名、第三方认证等方法,确保信息传输的合法性与防止出现抵赖现象。

如何防止合法用户有意或无意做出对网络、信息安全有害的行为,这些行为主要包括:有意或无意泄露网络管理员或用户口令;违反网络安全规定,绕过防火墙私自与外部网络连接,造成系统安全漏洞;超越权限查看、修改与删除系统文件、应用程序与数据;超越权限修改网络系统配置,造成网络工作不正常;私自将带有病毒的磁盘等拿到企业网络中使用。这类问题经常出现并且危害性极大。

解决网络内部的不安全因素必须从技术与管理两方面入手:通过网络管理软件随时监控

网络与用户工作状态;对重要资源(例如主机、数据库、磁盘等)的使用状态进行记录与审计。同时,制定和不断完善网络使用和管理制度,加强用户培训和管理。

5. 网络防病毒问题

网络病毒的危害是人们不可忽视的现实。据统计,目前 70%的病毒发生在网络中。联网计算机的病毒传播速度是单机的 20 倍,网络服务器杀毒花费的时间是单机的 40 倍。电子邮件炸弹可以使用户的计算机瘫痪,有些网络病毒甚至会破坏系统硬件。有些网络设计人员在目录结构、用户组织、数据安全性、备份与恢复方法,以及系统容错技术上采取严格措施,但是没有重视网络防病毒问题。也许有一天,某个用户从家中带来一张已染上病毒的优盘,他没有遵守网络使用制度在办公室的计算机中打开优盘,网络很可能会在这此后的某个时刻瘫痪。因此,网络防病毒需要从防病毒技术与用户管理两方面入手。

6. 网络数据备份与恢复问题

在实际的网络运行环境中,数据备份与恢复功能是非常重要的。网络安全需要从预防、检查、反应等方面着手,以减少网络信息系统的不安全因素,但不可能完全保证不出现网络安全问题。如果出现网络故障造成数据丢失,数据是否能恢复是很重要的问题。

网络系统的硬件与软件都可以用钱买来。数据是多年积累的结果并且可能价值连城,因此它也可以说是一个企业的生命。如果数据丢失并且不能恢复,就可能给企业与客户造成不可挽回的损失。国外出现过企业网络系统遭到破坏时,由于网络管理员没有保存足够的备份数据而无法恢复,造成无可挽回的损失甚至企业破产的先例。因此,一个实用的网络信息系统设计中必须考虑数据备份与恢复手段。

10.2.3　网络安全服务的主要内容

网络安全应该包括三方面的内容:网络攻击、安全机制与安全服务。其中,网络攻击是指有损于网络信息安全的操作;安全机制是指用于检测、预防以及在受到攻击后恢复的机制;安全服务是指提高网络应用系统中信息传输安全性的服务。网络安全服务应该提供以下几种基本功能。

1. 保密性

保密性(confidentiality)服务是指对网络中的信息进行加密,以防止信息在传输过程中被攻击。根据系统所传输信息的安全要求不同,用户可选择采用不同的保密级别。最典型的方法是保护两个用户在一段时间内传输的所有信息,防止信息在传输过程中被截获与分析。

2. 认证

认证(authentication)服务是指对信息的源结点与目的结点的身份进行确认,以防止出现假冒、伪装成合法用户的现象。网络中的两个用户开始通信时,首先要确认对方是合法用户,还要保证不会有第三方在通信过程中干扰与攻击信息交换的过程,保证网络中信息传输的安全性。

3. 数据完整性

数据完整性(data integrity)服务是指保证目的结点接收的信息与源结点发送的信息一致,以防止信息在传输过程中没有被复制、修改等。数据完整性服务可以分为两类:有恢复服务与无恢复服务。数据完整性服务与信息受到主动攻击相关,因此数据完整性服务更注重信息一致性的检测。如果安全系统检测到数据完整性遭到破坏,可以只报告攻击事件发生,也可以通过软件或人工干预方式进行恢复。

4. 防抵赖

防抵赖(non-repudiation)服务是指保证源结点与目的结点不能否认自己收发过信息。如果出现源结点对发送信息的过程予以否认,或目的结点对已接收的信息予以否认的情况,防抵赖服务可以提供记录说明否认方的问题。防抵赖服务对电子商务活动是非常有用的。

5. 访问控制

访问控制(access control)服务是指控制与限定网络用户对主机、应用与服务的访问。如果攻击者要攻击某个网络,首先要欺骗或绕过网络访问控制机制。常用的访问控制服务是通过身份认证与访问权限来确定用户身份的合法性,以及对主机、应用或服务类型的合法性。更高安全级别的访问控制服务可以通过一次性口令、智能卡,以及个人特殊性标识(例如指纹、视网膜、声音)等方法提高身份认证的可靠性。

10.2.4　网络安全标准

保证网络安全只依靠技术来解决是远远不够的,还必须依靠政府、立法机构制定与完善法律、法规来制约。目前,我国与世界各国都很重视计算机、网络与信息安全的立法问题。从1987 年开始,我国政府就相继制定与颁布了一系列法律法规,它们主要包括:《电子计算机系统安全规范》(1987 年 10 月)、《计算机软件保护条例》(1991 年 5 月)、《计算机软件著作权登记办法》(1992 年 4 月)、《中华人民共和国计算机信息与系统安全保护条例》(1994 年 2 月)、《计算机信息系统保密管理暂行规定》(1998 年 2 月)、全国人民代表大会常务委员会通过的《关于维护互联网安全决定》(2000 年 12 月)等。

国外关于网络与信息安全技术与法规的研究起步较早,比较重要的组织有美国国家标准与技术协会(NIST)、美国国家安全局(NSA)、美国国防部高级研究计划署(ARPA),以及很多国家与国际性组织(例如 IEEE-CS 安全与政策工作组、故障处理与安全论坛等)。它们的工作重点各有侧重点,主要集中在计算机、网络与信息系统的安全政策、标准、安全工具、防火墙、网络防攻击技术,以及计算机与网络紧急情况处理等方面。

评估计算机、网络与信息系统安全性的标准已有多个,最先颁布并比较有影响的是美国国防部的黄皮书(可信计算机系统 TC-SEC-NCSC)评估准则。欧洲信息安全评估标准(ITSEC)最初是用来协调法国、德国、英国、荷兰等国的指导标准,目前已经被欧洲各国所接受。TC-SEC-NCSC 将计算机系统安全等级分为 4 类 7 个等级,即 D、C1、C2、B1、B2、B3 与 A1。其中,D 级系统的安全要求最低,A1 级系统的安全要求最高。

1. D 级系统

D 类系统的安全要求最低,属于非安全保护类,不能用于多用户环境下的重要信息处理。D 类系统只有一个级别。

2. C 级系统

C 类系统是用户能定义访问控制要求的自主型保护类,它可以分为两个级别:C1 与 C2级。其中,C1 级系统具有一定的自主型访问控制机制,它只要求用户与数据分离。大部分UNIX 系统可满足 C1 级系统的要求。C2 级系统要求用户定义访问控制,通过注册认证、用户启动系统、打开文件的权限检查,防止非法用户与越权访问信息资源的安全保护。UNIX 系统通常能满足 C2 标准的大部分要求,有些厂商的最新版本可全部满足 C2 级系统的要求。

3. B 级系统

B 类系统属于强制型安全保护类,用户不能分配权限,只有网络管理员可以为用户分配访问权限。B 类系统分为三个级别：B1、B2 与 B3。如果将信息保密级定为非保密、保密、秘密与机密四级,B1 级系统要求能达到"秘密"级。B1 级系统要求能满足强制型保护类,它要求系统的安全模型符合标准,对保密数据打印需要经过认定,系统管理员的权限要很明确。一些满足 C2 级的 UNIX 系统,可能只满足某些 B1 级标准的要求;也有一些软件公司的 UNIX 系统可以达到 B1 级系统的要求。

B2 级系统对安全性的要求更高,它属于结构保护(structure protection)级。B2 级系统除了满足 C1 级系统的要求外,还需要满足以下几个要求：系统管理员对所有与信息系统直接或间接连接的计算机与外设分配访问权限;用户、信息系统的通信线路与设备都要可靠,并能防御外界的电磁干扰;系统管理员与操作员的职能与权限明确。除了个别的操作系统之外,大部分商用操作系统不能达到 B2 级系统的要求。

B3 级系统又称为安全域(security domain)级系统,它要求系统通过硬件方法去保护某个域的安全,例如,通过内存管理硬件去限制非授权用户对文件系统的访问。B3 级要求系统在出现故障后能够自动恢复到原状态。如果现在的操作系统不重新进行系统结构设计,很难通过 B3 级系统安全要求测试。

4. A 级系统

A1 级系统要求提供的安全服务功能与 B3 级系统基本一致。A1 级系统在安全审计、安全测试、配置管理等方面提出更高的要求。A1 级系统在系统安全模型设计与软、硬件实现上要通过认证,要求达到更高的安全可信度。

10.3 网络安全策略的基本概念

10.3.1 网络安全策略的设计

设计网络安全体系的首要任务是制定网络安全策略。网络安全策略应该包括：保护网络中的哪些资源？怎样保护这些资源？谁负责执行保护任务？出现问题如何处理？设计网络安全策略需要了解网络结构、资源、用户与管理体制。

1. 网络安全策略与网络用户的关系

网络安全策略包括技术与制度两个方面,还要制定用户应遵守的使用制度与方法。只有将二者结合起来,才能有效保护网络资源不受破坏。如果企业内部网在联入 Internet 前已开始使用,并且用户已经习惯无限制的使用方法,网络安全策略必然要对某些网络访问采取限制,用户在开始时可能很不适应。在制定网络安全策略时要注意限制的范围,首先要保证用户能有效完成各自的任务,而不能造成网络使用价值的下降。同时,也不要引发用户设法绕过网络安全系统的现象。网络安全策略应解决网络使用与安全的矛盾,使网络管理员与网络用户都乐于接受与执行。

2. 制定网络安全策略的两种思想

制定网络安全策略时有两种基本思想：凡是没有明确表示允许的就要被禁止,凡是没有明确表示禁止的就要被允许。按照第一种方法制定网络安全策略时,如果决定某台机器可以提供匿名 FTP 服务,则可以理解为除匿名 FTP 服务外的所有服务都禁止。按照第二种方法制定网络安全策略时,如果决定某台机器可以提供匿名 FTP 服务,则可以理解为除匿名 FTP

服务外的所有服务都允许。

这两种思想所导致的结果是不同的。网络服务类型很多并且不断有新的服务出现,符合第一种思想的网络安全策略只规定允许用户做什么,符合第二种思想的网络安全策略只规定不允许用户做什么。当有一种新的网络服务出现时,如果采用第一种方法制定网络安全策略,允许用户使用就需要在安全策略中明确表述;如果采用第二种方法制定网络安全策略,不明确表示禁止就意味着允许用户使用。

需要注意的是:通常采用第一种方法制定网络安全策略,明确地限定用户在网络中的权限与能使用的服务。这符合规定用户在网络访问时的"最小权限"的原则,即给予用户完成自己工作所必需的访问权限,这样更便于有效进行网络管理。

3. 网络安全策略与网络结构的关系

初期的网络管理主要是针对比较简单的网络结构而提出。Intranet 的安全问题来自外部与内部两个方面。Intranet 内部用户的管理方法与传统企业内部网相同,而外部网络用户的情况变得很复杂。由于多个网点之间存在相互访问的必要,这就带来内部用户与外部用户的管理问题。网点间网络安全策略协调的目的是:既要保护各个网络信息系统自身的资源,又不影响内部用户与外部用户对网络资源的合法使用。因此,在设计网络安全策略时,必须解决网点之间的网络安全策略的协调问题。

4. 网络安全策略与网络安全教育

网络安全应该从两个方面加以解决:要求网络管理员与用户都严格遵守网络管理规定,从技术(特别是防火墙)上对网络资源进行保护。但是,如果网络管理员与用户不能严格遵守网络管理规定,即使有再好的防火墙技术也无济于事。因此,必须正确解决好网络安全教育与网络安全制度之间的关系,切实做好网络管理员与用户的正确管理与使用网络的培训,从正面加强网络安全方面的教育。

5. 网络安全策略的完善与网络安全制度的发布

Intranet 中的信息资源、网络结构、网络服务与网络用户都在不断变化,网络安全策略与安全制度也应随情况的变化而变化,因此谁有权修改与发布网络安全策略与安全制度是个重要问题。Intranet 网点通常会有一个网管中心,负责对日常的网络管理、网络安全策略与使用制度进行修改与发布。当某个网点的网络安全策略的修改涉及其他网点时,两个网点的网管中心之间应该通过协商解决。网管中心应定期或不定期发布网点的网络安全策略、网络资源、网络服务与使用制度的变化情况。

10.3.2　网络安全策略的制定

制定网络安全策略需要研究造成信息丢失、系统损坏的各种可能,并提出对网络资源与系统保护方法的过程。制定网络安全策略实际是要回答以下问题:打算保护哪些网络资源? 哪类网络资源可以被哪些用户使用? 哪些人可能对网络构成威胁? 如何可靠、及时地保护重要资源? 谁负责调整网络安全策略? 因此,制定网络安全策略首先要完成以下任务。

1. 网络资源的定义

在制定网络安全策略的过程中,首先要从安全性的角度定义所有网络资源存在的风险。RFC1244 列出了以下需要定义的网络资源。

(1)硬件:处理器、主板、键盘、终端、工作站、个人计算机、打印机、磁盘、通信数据、终端服务器与路由器。

（2）软件：操作系统、通信程序、诊断程序、应用程序与网管软件。

（3）数据：在线存储的数据、离线文档、执行过程中的数据、网络中传输的数据、备份数据、数据库、用户登录信息。

（4）用户：普通网络用户、网络操作员、网络管理员。

（5）支持设备：磁带机与磁带、光驱与光盘。

设计网络安全策略的第一步需要分析：网络中有哪些资源？哪些资源比较重要？哪些用户可以使用这些资源？哪些用户可能对资源构成威胁？如何保护这些资源？设计网络安全策略的第一步工作是研究这些问题，并将研究结果记录在网络资源表中。在对需要保护的网络资源进行定义后，需要定义可能对网络资源构成威胁的因素，确定可能造成信息丢失与破坏的潜在因素。只有了解对网络资源构成威胁的来源与类型，才能针对这些具体的威胁提出有效的保护方法。

2. 网络使用与责任的定义

网络安全策略的制定涉及两方面的内容：网络使用与管理制度，网络防火墙的设计原则。如果不制定正确的网络使用与管理制度，网络管理员与用户不承担网络使用与管理的责任，再好的防火墙技术也没有用。在定义网络使用与责任之前，首先需要回答几个问题：允许哪些用户使用网络资源？允许用户对网络资源进行哪些操作？谁批准用户的访问权限？谁具有系统用户的访问权限？网络管理员与网络用户的权利、责任是什么？

在确定谁可以使用网络资源之前，首先需要进行以下两项工作：确定用户类型，例如，校园网用户分为网络管理员、教师、学生与外部用户；确定哪类用户可使用哪些资源以及如何使用，例如，只读、读写、删除、复制等权限。网络使用制度应明确规定用户对某类资源是否允许使用，如果允许使用进一步限定可进行哪类操作。从严格控制网络安全的角度来看，用户只能享有那些明确规定有权使用的资源。也就是说，应该规定用户能做什么，而不是规定用户不能做什么。

任何超出用户权限与绕过安全系统的行为都不允许。因此，在制定网络使用制度时，需要注意以下问题：账户是否可能被破坏？用户密码是否可能被破译？是否允许用户共享账户？如果授权多个用户访问某类资源，用户是否真能获得这种权利？网络服务是否会出现混乱？在定义谁可使用网络资源的同时，还需要回答以下问题：谁授权分配用户访问权限？谁管理与控制用户访问权限？

如果一个网点很大并且各子网分散，则必须为每个子网分别规定用户权限，并且由各子网的网络管理员来控制。为了协调各子网之间的相互关系，就需要在网点设立一个更高层的网络管理机构，以实现对用户访问网络资源的管理。网络管理员将对网络有特殊的访问权限，而普通网络用户必须限定访问权限。限定用户访问权限的原则是：平衡工作需求与网络安全的矛盾，在满足用户基本工作要求的前提下，只授予普通用户最小的访问权限。

3. 用户责任的定义

网络安全策略的另一项重要内容是：定义用户对网络资源与服务的责任。用户责任保证用户能使用规定的网络资源与网络服务。攻击者入侵网络的第一关要通过用户身份认证。认证系统的核心是检查用户标识与口令。用户标识通常是指用户名，它可以是用户名的全称、缩写或其他代码。用户口令又称为用户密码，它是除本人外其他人很难猜到的代码序列。攻击者入侵网络的常用方法是猜测或分析用户口令。因此，保护用户口令对保证网络系统的安全是至关重要的问题。

保护用户口令需要注意两个问题：一是选择口令；二是保证口令不被泄露，并且不容易被破译。选择口令时应避免使用容易被猜测的字符或数字序列，例如，自己与亲人的名字、生日、身份证号码、电话号码等。用户实际需要注意以下几点：不要书写口令；不要在别人注视下输入口令；不重复使用一个口令；经常修改口令；如果怀疑口令泄露，应立即修改口令；不将口令告诉任何人。有些网络操作系统规定用户对口令保护的措施，例如，用户口令的最小长度、更换频率、不能重复使用一个口令等。

用户责任主要包括以下内容：用户只使用允许使用的网络资源与服务，不采用不正当手段使用不应使用的网络资源；了解不经允许让其他用户使用自己账户后，可能造成的危害与应承担的责任；了解告诉他人账户密码或无意泄露密码后，可能造成的后果与用户要承担的责任；了解为什么需要定期或不定期更换密码；明确是由用户自己负责备份用户数据，还是由网络管理员统一进行数据备份；用户必须明白泄露信息可能危及网络安全，自觉遵守网络使用方法与应注意的问题。

4. 网络管理员责任的定义

网络管理员对网络安全负有最重要的责任。网络管理员是非常重要与特殊的用户。建立网络后应立即为网络管理员设置口令，由管理员规划安全机制并为用户设置口令，并规定用户对网络资源与服务的访问权限。大型网络系统的管理员应该是专职的，并且要求有两名或两名以上管理员。网络管理员应受过计算机与网络方面的专业技术培训，需要熟悉网络结构、资源、用户类型与权限，以及网络安全检测方法。网络管理员要了解所管网络系统的硬件与软件，否则将不可能胜任该项工作。

网络管理员应该注意以下几个方面的问题。

(1) 对网络管理员的口令严格保密。

网络管理员对网络文件系统、用户管理系统与安全系统的建立有特殊权力。网络管理员可以设置与修改网络硬件与软件系统，可以创建、修改、删除文件系统中的所有文件。因此，网络管理员口令泄露会对网络安全构成极其严重的威胁。

(2) 对网络系统运行状态随时监控。

网络管理员必须利用各种网络运行状态监测软件与设备，对网络系统运行状态进行监视、记录与处理。在完成日常网络系统维护任务的同时，还需要密切注意以下问题：监控网络设备、通信线路与电源供电系统状态；监控网络系统软件的运行状态；监测网络服务器与关键设备等的运行状态，例如，CPU 利用率、磁盘空间、通信流量变化等；监控网络文件系统的完整性；监控网络用户、用户组与用户账号的安全情况；检查网络文件备份的执行情况与备份文件的安全性。

(3) 对网络系统安全状况严格监控。

网络安全是所有网络管理员都必须高度重视的问题。在执行正常的网络管理任务的同时，网络管理员需要注意以下问题：从实际工作与专业资料中，了解网络系统的系统软件、应用软件、硬件中可能存在的安全漏洞，并及时研究安全防范与补救措施；了解其他网络系统中出现的各种安全事件，研究攻击者可能采取的攻击方法，结合自身系统完善安全防范措施；总结与不断完善本系统的网络安全策略，检查与公布安全策略的执行情况，提高用户的安全防范意识；监视网络关键设备、网络文件系统与各种网络服务的工作状态，发现疑点问题与不安全因素立即处理；更新网络防病毒系统，保证防病毒机制的有效性。

10.3.3　网络安全受威胁时的行动

网络安全策略需要在网络使用与网络安全之间寻求折中方案。网络安全要依靠网络使用与网络安全技术相结合来实现。如果网络管理制度的限制不合理,就导致网络使用价值的降低;如果网络管理制度制定得不严格,就会导致网络安全容易受到威胁。网络管理员要随时监视网络的运行情况与安全状况,发现网络安全受到威胁时要采取紧急措施,按网络安全策略中的行动方案对网络进行保护。

1. 网络安全威胁的类型

在网络安全遇到威胁时采取怎样的措施,主要是取决于威胁的性质与类型。网络安全威胁的类型主要包括:疏忽而造成的威胁,偶然的操作错误而造成的威胁,对网络安全制度无知而造成的威胁,有人故意破坏而造成的威胁。威胁网络安全的用户可能是内部用户或外部用户。内部用户既可能对本地网络安全造成危害,也可能对外部网络安全造成危害。第一种情况是内部用户违反网络安全制度,而对本地网络安全造成破坏;第二种情况是内部用户违反外部网络的安全制度,而对外部网络的安全造成危害。

2. 网络安全受到威胁时的行动方案

1) 保护方式

保护方式是指当发现网络安全受到威胁时,网络管理员应立即制止非法入侵活动,恢复网络的正常工作状态,分析入侵活动的性质与原因,尽量减少入侵活动造成的损害。如果不能马上恢复网络正常运行,网络管理员应隔离发生故障的网段或关闭系统,防止非法入侵活动进一步发展,同时采取措施恢复网络正常工作。由于没有对入侵行为采取跟踪行动,攻击者可能采用同样的手段再次入侵。保护方式适用于以下情况:入侵者的活动将造成很大危险,跟踪入侵者活动的代价太大,从技术上难以跟踪入侵者的活动。

2) 跟踪方式

跟踪方式是指当发现网络安全受到威胁时,网络管理员不是立即制止入侵者活动,而是采取措施跟踪入侵者的活动,检测入侵者的来源、目的与访问的网络资源,以及确定处理此类入侵者活动的方法。选择跟踪方式的前提是能确定入侵活动的性质与危害,具有跟踪入侵活动的软件与能力,并能控制入侵活动的进一步发展。跟踪方式适用于以下情况:被攻击的网络资源目标明确,已多次访问某种网络资源的入侵者,已找到控制入侵者的方法,入侵者活动不至于立即对网络系统造成大的损害。

10.4　网络防火墙技术

保护网络安全的最主要手段是构筑防火墙。防火墙是企业内部网与 Internet 之间的安全屏障,可保护企业内部网不受来自外部用户的入侵,或者控制企业内部网与 Internet 之间的数据流量。

10.4.1　防火墙的概念

防火墙的概念源于中世纪的城堡防卫系统。为了保护自己城堡的安全,封建领主通常会在城堡周围挖一条护城河,每个进入城堡的人都要经过吊桥,并且需要接受城门守卫的检查。网络技术研究人员借鉴这种防护思想,设计出一种网络安全防护系统,这种系统被形象地称为防火墙(firewall)。防火墙是在网络之间执行控制策略的安全系统,它通常会包括硬件与软件等不同组成部分。

在设计防火墙时有一个假设,防火墙保护的内部网络是可信赖的网络,而位于其外部的网络是不可信赖的网络。图 10-7 给出了防火墙的基本结构。由于设置防火墙的目的是保护内部网络不被外部用户非法访问,因此防火墙需要位于内部网络与外部网络之间。防火墙的主要功能包括:检查所有从外部网络进入内部网络的数据分组;检查所有从内部网络传输到外部网络的数据分组;限制所有不符合安全策略要求的分组通过;具有一定的防攻击能力,能够保证自身的安全性。

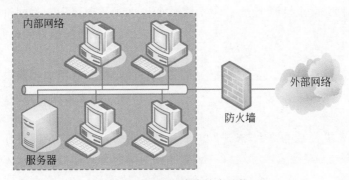

图 10-7　防火墙的基本结构

网络本质的活动是分布式进程通信。进程通信在计算机之间通过分组交换的方式实现。从网络安全的角度来看,对网络系统与资源的非法访问需要有"合法"用户身份,通过伪造成正常的网络服务数据包的方式进行。如果没有防火墙隔离内部网络与外部网络,内部网络中的结点都会直接暴露给外部网络的主机,这样就很容易遭到外部非法用户的攻击。防火墙通过检查进出内部网络的所有数据分组的合法性,判断分组是否会对网络安全构成威胁,从而为内部网络建立安全边界。

随着网络安全与防火墙技术的不断发展,入侵检测技术已逐步被应用在防火墙产品中。这种防火墙可以对各层的数据进行主动、实时检测,在分析检测数据的基础上有效地判断各层的非法入侵。有些防火墙还带有分布式探测器,可位于各种应用服务器或网络结点中,不仅能够检测来自网络外部的攻击,也能有效防范来自网络内部的攻击。目前,主要的防火墙产品有 Checkpoint 公司的 Firewall-1、Juniper 公司的 NetScreen、Cisco 公司的 PIX、NAI 公司的 Gauntlet 等。

10.4.2　防火墙的类型

防火墙可以分为两种基本类型:包过滤路由器与应用级网关。最简单的防火墙由单个包过滤路由器组成,而复杂的防火墙系统通常是由包过滤路由器与应用级网关构成。由于包过滤路由器与应用级网关的组合方式有多种,因此防火墙系统的结构也有多种形式。

1. 包过滤路由器

包过滤路由器是基于路由器技术的防火墙。路由器根据内部设置的包过滤规则(即路由表),检查进入路由器的每个分组的源地址与目的地址,决定该分组是否应该转发以及如何转发。普通路由器只对分组的网络层头部进行处理,不会对分组的传输层头部进行处理。包过滤路由器需要检查传输层头部的端口号字段。包过滤路由器通常也称为屏蔽路由器。通常,包过滤路由器是内部网络与外部网络之间的第一道防线。

实现包过滤的关键是制定包过滤规则。包过滤路由器需要分析接收到的每个分组,按照每条包过滤的规则加以判断,将符合包转发规则的分组转发出去,而将不符合包转发规则的分组丢弃。通常,包过滤规则基于头部的全部或部分内容,例如,源地址、目的地址、协议类型、源端口号、目的端口号等。图 10-8 给出了包过滤路由器的工作原理。包过滤是实现防火墙功能的基本方法。

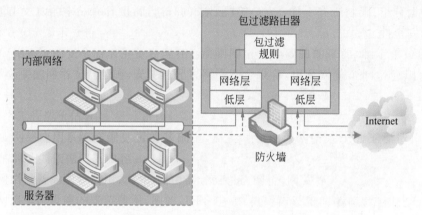

图 10-8　包过滤路由器的工作原理

包过滤方法的主要优点是:结构简单,造价低廉;由于包过滤在网络层与传输层操作,因此这种操作对应用层是透明的,不要求修改客户机与服务器程序。但是,包过滤方法的缺点是:设置过滤规则比较困难;基于内部主机可靠的假设,只能控制主机而不能控制用户;对某些服务(例如 FTP)的效果不明显。

2. 应用级网关

包过滤方法主要在网络层监控进出网络的分组。用户对网络资源与服务的访问发生在应用层,需要在应用层进行用户身份认证与访问控制,这个功能通常是由应用级网关来完成。在讨论应用级网关时,首先需要讨论的是多归属主机。

1) 多归属主机

多归属主机又称为多宿主主机,它是具有多个网络接口的主机,每个接口均与一个网络连接。如果多归属主机只连接两个网络,则将它称为双归属主机。双归属主机可用作网络安全或服务的代理。只要能确定应用程序的访问规则,就可采用双归属主机作为应用级网关,在应用层过滤进出网络的特定服务请求。如果应用级网关认为用户身份与服务请求合法,就会将服务请求与响应转发到相应的服务器;否则拒绝用户的服务请求并丢弃分组,然后向网络管理员发出相应的报警信息。

图 10-9 给出了应用级网关的工作原理。例如,内部网络中的 FTP 服务器只能被内部用户访问,则所有外部用户对 FTP 服务的访问都是非法的。应用级网关的应用访问控制规则接收到外部用户对 FTP 服务的访问请求时,它会认为访问请求非法并将相应的分组丢弃。同样,如果确定内部用户只能访问外部网络中某些 Web 服务器,则所有不在允许范围内的访问请求都会被拒绝。

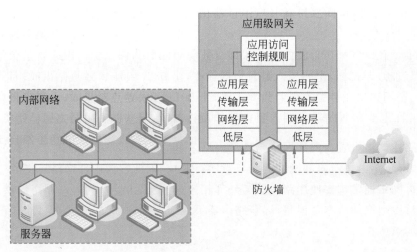

图 10-9　应用级网关的工作原理

2）应用级代理

应用级代理是应用级网关的另一种形式。应用级网关以存储转发方式检查服务请求的用户身份是否合法，决定是转发还是丢弃该服务请求，因此应用级网关是在应用层转发合法的服务请求。应用级代理与应用级网关的不同之处：应用级代理完全接管用户与服务器之间的访问，隔离用户主机与被访问服务器之间的分组交换通道。在实际应用中，应用级代理由代理服务器实现。

图 10-10 给出了应用级代理的工作原理。当用户希望访问内部网络中的 Web 服务器时，代理服务器会截获用户发出的服务请求。如果经过检查确定用户身份合法，代理服务器代替用户与 Web 服务器建立连接，完成用户操作并将结果返回给用户。对于外部网络中的用户来说，就像直接访问内部网络中的 Web 服务器，但访问 Web 服务器的实际是代理服务器。代理服务器可以提供双向访问服务，既可作为外部用户访问内部服务器的代理，又可作为内部用户访问外部服务器的代理。

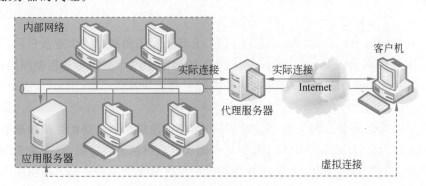

图 10-10　应用级代理的工作原理

应用级网关与应用级代理的优点是：可针对某种网络服务来设置，基于应用层协议分析来转发服务请求与响应；通常都会提供日志记录功能，日志可记录网络中发生的事件，管理员可根据日志监控可疑行为；只需在一台主机中安装软件，易于建立与维护。但是，如果要在主机中支持不同的网络服务，则需安装不同的代理服务器软件。

10.4.3　防火墙系统结构

防火墙系统是一个由软件与硬件组成的系统。由于不同内部网的安全策略与要求不同,防火墙系统的配置与实现方式有很大区别。

1. 屏蔽路由器结构

屏蔽路由器(screening router)是防火墙系统的基本构件,它通常是带有包过滤功能的路由器。屏蔽路由器被设置在内部网络与外部网络之间,所有外部分组经过路由器过滤后转发到内部子网,屏蔽路由器对内部网络的入口点实行监控,因此它为内部网络提供了一定程度的安全性。内部网络通常都要使用路由器与外部相连,屏蔽路由器既为内部网络提供了安全性,同时又没有过度地增加成本。但是,屏蔽路由器不像应用网关那样分析数据,而这正是入侵者经常利用的弱点所在。

2. 堡垒主机结构

堡垒主机(bastion host)也是防火墙系统的基本构件,它通常是有两个网络接口的双归属主机。每个网络接口与对应的网络进行通信,因此双归属主机也具有路由器的作用。应用层网关或代理通常安装在双归属主机中,它处理的分组是特定服务的请求或响应,通过检查的请求或响应将被转发给相应的主机。双归属主机的优点是针对于特定的服务,并能基于协议来分析转发分组所属的服务。但是,不同双归属主机支持的服务可能不同,因此配置不同应用层代理所需的软件也不同。

3. 屏蔽主机网关结构

屏蔽主机网关由屏蔽路由器与堡垒主机组成,屏蔽路由器被设置在堡垒主机与外部网络之间。这种防火墙的第一个安全设施是屏蔽路由器,所有分组经过路由器过滤才转发到堡垒主机,由堡垒主机中的应用级代理对分组进行分析,然后将通过检查的分组转发给内部主机。图 10-11 给出了屏蔽主机网关的结构。屏蔽主机网关结构既具有堡垒主机的优点,同时消除了其允许直接访问的弊端。但是,屏蔽路由器配置成将分组转发到堡垒主机,因此需要保证屏蔽路由器的路由表安全。

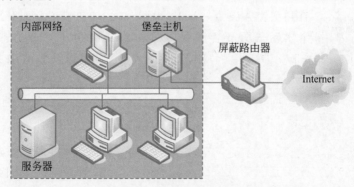

图 10-11　屏蔽主机网关的结构

4. 多级主机网关结构

对于那些安全要求更高的网络系统,可采用两个屏蔽路由器与两个堡垒主机的结构。外屏蔽路由器被设置在内部网络与外部网络之间。外屏蔽路由器与外堡垒主机构成防火墙的过滤子网。内屏蔽路由器与内堡垒主机用于进一步保护内部网络中的主机。图 10-12 给出了多

级主机网关的结构。这类网络系统通常必须向外部提供服务,安全要求较低的服务器(例如
Web 服务器、E-mail 服务器)可接入过滤子网,安全要求较高的服务器(例如文件服务器、数据
库服务器)应接入内部网络。

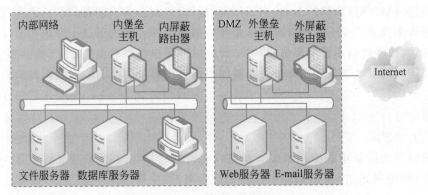

图 10-12　多级主机网关的结构

研究人员将过滤子网称为非军事区(De-Militarized Zone,DMZ)。这里,DMZ 是指允许
外部直接访问的公共区域,任何非敏感、可直接访问的服务器放在 DMZ 中,例如,对外宣传所
使用的 Web 服务器等。由于 DMZ 中的服务器容易受到网络攻击,因此需要对可能出现的攻
击做好应急预案。DMZ 与内部网络要实现防火墙保护下的逻辑隔离,其服务器安全状况对内
部网络安全不构成威胁。

10.5　恶意代码及防护技术

恶意代码(malicious code)是在计算机之间或网络之间传播的程序,目的是在用户和网络
管理员不知情的情况下故意修改系统。恶意代码具有三个共同特征:恶意的目的,本身是程
序,通过执行产生作用。恶意代码早期主要的形式是计算机病毒。目前,恶意代码主要包括以
下几种类型:计算机病毒、网络蠕虫、特洛伊木马、脚本攻击代码,以及垃圾邮件、流氓软件等。

10.5.1　计算机病毒的概念

计算机病毒(computer virus)是指侵入计算机或网络系统,具有感染性、潜伏性与破坏性
等特征的程序。由此可见,计算机病毒是由生物学产生的计算机术语。1983 年,Fred Cohen
设计一个有破坏性的程序,它在 30min 内就能使 UNIX 系统瘫痪,通过实验证明计算机病毒
的存在,并认识到病毒对计算机系统的破坏性。1987 年,C-BRAN 是世界公认的第一个计算
机病毒,编写该病毒的目的是防止商业软件被随意拷贝。

针对计算机病毒曾经出现很多种定义。例如,计算机病毒是一种人为的制作,带有隐蔽
性、潜伏性、传播性和破坏性等特征的程序。1994 年,在我国正式颁布的"中华人民共和国计
算机安全保护条例"中,对计算机病毒给出一个明确的定义:计算机病毒是指在计算机程序中
插入,破坏计算机功能或毁坏数据、影响计算机的使用,并能自我复制的一组计算机指令或程
序代码。除了与其他程序一样可存储与运行之外,计算机病毒具有感染性、潜伏性、触发性、破
坏性与衍生性等特点。随着计算机病毒的发展与演变,针对计算机病毒的定义一直在进行

调整。

　　传染性是计算机病毒的一个基本特性。从计算机病毒产生至今,其主要传播途径有两种:移动存储介质与计算机网络。在计算机网络没有普及的年代,移动存储介质主要是软盘与光盘。由于光盘具有存储容量较大的特点,计算机病毒在盗版光盘猖獗时期,主要通过光盘存储的软件或游戏来传播。随着移动存储技术的快速发展,U盘、移动硬盘、存储卡等设备广泛应用,它们逐渐成为计算机病毒的主要目标。

　　随着计算机网络特别是互联网快速发展,计算机网络逐渐成为病毒主要传播途径,导致病毒传播速度更快与危害范围更广。计算机病毒主要利用各种网络协议或命令,以及计算机或网络漏洞来传播。图10-13给出了计算机病毒的网络传播。近年来,病毒的网络传播对用户带来越来越大的影响。例如,2005年的"灰鸽子"、2006年的"熊猫烧香"、2008年的"震荡波",这些病毒让用户见识了网络传播的威力。有些病毒同时利用上述两种途径,传播速度更快。每种病毒几乎都曾衍生出几十甚至几百个变种。

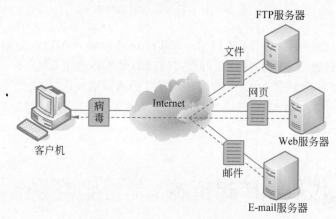

图10-13　计算机病毒的网络传播

　　计算机病毒生命周期通常分为4个阶段:休眠、传播、触发与执行阶段。在休眠阶段,计算机病毒并不执行操作,而是等待被某些事件激活,例如,到某个日期、启动某个进程、打开某个文件等。在传播阶段,病毒将自身副本植入其他程序,这个副本可能变型应对检测。每个被感染的程序都包含病毒副本,而这些副本会自动向其他程序传播。在触发阶段,计算机病毒被某些事件激活,这时将会进入执行阶段。这时,计算机病毒执行预先设定的功能,这些功能可能是无害的行为,也可能具有很大的破坏性。

10.5.2　网络蠕虫的概念

　　网络蠕虫在设计上与计算机病毒类似,有时被认为是计算机病毒的一个子类。蠕虫是从一台计算机传染到另一台计算机。网络蠕虫的最大优势表现在:自我复制与大规模传播能力。例如,当某个用户感染邮件蠕虫后,蠕虫将向联系人列表中的用户发送恶意邮件,并将蠕虫代码作为邮件附件传播。在针对蠕虫的多种定义中,多数强调的是蠕虫自身的主动性和独立性。蠕虫的权威定义是:一种无须用户干预、依靠自身复制能力、自动通过网络传播的恶意代码。

　　在蠕虫的发展过程中,主要经历两个发展阶段。第一个阶段是互联网发展阶段。随着互联网应用的快速发展,电子邮件作为互联网的典型应用,蠕虫利用它作为主要传播媒介。另外,计算机软件的复杂度越来越高,安全漏洞被利用成为蠕虫的传播接口。第二个阶段是移动互联网发展阶段。随着社交网络应用的快速发展,通过基于社交网络的欺骗手段,攻击者更容易诱使用户感染蠕虫。

蠕虫和计算机病毒之间的区别,主要表现在以下几个方面。

(1) 蠕虫是独立的程序,而病毒是寄生到其他程序中的一段程序。

(2) 蠕虫通过漏洞进行传播,而病毒是通过复制自身到宿主文件来传播。

(3) 蠕虫感染计算机,而病毒感染计算机的文件系统。

(4) 蠕虫会造成网络拥塞甚至瘫痪,而病毒破坏计算机的文件系统。

(5) 防范蠕虫可通过及时修复漏洞的方法,而防治病毒需要依靠杀毒软件来查杀。

10.5.3　木马的概念

特洛伊木马(Trojan horse)通常简称"木马",来源于古希腊神话"木马屠城记",后来被引用为后门程序的代名词,特指为攻击者打开计算机后门的程序。木马是常见的网络攻击或渗透技术之一,在网络攻击过程中具有重要作用。虽然各种木马的功能不同,但它们的基本结构相似,本质上都是客户机/服务器程序,与普通网络程序没有多少区别。在网络安全领域中,木马可以被定义为:伪装成合法程序或隐藏在合法程序中的恶意代码,这些代码本身可能执行恶意行为,或者为非授权访问系统的人提供后门。

木马程序通常不感染其他文件,它只是伪装成一种正常程序,并且随着其他程序安装在计算机中,但是用户不知道该程序的真实功能。木马与蠕虫的区别主要是:木马通常不对自身进行复制,而蠕虫对自身大量复制;木马通常依靠骗取用户信任来激活,而蠕虫自行在计算机之间进行传播,这个过程并不需要用户介入。例如,某个用户接收到包含木马的邮件,用户执行邮件附件时被安装木马程序,攻击者可通过该程序进入并控制计算机。大多数木马以收集用户的个人信息为主要目的。

早期的木马经常采用替代系统合法程序、修改系统合法管理命令等手段。例如,利用修改的 Login 命令替换系统原有命令,攻击者可通过修改后的 Login 进入系统。这种木马虽然功能简单、实现技术容易,但某些设计思想仍影响着现代木马。1984 年,Ken Thompson 提出在编译器源代码中增加木马代码,从而影响通过该编译器编译的所有源程序。2005 年,Sony 公司的数字版权软件被披露包含 Rootkit,它是可被攻击者用来隐藏踪迹、保留访问权限、预留后门的一个工具集。

木马技术在隐蔽性与功能方面不断完善。从最早的木马出现至今,木马的发展大致可以划分为六代。第一代木马出现在网络发展的早期,以窃取系统密码为主要目的。第二代木马通常采用客户机/服务器模式,被控端作为服务器自动打开某个端口,提供远程文件操作、命令执行等功能。第三代木马在功能上与第二代木马类似,但可能采用 ICMP 等协议或使用反向连接技术,在隐蔽性方面有很大的改进。第四代木马的变化主要体现在隐藏技术,常见手段包括内核嵌入、远程插入线程、嵌入 DLL 等。第五代木马利用了普遍存在的软件漏洞,使木马与病毒结合更加紧密,该阶段的典型木马是网页木马。第六代木马普遍使用 Rootkit 技术,进入系统核心层 Ring0 级,使得木马程序能够深度隐藏。

10.5.4　网络防病毒技术

网络防病毒是网络管理员和网络用户很关心的问题。网络防病毒技术是网络应用系统设计中必须解决的问题之一。

1. 网络防病毒软件的功能

网络防病毒需要从两方面入手：工作站与服务器。为了防止病毒从工作站侵入，可以采取以下措施：使用无盘工作站、带防病毒芯片的网卡、单机防病毒卡或网络防病毒软件。目前，用于网络环境的防病毒软件很多，其中多数是运行在文件服务器，可同时检查服务器和工作站病毒。由于实际网络中可能有多个服务器，为了方便对多服务器的管理，可将多个服务器组织在一个域中，管理员只需在主服务器上设置扫描方式，即可检测域中的多个服务器或工作站。

网络防病毒软件通常提供三种扫描方式：实时扫描、预置扫描与人工扫描。实时扫描要求连续不断地扫描文件服务器，预置扫描可在预先选择的时间扫描文件服务器，人工扫描可在任何时候扫描指定的目录和文件。当网络防病毒软件在服务器中发现有病毒时，扫描结果可保存在查毒记录文件中，并通过两种方法处理染毒文件。一种方法是更改染毒文件扩展名，使用户无法找到染毒文件，并提示网络管理员处理染毒文件；另一种方法是将染毒文件移到特殊目录下。

网络防病毒系统通常包括以下几个部分：客户端防毒软件、服务器端防毒软件、针对邮件的防毒软件、针对黑客的防毒软件。其中，客户端防毒软件除了可检查一般文件外，还可检查用 ZIP、ARJ 等软件压缩的文件；服务器端防毒软件主要用于保护服务器，并防止病毒在用户网络内部传播；针对黑客的防毒软件可通过 MAC 地址与权限列表的严格匹配，控制可能出现的用户越权行为。

2. 网络防病毒系统的结构

网络防病毒系统通常包括四个子系统：系统中心、服务器端、客户端与管理控制台。每个子系统通常包括多个模块，除了承担各自的任务之外，还要与其他子系统通信、协同工作，共同完成对网络病毒的防护工作。

1) 系统中心

系统中心是网络防病毒系统中的核心部分，实时记录防病毒系统中每台主机的病毒检测和清除信息。系统中心根据管理控制台的设置，实现对整个防病毒系统的自动控制，其他子系统在系统中心工作后，才能实现各自的病毒防护功能。

2) 服务器端

服务器端是专门为网络服务器设计的防病毒子系统，负责服务器病毒的实时监控、检测与清除任务，自动向系统中心报告病毒监测情况。

3) 客户端

客户端是专门为网络工作站设计的防病毒子系统，负责工作站病毒的实时监控、检测和清除任务，自动向系统中心报告病毒监测情况。

4) 管理控制台

管理控制台是专门为网络管理员设计，用于配置网络防病毒系统的操作平台。管理控制台集中管理所有安装防病毒客户端的主机。管理控制台可安装在服务器或客户机中，它可根据网络管理员的需要来决定。

小结

（1）网络管理是用于运营、管理与维护一个网络，以及提供网络服务与信息处理所需的各种活动的总称。网络管理的主要功能包括：配置管理、故障管理、性能管理、安全管理与记账管理。目前，SNMP 是应用最广泛的网管协议。

（2）网络安全技术研究的基本问题：网络防攻击、网络安全漏洞与对策、网络信息安全保密、网络内部安全防范、网络防病毒、网络数据备份与灾难恢复。网络安全服务应提供的主要服务：保密性、认证、数据完整性、防抵赖与访问控制。

（3）设计网络安全体系的首要任务是制定网络安全策略，这时需要研究的主要问题包括：网络安全策略与网络用户的关系，网络安全策略与网络结构的关系，网络资源的定义，网络使用与责任的定义，以及网络安全受威胁时的行动方案等。

（4）防火墙是内部网络与 Internet 之间的安全屏障，可保护内部网络不受外部用户入侵，或控制内部网络与 Internet 之间的数据流量。防火墙可分为两种基本类型：包过滤路由器与应用级网关。简单的防火墙可由包过滤路由器组成，复杂的防火墙系统由包过滤路由器与应用级网关共同构成。

（5）恶意代码是在计算机之间或网络之间传播的程序，目的是在用户和网络管理员不知情的情况下故意修改系统。目前，恶意代码主要包括以下几种类型：计算机病毒、网络蠕虫、特洛伊木马、脚本攻击代码、流氓软件等。

习题

1. 单项选择题

10.1 在以下网络管理功能中，可获得网络设备之间连接关系的是（　　）。

　　A. 性能管理　　　　　B. 安全管理　　　　　C. 配置管理　　　　　D. 记账管理

10.2 在基于 SNMP 的网管系统中，网络设备中的网管进程通常称为（　　）。

　　A. MIB　　　　　　　B. 网关　　　　　　　C. SMI　　　　　　　D. 代理

10.3 在可信计算机系统评估准则中，定义的安全等级最高的是（　　）。

　　A. A1 级　　　　　　B. B2 级　　　　　　C. B3 级　　　　　　D. C1 级

10.4 以下关于网络管理概念的描述中，错误的是（　　）。

　　A. 狭义的网络管理是对网络通信量的管理

　　B. 广义的网络管理是对网络系统的管理

　　C. 网络运营特指对设备利用率的统计

　　D. 网络维护包括性能监控与故障诊断

10.5 以下关于网管系统结构的描述中，错误的是（　　）。

　　A. 网管系统通常包括管理对象、管理进程与管理协议

　　B. 管理信息库仅用于记录用户对网络的使用时间

　　C. 管理进程是对网络设备进行管理与控制的软件

D. 管理协议是不同管理进程之间通信遵循的协议

10.6 以下关于故障管理的描述中,错误的是(　　)。

A. 故障管理用于发现与解决网络中的故障

B. 故障管理主要是发现故障与生成告警信息

C. 可通过更换设备实现故障恢复

D. 故障管理可完全避免故障发生

10.7 以下关于网络安全服务的描述中,错误的是(　　)。

A. 访问控制防止通信双方的否认行为

B. 认证服务用于确定通信双方的真实身份

C. 保密性服务保护信息传输过程的机密性

D. 数据完整性防止信息在传输过程中被篡改

10.8 以下包过滤路由器的描述中,错误的是(　　)。

A. 包过滤路由器是防火墙的基本类型之一

B. 包过滤路由器在网络层检查数据包的地址

C. 包过滤路由器与应用级网关的工作原理相同

D. 包过滤路由器的关键技术是实现包过滤规则

10.9 以下关于密码学应用的描述中,错误的是(　　)。

A. 加密与解密必须使用相同的密钥

B. 用于保护数据传输中的安全性

C. 将明文变换成密文的过程称为加密

D. 将密文还原成密文的过程称为解密

10.10 以下关于计算机病毒的描述中,错误的是(　　)。

A. 计算机病毒通常具有毁坏数据的功能

B. 计算机网络不是病毒主要传播途径

C. 计算机病毒通常是人为编写的程序

D. 计算机网络将加快病毒的传染速度

2. 填空题

10.11 在网络管理模型中,定义管理对象的树状结构称为_____。

10.12 在网络管理功能中,监视与记录用户使用网络资源的是_____。

10.13 攻击者截获信息并在修改后发送给目的结点,这种情况称为_____。

10.14 在网络安全策略设计中,网络管理员比普通用户的责任更_____。

10.15 当网络安全受到威胁时,如果难以跟踪入侵者的活动,这时应采取的行动方案是_____。

10.16 包过滤规则的过滤对象包括源地址、目的地址、协议类型、源端口与_____。

10.17 如果网络系统需要在应用层限制用户访问资源与服务,这时应采用的防火墙类型是_____。

10.18 网络防病毒软件通常提供三种模式:实时扫描、预制扫描与_____。

10.19 在网络安全服务中,限制网络用户访问主机、应用与服务的是_____。

10.20 对网络中提供某种服务的服务器发起攻击,这种网络攻击类型称为_____。

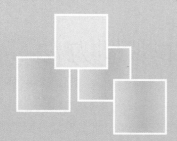

第 4 部分

网络应用系统规划与设计知识 *

第 11 章　网络应用系统总体规划方法 *

第 11 章　网络应用系统总体规划方法 *

在前面介绍的计算机网络工作原理、局域网组网方法的基础上,本章将系统地讨论网络应用系统的规划与设计方法,包括网络应用需求分析、网络系统结构设计、网络设备与服务器选型、网络安全设计等。

11.1　网络应用系统的基本结构

目前,几乎所有单位的信息系统都建立在计算机网络上,并通过网络来完成数据的传输与处理。这些信息系统可被统称为网络应用系统。图 11-1 给出了网络应用系统的基本结构。网络应用系统通常包括以下几个部分:网络运行环境、网络系统、网络操作系统,基于网络操作系统的数据库管理系统、网络软件开发工具,以及根据用户需求设计的网络应用系统。同时,一个完整的网络应用系统还应该包括:保证系统与数据安全的网络安全系统,保证网络正常运行的网络管理系统。

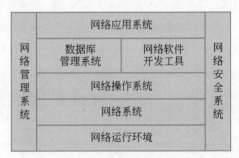

图 11-1　网络应用系统的基本结构

1. 网络运行环境

网络运行环境是指保证网络系统的安全、可靠与正常运行所需的基本设施与设备条件。网络运行环境主要包括以下两个部分。

1) 机房与设备间、配线间

机房是放置核心路由器、交换机、服务器等核心设备的场所,同时也包括各个建筑物中放置布线设施的设备间、配线间等场所。机房和设备间对环境温度、湿度、防雷击、防静电、防电磁干扰以及光线等方面都有特定的要求,在组建网络系统之前需由专业机构对它们进行设计、施工与装修。

2) 电源供电系统

关键的网络设备(例如核心路由器、交换机、服务器)对供电条件要求很高,必须保证由专用的 UPS 来供电。UPS 具有稳压、备用电源与电压管理能力。电源供电的突然中断或故障会造成网络系统关键设备停止工作,轻者造成网络系统工作不正常或者瘫痪,严重情况可能造成重要的业务数据丢失。

2. 网络系统

支持信息系统的网络系统主要包括以下两个部分。

1）网络基础设施

网络基础设施主要包括各类网络：室内综合布线系统、建筑物结构化布线系统、城域网主干光缆系统、广域网传输线路、无线通信系统、卫星通信系统等。

2）网络设备

网络设备主要包括各类设备：路由器、交换机、网桥、网关、集线器、中继器、收发器、网卡、调制解调器、远程通信服务器等。

3. 网络操作系统

网络操作系统利用网络基础设施提供的数据传输服务，为网络用户提供对各类资源的共享与管理服务，以及其他常用的各种网络服务功能。目前，流行的网络操作系统主要包括：Microsoft 公司的 Windows Server 操作系统（例如，早期的 Windows NT 与 2000 系列、成熟的 Windows 2003、2008 与 2012 系列、最新的 Windows 10、11 系列等），符合 POSIX 规范的 UNIX 操作系统（例如，Oracle 公司的 Solaris、HP 公司的 HP-UX、IBM 公司的 AIX、开源的 FreeBSD 与 OpenBSD 等），以及完全开源的 Linux 操作系统（例如，Red Hat、SUSE、Debian、Slackware、Ubuntu、CentOS 等公司的 Linux 服务器版本）。

4. 网络应用软件开发与运行环境

网络应用软件开发与运行环境主要包括以下三个部分。

1）数据库管理系统

数据库管理系统是支撑网络应用系统的重要部分，各种应用、不同规模的信息系统离不开数据库系统的支持。目前，流行的数据库管理系统主要包括：Microsoft 公司的 SQL Server 系列（例如 SQL Server 2008、2012、2015 等）与 Access 系列（例如 Access 2010、2013 等）、Oracle 公司的商用系列（例如 Oracle 10i、11i、12i 等）与开源的 MySQL 系列（例如 MySQL Cluster、Enterprise、Community Server 等），IBM 公司的 DB2 系列与 Informix 系列，完全开源的 PostgreSQL、MangoDB、SQLite 等。

2）网络软件开发工具

网络软件开发工具主要包括通用开发工具、Web 应用开发工具、移动应用开发工具、数据库应用开发工具等。其中，通用开发工具是能开发各类应用的编程软件，它们通常是针对特定的高级编程语言，主要包括 C/C++ 编程工具（例如 Visual Studio、C++ Builder 等）、C♯ 编程工具（例如 Visual Studio .NET 等）、Java 编程工具（例如 Eclipse、IntelliJ、JBuilder、Visual Age、Visual Cafe 等）、Python 编程工具（例如 Eclipse + Pydev、PyCharm 等）、Basic 编程工具（例如 Visual Basic 等）、Pascal 编程工具（例如 Delphi 等）。

Web 应用开发工具是专门开发 Web 应用的编程软件，主要用于编写 Web 应用的网页文档（例如 HTML、ASP、JSP、XML 等）。移动应用开发工具是专门开发移动端 APP 的编程软件，它们通常针对特定的移动端操作系统，主要包括 Android 平台开发工具（例如 Eclipse ADT、IntelliJ IDEA、Android Studio 等）、iOS 平台开发工具（例如 Xcode、AppCode 等）、WP 平台开发工具（例如 Windows Phone App Studio）。数据库应用开发工具专门开发需要数据库支持的网络应用，它们通常针对特定的数据库管理系统。

3）网络应用系统

网络应用系统是在建立网络操作系统之上，根据用户的实际应用需求而开发的信息系统，它们既可以是通用类型的信息服务系统（例如，政务管理系统、电子商务系统、远程教学系统、园区服务系统、企业资源系统、银行业务系统、城市交通系统、物流仓储系统、工业控制系统、在线考试系统等),也可以是专用于某个领域或部门的信息系统(例如,财务管理系统、人事管理系统、销售管理系统、售后服务系统、考勤管理系统、公文报批系统、文件管理系统、视频会议系统等)。

5. 网络管理与网络安全系统

组建计算机网络的主要目的是:为网络结点提供性能良好、保证安全的网络环境。从根本上来说,网络安全技术是通过解决网络安全存在的问题,以保证信息在网络中的存储、处理与传输的安全。另外,一个实用的网络系统时刻都离不开网络管理。在网络系统的规划与设计中,如果没有考虑网络管理与网络安全问题,则这个设计方案有严重的缺陷。网络瘫痪或数据丢失将会给用户造成严重的损失,其代价可能远大于在组网时用于软硬件,以及在网络管理与网络安全方面的投资。

11.2　网络应用系统的需求分析

11.2.1　总体流程分析

网络应用系统的组建过程都有一个基本流程,基本上都要经过如图 11-2 所示的步骤。首先,组建者需要进行应用需求(包括用户需求与工程需求)的调研,然后进行整体系统(包括技术方案与工程方案)的设计,在方案确定的前提下进行工程实施,最后在工程通过验收后才能将系统交付使用。当然,在网络应用系统投入使用之前,组建者还需要完成文档交付与用户培训。

组建网络应用系统的基本原则有以下几点。

(1) 从充分的调研与分析入手,理解用户的业务活动和应用需求。

(2) 在充分考虑应用需求与约束条件(包括经费、基础与技术)的前提下,对组建网络应用系统的可行性进行论证。

(3) 从网络工程与软件工程的角度出发,完成技术方案与工程方案的设计。

(4) 根据工程时间的要求,将系统组建流程划分为不同阶段,例如,设计、论证、实施、验收、培训、维护等阶段。组建大型的系统需要聘请专业的监理公司,对系统组建的整个流程进行监理。

(5) 强调各阶段文档资料的完整性与规范性。

11.2.2　网络需求分析

在用户单位制定了项目建设任务书,确定了网络应用系统组建任务之后,组建者的首要任务是进行用户需求与工程需求的调研。

1. 网络用户需求调查

用户需求调查的主要目的是从实际出发,通过现场调查来收集资料,对已有和需组建的部分有一个全面的认识,确定系统建设的总体目标和阶段性目标,为系统的整体设计与详细设计奠定良好的基础。

1) 网络用户调查

网络用户调查是指与已有或将来的用户之间交流,了解用户对网络系统的应用需求,例

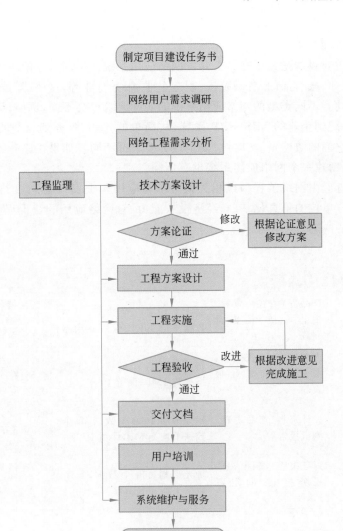

图 11-2　网络应用系统的组建流程

如,可靠性、可用性、安全性、扩展性等,了解用户对网络系统的性能需求,例如,响应时间、网络带宽等。表 11-1 给出了用户调查表的例子。

表 11-1　用户调查表的例子

用户需求	描述
地点	销售部门
用户数量	30
今后 3 年增长需求	15
响应时间	文件检索≤0.5s,文件打印≤1min
可用性	365 天不能停机
安全性	数据安全、设备安全、线路安全

2）应用需求调查

组建网络的主要目的是为了在其上开发网络应用系统。不同单位的网络应用系统的具体需求必然不同，例如，政府部门、各级院校、制造企业、服务行业等，这些部门对网络应用需求的侧重点显然会不同。不同类型的网络应用系统的实际要求也会不同，例如，从单位的人事管理系统、财务管理系统到企业的 MIS、ERP 系统，从简单的 Web 服务到复杂的 IP 电话、视频会议、流媒体应用，它们的数据量、实时性、安全性等要求都不同。如果在原有的网络应用系统的基础上升级，则与新建一个网络应用系统也有不同。

应用需求调查应由网络工程师或相关人员填写应用调查表。表 11-2 给出了一个应用调查表的例子。用户单位的信息化基础、经济投入能力、对网络应用的认识程度，这些都应该成为应用调查的重要内容。

表 11-2　应用调查表的例子

业务部门	用户数量	业务内容	业务要求	传输服务
销售部门	30	产品资料、客户资料、销售人员、销售合同等	每天平均 200 个数据，每个数据平均 30KB，保留 10 年	80%在销售部门局域网中传输，15%在企业内部网中传输，5%在互联网中传输
人事部门	5	人事档案、工资数据、考勤信息、统计报表等	每天平均 10 个数据，每个数据平均 1MB，保留 10 年	85%在人事部门局域网中传输，5%在企业内部网中传输，10%在互联网中传输
设计部门	60	设计资料、产品资料、测试报告等	每天平均 1000 个数据，每个数据平均 20MB，保留 10 年	90%在设计部门局域网中传输，10%在企业内部网中传输，不在互联网中传输
财务部门	15	财务报表、账目信息、税务报表、固定资产等	每天平均 600 个数据，每个数据平均 30KB，保留 20 年	85%在销售部门局域网中传输，10%在企业内部网中传输，5%在互联网中传输

2. 网络结点分布情况

在确定网络规模、布局与拓扑结构之前，需要对网络结点的分布情况进行调查。这项调查的主要内容如下。

1）网络结点分布情况

对于一个建筑物内部的网络系统，首先需要清楚网络结点的数量与所在位置。表 11-3 给出了网络结点分布情况表。

表 11-3　网络结点分布情况表

部　门	楼　层	结点数量
销售部门	2	20
	3	10
人事部门	3	5
设计部门	4	20
	5	20
	6	20
财务部门	7	15

2）建筑物内部结构调查

建筑物内部情况调查主要包括：建筑物的楼层结构、每个楼层设备间的位置、楼层主干网的选择、楼层之间的连接线路、施工的难度等。

3）建筑物群结构调查

建筑物群结构调查主要包括：每个建筑物的位置、建筑物之间的相对位置、建筑物设备间之间的距离、建筑物之间的连接线路、施工的难度等。

3. 网络应用概要分析

一个单位组建起自己的某种网络应用系统，主要目的是为网络用户提供各种服务，它们可以归纳为以下这些类型。

1）文件服务

文件服务是指网络应用系统提供的文件资源服务，主要包括目录与文件的共享、用户与用户组的分配、文件访问权限的设置等。

2）打印服务

文件服务是指网络应用系统提供的打印资源服务，主要包括网络打印机的共享、打印服务器的配置、打印访问权限的设置等。

3）数据库服务

数据库服务是指网络应用系统提供的数据库访问服务，主要包括数据表的创建与修改、数据表中信息的 SQL 查询、数据库管理软件的配置等。

4）Internet 服务

Internet 服务是指网络应用系统提供的通用网络服务，主要包括 Web 浏览、电子邮件、FTP 文件传输、远程登录、IP 电话、视频会议、即时通信等。

5）网络基础设施服务

网络基础设施服务是指网络应用系统提供的网络支持服务，主要包括 DNS 访问、DHCP 分配、NAT 转换、网络管理、CA 认证、防火墙控制等。

4. 网络应用详细分析

网络应用的详细分析主要包括：网络整体需求分析、结构化布线需求分析、可用性与可靠性需求分析、网络安全需求分析与网络工程造价估算。

1）网络整体需求分析

网络整体需求分析是在网络用户调查的基础上，根据用户数量、结点分布与应用类型等，对网络中的数据量、数据流向与传输特征加以分析，估算网络应用系统的带宽要求，提出拟采用的网络技术与基本方案，以及网络层次、主干网与网络拓扑等。

根据网络应用的技术不同，网络数据主要可分为以下三类。

（1）由管理信息系统、Web 服务产生的数据，这类数据的生成与传输很频繁，单次传输的数据量相对较小，同时对传输实时性的要求不高。

（2）由 P2P 文件共享、FTP 服务产生的数据，这类数据的生成与传输不频繁，单次传输的数据量相对较大，同时对传输实时性的要求不高。

（3）由 IP 电话、视频会议等应用产生的数据，这类数据的生成与传输不频繁，单次传输的数据量相对较大，但是对传输实时性的要求高。

不同类型的网络应用对带宽的要求差异较大。在网络应用详细分析的过程中，需要认真分析网络数据的流量特征，计算出响应时间、延时与抖动等参数。

2) 结构化布线需求分析

通过对用户分布情况的实地考察,结合建筑物内部结构、建筑物之间的相对位置与楼间连接的难易程度,确定中心机房、楼内各层设备间与楼间等的连接技术,确定中心机房与各个设备间中的网络设备的位置,以及用户结点的具体分布位置,给出整个结构化布线系统的技术方案与造价列表。

3) 可用性与可靠性需求分析

根据网络应用系统的可用性与可靠性需求,确定不同类型的网络数据的重要程度。对于核心应用所产生的关键数据,采用网络服务器、存储设备的双机容错,制定数据的远程备份与恢复措施,以及关键网络设备、电源设备的冗余配置。

4) 网络安全需求分析

网络应用系统的安全需求主要表现在:预测网络安全威胁的来源,制定单位的网络安全策略,选择必要的网络安全措施,安装与配置网络安全设备,以及对整个网络应用系统的安全等级评估。

5) 网络工程造价估算

在完成网络应用系统详细分析的基础上,需要对建设该网络系统的工程造价进行估算。工程造价估算主要依据以下内容。

(1) 网络设备的购置费用,例如,路由器、交换机、网桥、网关等。

(2) 网络基础设施的安装费用,例如,UPS 电源、机房与设备间装修、结构化布线设备、双绞线与光纤等传输介质。

(3) 接入城域网或广域网的远程线路的租用费用。

(4) 服务器与客户端设备的购置费用,例如,服务器、存储设备、打印机、个人计算机与便携式计算机。

(5) 组建与维护系统的服务费用,例如,系统集成、用户培训与后期维护等。

11.3 网络应用系统的设计与实现

11.3.1 网络系统结构设计

网络应用系统建设必须明确用户的实际需求,统一规划,分期建设,选择适合的技术,确保系统的可用性、可靠性、可扩展性与安全性。

1. 网络结构设计

大型和中型网络系统必须采用分层的设计思想,这是解决网络规模、结构和技术复杂性的有效方法。这个思路已在工程实践中得到证明,并在宽带城域网的基本结构(3.4.2 节)中已进行过讨论。图 11-3 给出了网络系统的分层结构。网络结构与网络规模、应用程度与投资直接相关。

目前,大中型企业网、校园网或办公网基本都采用三层结构。核心层网络用于连接服务器集群、各建筑物子网的交换设备,以及提供与城域网连接的出口;汇聚层网络用于将不同位置的子网连接到核心层网络,实现路由汇聚功能;接入层网络用于将终端用户的计算机接入网络。在核心路由器之间、核心路由器与汇聚路由器之间,通常采用具有冗余链路的光纤来连接；在汇聚路由器与接入路由器之间、接入路由器与用户计算机之间，可根据情况选择造价较低的双绞线来连接。

网络系统是否采用三层结构设计的经验是：如果结点数为 250～5000 个，通常需要按三层结构来设计；如果结点数为 100～250 个，不需要设计接入层网络，网络结点通过汇聚层的路由器或交换机来接入；如果结点数为 5～100 个，不需要设计接入层与汇聚层网络。当然，网络规模、应用类型与层次结构上的差异，对核心路由器与接入路由器的性能要求有很大差异，在工程造价上自然也就相差很多。

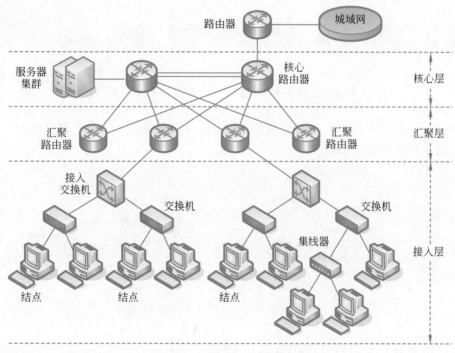

图 11-3　网络系统的分层结构

2. 核心层网络设计

核心层网络是整个网络系统的主干部分，应该是网络系统设计与建设的重点。统计数据表明，核心层网络通常承担整个网络流量的 40%～60%。目前，核心层网络采用的技术主要是 10GE/40GE/100GE，核心设备采用高性能的交换路由器，连接核心路由器的是有冗余链路的光纤介质。

服务器集群需要为整个网络提供服务，它们通常会连接在核心层网络。从提高服务器集群可用性的角度来看，主要存在两种连接方案。其中，图 11-4(a)采用链路冗余的办法，直接连接两台核心路由器。该方案的优点是利用核心路由器的带宽，但是占用了核心路由器的较多端口。图 11-4(b)采用专用交换机和链路冗余的办法，间接连接两台核心路由器。该方案增加一台用于连接服务器集群的交换机，其优点是可分担核心路由器的带宽，缺点是该设备容易成为带宽瓶颈，并且存在单点故障的潜在危险。

3. 汇聚层与接入层网络设计

汇聚层网络用于将分布在不同位置的子网连接到核心层网络。在中等规模的网络系统中，尤其是在一期工程的建设中，经常采用多个 GE/10GE 交换机堆叠式增加端口数量，并由

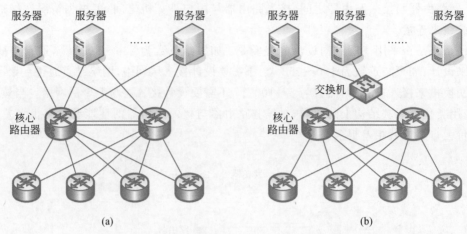

图 11-4　服务器集群接入核心路由器的两种方案

一台交换机通过光纤向上级联,这样可将汇聚层与接入层合并成一层。图 11-5 给出了汇聚层与接入层网络的两种设计方案。

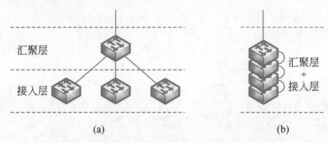

图 11-5　汇聚层与接入层网络的两种设计方案

接入层网络用于将终端用户的计算机接入网络。分层设计的优势是便于分配带宽,有利于均衡负荷,提高网络系统的工作效率。分层结构设计的经验数据是:层次之间的上联带宽与下一级带宽之比通常控制在 1∶20。例如,如果一台接入交换机有 24 个 100Mb/s 端口,则上联带宽可控制在 $24 \times 100/20 = 120$Mb/s,另外需要预先留出余量,因此通常可确定为 200Mb/s。如果有 10 个规模相同的接入交换机,则总的上联带宽可选择 2Gb/s。

11.3.2　网络关键设备选型

1. 网络设备选型的基本原则

网络设备选型的基本原则主要有以下三点。

1) 产品系列与厂商的选择

对于网络设备尤其是网络关键设备,例如,核心路由器、汇聚路由器等,一定要选择技术成熟的主流产品,并且最好是同一厂商的产品。这样,在设备安装、调试、技术支持与用户培训方面都有优势。

2) 网络可扩展性的考虑

高端的网络设备通常价格昂贵,在投入使用后不会频繁更新,但是它对整个系统的性能影响很大。出于这个原因,高端产品的选择通常会预留必要的余量。低端的网络设备价格相对便宜,更新速度快,如果出现端口不够用的情况,可简单地通过堆叠方式进行扩充。因此,低端产品的选择通常以当前够用为原则。

3)网络技术先进性的考虑

网络技术与网络设备的更新速度很快,以"摩尔定律"描述网络设备的价值是恰当的,因此网络设备的选型风险还是较大的。对于组建一个全新的网络来说,需要在整体规划中选择新技术、新标准与新产品,避免选择价格可能相对低一些,但是属于过渡性技术的产品,出现在不久的将来可能被淘汰的局面。如果在已有网络的基础上加以扩展,则需要注意保护在网络设备方面已有的投入。

2. 路由器选型的依据

1)路由器的分类

对路由器进行分类并没有一个统一的标准,常见方法是依据路由器的性能指标。生产商通常将路由器划分为三类:高端路由器(核心路由器)、中端路由器(汇聚路由器)与低端路由器(接入路由器)。这里,通常根据路由器背板的交换能力来划分。交换能力大于 40Gb/s 是高端路由器,交换能力低于 40Gb/s 是中低端路由器。

根据路由器在网络系统中的位置,高端路由器通常用于核心层网络,中端路由器通常用于汇聚层网络,而低端路由器通常用作接入路由器。高端路由器通常配置多个高速的光端口,并支持 MPLS 等交换方式。中端路由器主要满足企业网或园区网,可提供防火墙、VPN、QoS 保证等功能。低端路由器需支持局域网、ADSL 与 PPP 等接入方式。

图 11-6 给出了一个典型的企业网结构。以防火墙为界,企业网可分为两部分:内部网(Intranet)与外部网(Extranet)。对于那些仅供内部访问的服务器(例如文件服务器、数据库服务器等),它们都需要连接在 Intranet 中。对于那些可供外部自由访问的服务器(例如 Web服务器、邮件服务器),它们都可以连接在 Extranet 中。子公司网络中的结点可通过 Internet来访问 Intranet。对于外部结点与内部结点之间的数据传输,它们都需要经过防火墙系统、入侵检测系统等安全设施的检查。

2)路由器的技术指标

路由器的关键技术指标主要包括以下几个。

(1)吞吐量。

吞吐量是指路由器的分组转发能力。吞吐量主要涉及两个方面:端口吞吐量与整机吞吐量。其中,端口吞吐量是指一个端口的分组转发能力,而整机吞吐量是指所有端口的分组转发能力。

(2)背板能力。

背板是路由器的输入端口与输出端口之间的物理通道。低端路由器通常采用共享背板结构,而高端路由器通常采用交换式结构。背板能力决定路由器的吞吐量。

(3)丢包率。

丢包率是指在稳定的持续负荷情况下,因转发能力有限而造成分组丢失的概率。丢包率通常用于衡量路由器超负荷工作时的性能。

(4)延时与延时抖动。

延时是指从分组进入到离开路由器所经历的时间,它代表路由器转发分组的处理时间。高端路由器通常要求延时小于 1ms。延时与分组长度、链路传输速率相关,它对网络性能的影响很大。延时抖动是指延时的平均变化量。由于普通分组对延时抖动要求不高,因此延时抖

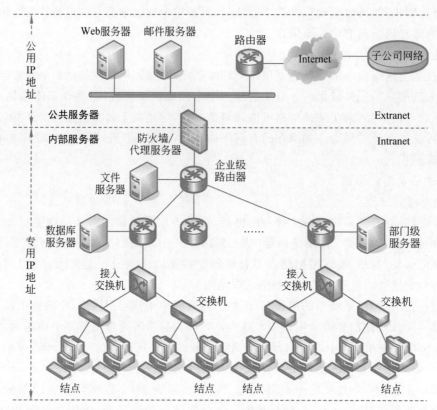

公用
IP
地
址

Web服务器　邮件服务器　　路由器　　Internet　　子公司网络

公共服务器　　　　　　　　　　　　　　　　　　　　　Extranet

内部服务器　　防火墙/代理服务器　　　　　　　　　　　Intranet

专用
IP
地
址

文件服务器　　企业级路由器

数据库服务器　　　　　　……　　　　　　　　部门级服务器

接入交换机　　　　　　　　　接入交换机

交换机　　　　　　　　　　　　　　交换机

结点　　　　　　结点　结点　　　　　　　　结点

图 11-6　一个典型的企业网结构

动通常不作为衡量路由器的主要指标。但是,语音、视频业务对延时抖动的要求较高。

(5) 路由表容量。

路由器通过路由表来决定分组的转发路径。路由器的任务是建立和维护一个路由表,它需要与当前链路或结点状态相适应。路由表容量是路由器可存储的路由条目的最大数量。高端路由器应支持至少 25 万条路由,每个目的地址至少提供两条路径。

(6) 服务质量。

路由器的服务质量主要表现在:队列管理机制、端口硬件管理与 QoS 支持。队列管理机制是指路由器的队列调度算法,其排队策略主要有公平排队、加权公平排队、虚拟输出队列、优先级管理等。端口硬件管理通常由端口硬件来实现队列管理。路由器通常应支持区分服务(DiffServ)、资源预留协议(RSVP)与多协议标记交换(MPLS)。

(7) 网管能力。

路由器的网管能力主要表现在:管理员可通过网管程序与 SNMP,对网络资源进行集中的管理与操作,主要包括配置管理、故障管理、性能管理与记账管理等。网管粒度标志着路由器管理的精细程度,主要包括端口、网段、IP 地址或 MAC 地址。

(8) 可靠性与可用性。

路由器的可靠性与可用性主要表现在:设备冗余、热插拔组件、无故障工作时间、内部时钟精度等。

设备冗余是为了保证设备的可靠性与可用性,主要涉及接口冗余、电源冗余、背板冗余等。冗余设计需要在可靠性与造价之间进行折中。

由于路由器需要 24h 不间断地工作,因此在更换部件时不能停止工作。路由器部件支持热插拔能力可保证其可用性。

高端路由器的可靠性与可用性应达到以下这些指标。

① 无故障连续工作时间 MTBF>10 万个小时。

② 故障恢复时间<30min。

③ 整个设备及主要接口具有自动切换能力,切换时间<50ms。

④ 主处理器、主存储器、交换矩阵、总线管理器、电源等部件支持热插拔,线卡要求有备份,并提供远程诊断能力。

3. 交换机选型的依据

1) 交换机的分类

从实际应用的角度出发,交换机存在多种分类方法。根据产品支持的网络技术类型,交换机主要分为以下几种:以太网交换机、ATM 交换机等。由于以太网在局域网中的主导地位,因此这里的交换机通常是指以太网交换机。根据支持的最大传输速率,交换机可进一步分为以下几种:10Mb/s 以太网交换机、100Mb/s 快速以太网交换机、1Gb/s 千兆以太网交换机、10Gb/s 万兆以太网交换机等。

根据产品采用的内部结构,交换机可分为以下两种:固定端口交换机与模块式交换机。其中,固定端口交换机通常仅有固定数量(例如 8、16、24、32、48)的端口,以及 1~2 个更高速率的上连端口。根据可连接的传输介质,端口可分为以下几种:支持双绞线的 RJ-45 端口、支持光纤的 FC 端口、支持同轴电缆的 BNC 端口。固定端口交换机的优点是安装简便、价格便宜。固定端口交换机适合被用作接入交换机。

模块式交换机又称为机架式交换机,基本部分是支持多个插槽的机箱。机箱内部提供了处理器、存储单元、交换单元等部件。插槽用于插入可供扩展的板卡模块,主要包括输入模块、输出模块、网管模块等。模块式交换机的优点是功能强大、可靠性高。模块式交换机可根据网络规模、分布状况的变化而灵活配置。

根据产品支持的应用规模,交换机可分为以下三种:企业级交换机、部门级交换机与工作组级交换机。其中,企业级交换机通常是模块式交换机,部门级交换机可选择两种交换机之一,工作组级交换机通常是固定端口交换机。从应用规模上来看,支持超过 500 个结点的应用时,可选择企业级交换机;支持 100~300 个结点的应用时,可选择部门级交换机;支持不到 100 个结点的应用时,可选择工作组级交换机。

2) 交换机的技术指标

交换机的关键技术指标主要包括以下几个。

(1) 背板带宽。

背板是交换机的输入端口与输出端口之间的物理通道。交换机的背板带宽越大,其数据处理能力越快,帧转发延时越小。

(2) 端口带宽。

端口带宽的计算方法为:端口数×传输速率×2。例如,如果一台交换机具有 48 个 100BASE-TX 端口与 2 个可扩展的 1000BASE-X 端口,则在交换机满配置的情况下,端口带宽为 48×100×2+2×1000×2=13.6Gb/s。在选择交换机时,交换机的背板带宽应大于这个值。交换机选型的一个重要指标是背板带宽/端口带宽的比值。

　　(3) 帧转发速率与延时。

　　帧转发速率是指交换机每秒钟能转发帧的最大数量。延时是指从一个帧进入到离开交换机所经历的时间,它代表交换机转发帧的处理时间。交换机的延时参数与交换机采用的交换方式相关。

　　(4) 扩展能力。

　　模块式交换机的主要特点是可扩展性好,可选择不同模块(例如 10GE 模块、GE 模块、FDDI 模块、ATM 模块或 Token Ring 模块等),以便支持不同协议与扩大端口带宽。

　　(5) VLAN 能力。

　　交换机支持 VLAN 的能力是用户关注的重要指标。多数交换机支持标准的 IEEE 802.1Q 协议,有些交换机支持 Cisco 组管理协议(CGMP)。VLAN 的划分可基于端口、MAC 地址或 IP 地址等。

11.3.3　网络服务器选型

　　1. 网络服务器的分类

　　1) 根据应用类型来分类

　　网络服务器选型是网络系统建设的重要内容之一。从应用类型的角度来看,网络服务器可分为以下四种。

　　(1) 文件服务器。

　　文件服务器具备完善的文件管理功能,能对整个网络进行统一的文件管理。文件服务器为网络用户提供完善的目录和文件服务。文件服务器以集中方式管理共享文件,网络用户可按权限对文件进行读写及其他操作。

　　(2) 数据库服务器。

　　随着网络应用的深入,在大规模数据查询和处理中,集中管理文件模式暴露出传输量大、效率低的弱点。基于数据库管理系统的数据库服务得到广泛应用,例如,Oracle、SQL Server 等数据库系统。它们均采用客户机/服务器(C/S)模式,客户机用 SQL 向服务器提出查询要求,数据库服务器根据客户要求处理数据,并将处理结果反馈给客户机。

　　(3) Internet 通用服务器。

　　无论是企业网、机关网或校园网都要接入 Internet,组建网络应用系统时都要考虑设置 Internet 通用服务器,主要包括 DNS 服务器、E-mail 服务器、FTP 服务器、Web 服务器等。网络设计者可根据用户的实际需求,选择设置其中几种必要的服务器。通常情况下,校园网至少应配置一台安装 DNS 服务器、E-mail 服务器软件的主机,为网络用户提供基本的 Internet 服务功能。

　　(4) 应用服务器。

　　在 Web 技术广泛应用的基础上,基于浏览器/服务器(B/S)模式的应用服务器获得快速发展。应用服务器是提供专用服务的网络服务器,例如,IP 电话服务器、视频会议服务器、即时通信服务器、视频点播服务器等。应用服务器也是在适合的服务器硬件上,通过安装专用的应用服务器软件来实现的。

　　应用服务器使用中间件与通用数据库接口,客户机使用浏览器访问应用服务器,该服务器的后端连接数据库服务器。传统的数据库服务器是两层结构,而应用服务器形成的是三层结构。图 11-7 给出了数据库服务器与应用服务器结构的比较。

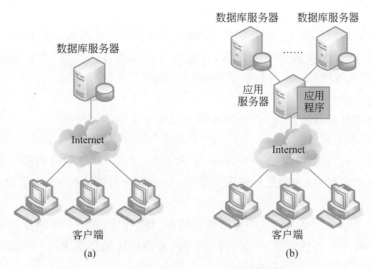

图 11-7 数据库服务器与应用服务器结构的比较

2）根据主机硬件来分类

从主机硬件的角度来看，服务器可根据硬件体系结构、应用规模与关键技术来分类。根据主机的硬件体系结构，服务器可分为以下三种。

（1）基于 CISC 处理器的 PC 服务器。

PC 服务器使用 Intel 结构的 CISC 处理器，这种处理器采用复杂指令集。PC 服务器的优点主要是：通用性好，配置简单，性价比高，维护方便。它的缺点主要是：CPU 处理能力与 I/O 能力较差，不适于高并发应用和大型数据库服务器。

（2）基于 RISC 处理器的服务器。

RISC 处理器采用的是精简指令集。与同等的 PC 服务器相比，基于 RISC 处理器的服务器的 CPU 处理能力提高 50%～75%。大型计算机、中型计算机和超级服务器大多采用 RISC 处理器，而操作系统基本都采用 UNIX。因此，这类服务器通常被称为 UNIX 服务器。

（3）小型计算机服务器。

小型计算机服务器通常用于企业级服务器或数据密集型应用。

3）根据应用规模来分类

根据网络应用的规模，服务器可分为以下四种。

（1）基础级服务器。

基础级服务器通常是只有 1 个 CPU，配置较低的 PC 服务器，常用于办公室环境的文件与打印机共享的小型局域网。

（2）工作组级服务器。

工作组级服务器通常支持 1～2 个 CPU，配有大容量热插拔硬盘、备用电源等，具有较好的 CPU 处理能力、容错性与可扩展性，适用于数据量大、处理速度快和可靠性要求较高的应用，它既可用于 Internet 接入，也可替代传统的企业级 PC 服务器。

（3）部门级服务器。

部门级服务器通常支持 2～4 个 CPU，采用对称多处理技术，配有大容量热插拔硬盘、备用电源等，具有较好的 CPU 处理能力、容错性与可扩展性，适用于中小型网络的应用服务器、数据库服务器与 Web 服务器。

（4）企业级服务器。

企业级服务器通常支持 4～8 个 CPU,采用最新 CPU 与对称多处理技术,支持双 PCI 通道与高内存带宽,配有大容量热插拔硬盘、备用电源与关键部件冗余,具有很好的 CPU 处理能力、容错性与可扩展性,适用于金融、证券、教育、邮电与通信行业。

2. 服务器相关技术

为了提高网络服务器的性能,各种服务器在设计中采用不同技术。

1）对称多处理技术

对称多处理(Symmetric Multi-Processing,SMP)可在多 CPU 结构的服务器中均衡负载,提高系统工作效率。在多 CPU 结构的服务器中,是否采用 SMP 是一个重要指标。

2）集群技术

集群(cluster)为一组独立的主机提供高速线路,将它们组成一个共享资源的服务器系统。如果其中任意一台主机出现故障,其运行的程序可立即转移到其他主机。因此,集群技术可提高服务器的可靠性、可用性与容灾能力。

3）分布式内存访问技术

分布式内存访问(Non-Uniform Memory Access,NUMA)将 SMP 技术与集群技术相结合,用于多达 64 个或更多 CPU 的服务器中,以获得更高的服务器性能。

4）高性能存储技术

存储能力是衡量服务器性能的重要指标之一。服务器的处理速度在不断增大,硬盘存取速度经常成为服务器瓶颈。为了解决这个问题,存储系统总线可采用小型计算机系统总线(Small Computer System Interface,SCSI)标准。同时,采用独立磁盘冗余阵列(Redundant Array of Independent Disks,RAID)技术,将若干个硬盘驱动器组成一个整体,由阵列管理器来统一管理。

5）服务处理器与 Intel 服务器控制技术

高性能服务器普遍采用专门的服务处理器来监控运行状况,通过一条称为 I2C 总线的串行接口来传输关键部件的参数,例如,CPU、内存、硬盘、网络、系统温度等。对于采用 Intel 结构的服务器,Intel 服务器控制(Intel Server Control,ISC)可监控服务器主板,当 CPU、内存、电源或机箱温度出现问题时,ISC 将向系统管理员报警。

6）热插拔技术

热插拔技术允许用户在不切断电源的情况下,更换存在故障的硬盘、电源或板卡等部件,从而提高服务器系统对突发事件的处理能力。高端应用的磁盘镜像可提供磁盘热插拔能力,有效地缩短系统故障的修复时间。

3. 服务器的性能指标

服务器选型的重要依据是其性能指标,主要表现在以下这些方面：CPU 处理能力、磁盘存储能力、高可用性、可管理性与可扩展性。

1）CPU 处理能力

在进行网络服务器的选型时,用户通常希望 CPU 的速度越快越好,但是影响服务器处理能力的因素有很多方面。以 Intel 结构的 CPU 为例,构成 CPU 的部件主要包括：CPU 内核、一级缓存、二级缓存、后端总线、前端总线等。其中,CPU 内核用于执行指令和处理数据,它的性能与运算能力直接相关;一级缓存为 CPU 提供计算所需的指令与数据;二级缓存主要用于存储控制、数据缓存等;后端总线是连接内核与二级缓存的总线;前端总线是连接 CPU 与主机芯片组的总线。

服务器性能与 CPU 速度的关系如下：如果 CPU_1 的主频为 M_1，CPU_2 的主频为 M_2，两个 CPU 采用相同技术，$M_2 > M_1$，并且 $M_2 - M_1 < 200MHz$，则采用 CPU_2 的服务器比采用 CPU_1 的服务器性能高 $(M_2 - M_1)/M_1 \times 50\%$，这就是 CPU 的 50% 定律。

服务器性能与 CPU 数量的关系如下：如果一台服务器支持 8 路 SMP，假设系统内存足够大，网络带宽与硬盘速度足够快，也就是说，增加 CPU 不存在瓶颈。当增加到两个 CPU 时，系统性能是单 CPU 的 170%；当增加到 4 个 CPU 时，系统性能是单 CPU 的 300%；当增加到 8 个 CPU 时，系统性能是单 CPU 的 500%。同时，研究表明，一级缓存、二级缓存、后端总线、前端总线都对系统性能影响很大。因此，不能简单追求 CPU 速度与数量，应综合考虑多方面的因素。

2）磁盘存储能力

磁盘存储能力表现为存储容量与 I/O 处理速度，决定这两个参数的因素有两方面：磁盘接口总线与硬盘性能。目前，磁盘接口总线主要是 SCSI 标准。硬盘性能的参数主要包括：主轴转速、单碟容量、平均巡道时间、缓存大小等。

3）高可用性

服务器的高可用性可描述为：高可用性 = MTBF/(MTBF + MTBR)。其中，MTBF 为平均无故障时间，MTBR 为平均修复时间。如果服务器的高可用性达到 99.9%，每年的停机时间 ≤ 8.8h；高可用性达到 99.99%，每年的停机时间 ≤ 53min；高可用性达到 99.999%，每年的停机时间 ≤ 5min。

国外的统计结果表明：对于普通企业用户，一次关键应用的停机，1h 的损失为 1 万美元。其中，硬件故障约占 30%，操作系统与应用软件故障约占 35%，误操作与环境故障约占 35%。在网络系统的设计中，需重视服务器等关键设备的选型和配置，从硬件方面的设备冗余、软件方面的数据备份入手，以提高系统的高可用性。

4）可管理性

服务器的可管理性主要表现在：方便的系统管理软件界面与远程监控能力，CPU、磁盘、内存、电源等的热插拔能力。

5）可扩展性

服务器的可扩展性主要表现在：CPU 与存储设备的扩展能力。在服务器选型时，一定要考虑留有足够的余量，在应用规模增加时有扩展余地。

4. 服务器选型的基本原则

在讨论服务器的选型问题时，很难提出一种方法适合不同需求。服务器选型的基本原则是：根据不同应用特点选择服务器，根据不同行业特点选择服务器，以及根据不同需求选择服务器配置。

1）根据不同应用特点选择服务器

根据运行的应用系统的不同，网络服务器可分为以下几种：文件服务器、数据库服务器、Internet 通用服务器与应用服务器等。

文件服务器主要为客户机提供对共享文件的访问，这类应用的主要特点是对磁盘 I/O 与吞吐率要求较高。对于用户频繁读写的应用需求，文件服务器选型的重点在磁盘 I/O 读写速度、磁盘吞吐率与缓存大小等方面。

数据库服务器和应用服务器主要用于网络信息管理、数据库存储、数据分析与挖掘等方面。这类应用主要采用 C/S 或 B/S 工作模式。服务器需配置处理能力很强的 CPU、大容量的存储系统等。

Internet 通用服务器主要包括：DNS 服务器、E-mail 服务器、FTP 服务器、Web 服务器、代理服务器等。这类服务器的主要特点是：不同应用的规模与要求不同，服务器在配置选择上差别很大。在网络系统建立初期，在一台服务器上安装多种服务器软件，就可以提供多种基础性 Internet 服务。后期可随着应用规模扩大逐步增加服务器。只有大型企业或专门从事 Internet 服务的部门需要在初期选择大型设备。

2）根据不同行业特点选择服务器

不同行业对网络服务器的要求差异很大，例如，金融、证券、通信、电子政务、ISP 与 ASP，它们属于大型企业、重点行业、政府关键应用，对网络的依赖程度高于普通的校园网、企业网、部门办公网等。对于金融、证券、通信、电子政务等应用，网络服务器作为后端的数据库服务器与应用服务器使用，通常应选择配置高的服务器集群。对于 ISP、ASP 等信息服务业，通常是根据用户数量，选择运营级的服务器。对于中、小型企业和部门，通常是根据应用类型和用户数量，选择工作组级或部门级的服务器。随着网络应用规模的扩大，逐步增加服务器的数量和提高服务器的性能。

3）根据不同需求选择服务器配置

对于同样型号的服务器产品，在服务器配置上的差异，将会导致系统性能和价格的差异。对于同种配置的服务器产品，不同厂家采用的技术或设计的不同，对系统性能、价格与可靠性有很大的影响。因此，在服务器产品选型时，在关注系统性能、配置与价格的前提下，还需注意服务器产品的成熟度与应用情况。例如，服务器产品系列的齐全程度，售后服务与技术支持体系是否完善等。

11.3.4　网络安全方面的考虑

1. 网络安全技术涉及的内容

网络安全技术是通过解决网络安全存在的问题，保护信息在网络中的存储、处理与传输的安全。网络安全设计需要注意以下这些问题。

1）网络防攻击技术

为了保证运行在网络中的信息系统的安全，首要问题是保证网络自身能正常工作，因此首先需要解决如何防止网络攻击的问题。如果一个网络受到攻击，由于预先采取必要的防范措施，网络仍然能保持正常工作。如果一个网络被攻击后，出现网络瘫痪或其他严重问题，则该网络中的信息安全也无从说起。

网络攻击可分为两种基本类型：服务攻击与非服务攻击。从黑客攻击的手段来看，大致分为以下几种：系统入侵类攻击、缓冲区溢出攻击、欺骗类攻击、拒绝服务类攻击、病毒类攻击、木马程序攻击与后门类攻击。

服务攻击是指对网络服务器发起攻击，造成该网络工作不正常，甚至是拒绝提供服务。拒绝服务（Denial-of-Service，DoS）的效果表现在：消耗带宽或计算资源，导致网络服务系统崩溃等。这些网络服务包括 E-mail、Telnet、FTP、Web 服务等。TCP/IP 缺乏认证与保密措施，这就有可能为攻击提供条件。攻击者可能攻击某个网站的 Web 服务器，导致该服务器瘫痪或修改重要的网页。

非服务攻击不针对某种具体网络服务器，而是针对网络设备（例如路由器、交换机）发起攻击,导致网络设备工作严重阻塞或瘫痪。TCP/IP 自身安全机制不足为攻击者提供了便利。源路由攻击和地址欺骗都属于这类攻击。与服务攻击相比,非服务攻击通常利用某种操作系统(例如 Windows 系统)或网络协议(例如 IP 协议)的漏洞来达到攻击目的,其行为更加隐蔽,是一种更危险的攻击手段。

长期从事网络安全工作的技术人员都懂得:"知道自己被攻击就赢了一半"。网络安全防护的关键在于如何发现网络被攻击,网络被攻击时应采取什么处理办法,以便将损失控制在最小。因此,网络防攻击研究主要解决以下几个问题。

(1) 网络可能遭到哪些人的攻击?

(2) 攻击类型与手段可能有哪些?

(3) 如何及时检测并报告网络被攻击?

(4) 如何制定安全策略与设置安全防护体系?

网络攻击所造成的后果非常严重,而网络攻击的手段又是千变万化。因此,网络防攻击问题是网络安全技术研究的重要内容。

2) 网络安全漏洞与对策研究

网络应用系统的运行一定会涉及:计算机与网络设备硬件、操作系统与应用软件、网络协议与协议软件等。各种计算机硬件、操作系统、应用软件都有安全问题,它们不可能完全没有缺陷或漏洞。UNIX 是 Internet 中应用最广的操作系统,但是在不同版本的 UNIX 操作系统中,或多或少能找到可被攻击者利用的漏洞。TCP/IP 是 Internet 使用的基本协议,其中也可以找到能被利用的漏洞。用户开发的应用软件可能漏洞更多。

网络服务是通过各种网络协议来完成,其安全性是网络安全的一个重要方面。如果网络协议存在安全上的缺陷,攻击者可能不必攻破密码体制,而可获得所需的服务或想要的数据。针对复杂的网络协议的安全性,目前主要采用的方法是漏洞分析,而这种方法也有很大的局限性。Internet 提供的常用服务所用的协议,例如 Telnet、FTP 和 HTTP,在安全性方面都存在一定的缺陷。黑客可利用这些协议的漏洞来达到攻击目的。

尽管在硬件与软件的研发与测试中,大部分的安全漏洞已被发现并修改,但是或多或少会遗留下一些漏洞,它们只能在使用过程中发现并修补。攻击者一直在研究这些安全漏洞,并将这些漏洞作为网络攻击的首选条件。因此,网络管理人员应主动了解本系统的计算机与网络设备硬件、操作系统与应用软件、网络协议等,利用各种测试工具主动检测可能存在的漏洞,并及时提出对策与补救措施。

3) 网络中的信息安全问题

黑客的攻击手段和方法多种多样,通常可分为两种类型:主动攻击和被动攻击。其中,主动攻击是以各种方式有选择地破坏信息的有效性和完整性的行为。被动攻击是在不影响网络正常运行的情况下,进行信息的截获、窃取和破译等行为。它们都会对网络造成很大的危害,并导致机密或敏感数据的泄露。

网络中的信息安全主要包括:信息存储安全与信息传输安全。其中,信息存储安全是指保证存储在计算机中的信息不被非法使用。攻击者可通过猜测或窃取密码的办法,或者设法绕过安全认证系统来冒充合法用户,非法查看、下载、修改、删除未授权访问的信息,使用未授权的网络服务。信息存储安全通常由操作系统、数据库管理系统、应用软件与防火墙系统来共同保障,常用方法是身份认证、访问权限、数据加密等。

信息传输安全是指保证信息在网络传输过程中不被攻击或泄露。信息传输过程的安全威胁主要包括：截获信息、窃听信息、篡改信息与伪造信息。保证信息传输安全的主要技术是数据加密。

4）防抵赖问题

防抵赖是指防止用户不承认自己曾发送或接收信息的行为。防抵赖是电子商务、电子政务应用中必须解决的一个重要问题。电子商务涉及商业洽谈、合同签订，以及大量资金在网上划拨等问题。电子政务会涉及大量文件在网上传输的问题。防抵赖问题主要通过以下技术来解决：身份认证、数字签名、数字信封、第三方确认等。

5）网络内部安全防范

网络内部安全防范是指防止内部用户有意或无意做出对网络与信息安全有害的行为。这些有害行为主要包括：泄露管理员或用户的密码，绕过防火墙私自与外部网络连接，越权查看、修改和删除系统文件、应用程序及数据，越权修改网络系统配置。这类问题经常会出现，并且危害性很大。

解决网络内部的不安全因素要从两方面入手：一是通过网络管理系统来监控网络与用户的工作状态，记录重要资源（例如主机、数据库等）的使用状况；二是制定和完善网络使用与管理制度，加强用户培训和日常管理。

6）网络防病毒

计算机病毒可分为六种类型：引导型病毒、可执行文件病毒、宏病毒、混合病毒、木马型病毒与 Internet 语言病毒。网络病毒的危害是不可忽视的现实。目前，90％的计算机病毒发生在网络中。网络病毒的传播速度是单机的 20 倍，服务器消除病毒所用时间是单机的 40 倍。电子邮件炸弹可轻易使计算机瘫痪，有些网络病毒甚至会破坏系统硬件。网络防病毒是保护网络与信息安全的重要问题之一，需要从服务器、工作站的防病毒技术，以及网络用户管理等不同角度来着手解决。

7）垃圾邮件与灰色软件

由于缺乏有效的控制手段，垃圾邮件一度达到泛滥的地步。垃圾邮件问题开始得到各国的重视。2004 年，美国反垃圾邮件法正式实施。其他国家也制定了相关法律。通过法律与技术手段，垃圾邮件问题得到有效的遏制。随着 IP 地址动态分配技术的广泛应用，查找垃圾邮件的来源变得越来越困难。

灰色软件主要包括以下几种类型：间谍程序、广告程序、后门程序、植入程序等。灰色软件的危害已呈急剧上升的趋势。间谍软件被悄悄安装在用户的计算机中，窃取用户的机密文件和个人隐私。以商业宣传为主的广告软件严重干扰用户的生活与工作，并成为病毒、间谍软件和网络钓鱼的载体。

比较典型的方法是通过垃圾邮件，诱骗用户去访问一个钓鱼网站。这种网站通常会模仿网上银行或电子商务网站，下载木马程序或骗取用户账号与密码。这种网络钓鱼的 URL 通常只存活较短的时间，例如不超过 48h，然后就会转移到其他地址，以免被破获。近年来，网络病毒、灰色软件与网络攻击之间的界限越来越模糊。

8）数据备份与灾难恢复

在实际的网络应用系统中，数据备份与恢复功能是很重要的。虽然可以从预防、检测、反应等方面去减少网络安全问题，但完全避免网络应用系统出现问题，是难以做到的事情。在进行网络应用系统的安全设计时，需要认真考虑以下两个问题：如果因故障造成数据丢失，是否能够恢复数据；如果需要恢复数据，能够恢复多少数据。

2. 网络安全设计的基本原则

网络安全设计需要遵循以下几个基本原则。

1）全局考虑的原则

网络安全设计应从网络应用系统整体出发，这是由于整个系统安全取决于最薄弱环节。网络应用系统是一个相当复杂的系统，包括服务器、网络设备、通信线路、用户设备、操作系统、应用软件等。因此，需要将网络应用系统与安全设计相结合，从全局的角度考虑网络安全问题。

2）整体设计的原则

网络系统安全必须包括以下三个机制。

（1）防护机制：根据存在的安全漏洞和潜在的安全威胁，采取积极的网络安全防护措施，预防对网络应用系统的攻击出现。

（2）检测机制：随时检测网络系统运行状态，发现网络系统或某些设备的异常状态，发现与制止对网络应用系统的攻击。

（3）恢复机制：在安全防护机制失效的情况下，进行应急处理和必要的补救，在尽可能短的时间内恢复系统与减少损失。

3）有效性与实用性

网络安全与网络使用是矛盾的两个方面，严格管理与方便使用经常产生冲突，应在满足安全需求的同时不影响系统性能。因此，对于网络安全与网络使用这两方面，应该确定一个折中的网络安全方案，强调网络安全的有效性与实用性。

4）等级性的原则

在网络应用系统中，各个元素都应该是分等级的。对于数据来说，应划分为机密、公开等级别。对于用户来说，应划分为网络管理员、普通用户等级别。对于不同岗位的用户，应划分到不同权限的用户组中。对于设备来说，应划分为核心设备、普通设备等级别。对于网络应用来说，应根据子网的安全需求划分安全等级。

5）自主性与可控性

安全的网络应用系统应是自主与可控的。它们主要表现在系统设计、设备选型、安全性考虑等方面。在网络安全设备与软件选型时，它们应经过我国政府有关机构的认证。另外，网络管理员一定是可靠与可信的。

6）安全有价的原则

网络应用系统的造价与系统规模、复杂程度等相关。由于网络应用系统设计受到造价的限制，因此需考虑安全设备在整体造价中所占的比例。网络安全设计应采用必须与够用的原则，将资源用在关键的网络安全设备和软件上。

小结

本章主要讲述了以下内容。

（1）网络应用系统应包括以下几个部分：网络运行环境、网络系统、网络操作系统、数据库管理系统、网络软件开发工具、网络应用系统，以及保证系统与数据安全的网络安全系统与保证网络正常运行的网络管理系统。

（2）在网络应用系统的组建过程中,首先进行网络需求(包括用户与工程需求)调研,然后进行网络系统(包括技术与工程方案)设计,在方案确定的情况下进行工程实施,最后在系统验收通过后交付使用。

（3）在网络系统方案设计阶段中,需要完成以下几个主要任务：确定网络建设总体目标,明确网络系统设计原则,完成网络系统总体设计,完成网络拓扑结构设计,完成网络设备与网络服务器选型,完成网络系统安全设计等。

习题

1. 单项选择题

11.1　在以下网络应用软件中,不属于数据库管理系统的是(　　)。

A. SQL Server　　　　B. Oracle　　　　　C. MySQL　　　　D. Chrome

11.2　描述路由器的延时变化量的性能指标是(　　)。

A. 延时抖动　　　　B. 丢包率　　　　　C. 背板能力　　　　D. 吞吐量

11.3　在多 CPU 结构的服务器中,实现属于负载均衡的技术是(　　)。

A. ISC　　　　　　B. SCSI　　　　　　C. SMP　　　　　D. RAID

11.4　以下关于网络运行环境结构的描述中,错误的是(　　)。

A. 网络运行环境主要包括机房与电源等部分

B. 路由器、服务器等核心设备应配备 UPS

C. 机房是放置路由器、服务器等核心设备的场所

D. 机房对温度、湿度、防静电等没有特殊要求

11.5　以下关于网络结构设计的描述中,错误的是(　　)。

A. 大、中型网络系统通常应采用分层的设计思想

B. 网络结构设计中的三层网络是指核心层、汇聚层与应用层

C. 核心层通常连接服务器集群与提供城域网出口

D. 汇聚层网络可将不同位置的子网连接到核心层

11.6　以下关于高端路由器的描述中,错误的是(　　)。

A. 高端路由器的背板交换能力小于 100Mb/s

B. 高端路由器可根据背板交换能力来区分

C. 高端路由器通常用作核心层的主干路由器

D. 高端路由器通常可用多种网络模块来扩展

11.7　以下关于交换机技术指标的描述中,错误的是(　　)。

A. 背板带宽决定交换机的数据处理能力

B. 端口带宽是指满配置的端口总带宽

C. 帧转发速率是每秒最多能转发的帧数

D. 是否支持 VLAN 不是交换机的主要技术指标

11.8　以下关于网络服务器分类的描述中,错误的是(　　)。

A. 文件服务器并不是服务器的常见类型

B. 数据库服务器常用于数据查询与处理

　　　　C. DNS 服务器是一种 Internet 通用服务器

　　　　D. IP 电话服务器是一种常见的应用服务器

11.9　以下关于 PC 服务器的描述中,错误的是(　　　)。

　　　　A. PC 服务器通常采用 Intel 结构的处理器

　　　　B. PC 服务器的处理器使用的是复杂指令集

　　　　C. PC 服务器的最大优点是 I/O 处理能力超强

　　　　D. PC 服务器不适于用作大型数据库服务器

11.10　以下关于网络攻击技术的描述中,错误的是(　　　)。

　　　　A. 网络攻击通常分为服务攻击与非服务攻击

　　　　B. 服务攻击针对提供某种服务的服务器

　　　　C. 非服务攻击的目的通常是瘫痪网络设备

　　　　D. 服务攻击通常比非服务攻击更隐蔽

2. 填空题

11.11　在三层网络结构中,服务器集群通常连接在_____。

11.12　在路由器的性能指标中,描述数据包转发能力的是_____。

11.13　在支持 100 个以下结点的应用时,通常选择的交换机级别是_____。

11.14　支持 4～8 个 CPU 的服务器级别是_____。

11.15　分布式内存访问的英文缩写为_____。

11.16　如果系统的高可用性达到 99.9%,则每年的停机时间≤_____。

11.17　网络攻击可分为主动攻击与_____。

11.18　在不切断电源的情况下更换设备部件的功能被称为_____。

11.19　SQL Server 是 Microsoft 公司开发的_____。

11.20　Intel 服务器控制可用于监控 PC 服务器的_____。

参 考 文 献

[1] Andrew S T，David J W. 计算机网络[M]. 5 版. 严伟,潘爱民,译,北京：清华大学出版社,2012.

[2] James F K，Ross K W. 计算机网络 自顶向下方法[M]. 7 版. 陈鸣,译. 北京：机械工业出版社,2018.

[3] Larry L P，Davie B S. 计算机网络 系统方法[M]. 5 版. 王勇,张龙飞,李明,译. 北京：机械工业出版社,2015.

[4] Fall K R，Stevens W R. TCP/IP 详解 卷1：协议[M]. 2 版. 吴英,张玉,许昱玮,译. 北京：机械工业出版社,2016.

[5] 吴功宜,吴英. 计算机网络[M]. 5 版. 北京：清华大学出版社,2021.

[6] 吴功宜,吴英. 计算机网络高级教程[M]. 2 版. 北京：清华大学出版社,2015.

[7] 吴功宜,吴英. 深入理解互联网[M]. 北京：机械工业出版社,2020.

[8] 吴功宜,吴英. 物联网工程导论[M]. 2 版. 机械工业出版社,2018.

[9] 吴英. 网络安全技术教程[M]. 北京：机械工业出版社,2015.

参 考 答 案

第 1 章

1. 单项选择题
1.1 B   1.2 C   1.3 A   1.4 D   1.5 C   1.6 A   1.7 D   1.8 C   1.9 B

1.10 D

2. 填空题
1.11 通信   1.12 ARPANET   1.13 开放系统互连 或 OSI

1.14 互联网 或 Internet   1.15 共享资源   1.16 接口报文处理器 或 IMP

1.17 软件   1.18 通信线路   1.19 广播   1.20 中心结点

第 2 章

1. 单项选择题
2.1 C   2.2 A   2.3 B   2.4 D   2.5 C   2.6 B   2.7 C   2.8 D   2.9 B

2.10 A

2. 填空题
2.11 量化   2.12 单工   2.13 全反射   2.14 基带传输   2.15 双绞线

2.16 模拟   2.17 随机差错   2.18 多项式   2.19 外屏蔽层   2.20 选择重发

第 3 章

1. 单项选择题
3.1 C   3.2 D   3.3 A   3.4 B   3.5 D   3.6 A   3.7 B   3.8 C   3.9 D

3.10 B

2. 填空题
3.11 边听边发   3.12 全双工   3.13 IEEE 802.3z   3.14 存储转发交换

3.15 汇集转发速率   3.16 逻辑 或 虚拟   3.17 直接序列扩频   3.18 ADSL

3.19 红外线   3.20 有线电视网

第 4 章

1. 单项选择题
4.1 C   4.2 D   4.3 B   4.4 A   4.5 D   4.6 A   4.7 C   4.8 A   4.9 D

4.10 B

2. 填空题
4.11 网络体系结构   4.12 端口 或 Port   4.13 B   4.14 NAT   4.15 21 位

4.16 路由表   4.17 物理层   4.18 32 位   4.19 连接   4.20 ARP

第 5 章

1. 单项选择题

5.1 D   5.2 C   5.3 A   5.4 B   5.5 C   5.6 B   5.7 A   5.8 C   5.9 D

5.10 A

2. 填空题

5.11 地理   5.12 MIME   5.13 服务类型   5.14 关守   5.15 消费者

5.16 标记 或 标签   5.17 覆盖网   5.18 可扩展消息与表示协议 或 XMPP

5.19 广播   5.20 集中式

第 6 章

1. 单项选择题

6.1 C   6.2 D   6.3 C   6.4 A   6.5 B   6.6 C   6.7 D   6.8 A   6.9 D

6.10 B

2. 填空题

6.11 机架式交换机   6.12 双绞线   6.13 10 千米 或 10km   6.14 堆叠式集线器

6.15 13.6Gb/s   6.16 光纤   6.17 50 米 或 50m   6.18 漫游式   6.19 网络模块

6.20 平面楼层系统

第 7 章

1. 单项选择题

7.1 A   7.2 D   7.3 B   7.4 C   7.5 B   7.6 D

2. 填空题

7.7 Windows NT Workstation   7.8 UNIX 操作系统   7.9 源代码   7.10 Guest

7.11 完全控制   7.12 Everyone

第 8 章

1. 单项选择题

8.1 B   8.2 A   8.3 D   8.4 C   8.5 B   8.6 A

2. 填空题

8.7 RJ-45   8.8 下行信道   8.9 电缆调制解调器   8.10 解调   8.11 电话网

8.12 光纤调制解调器

第 9 章

1. 单项选择题

9.1 C   9.2 A   9.3 B   9.4 D   9.5 A   9.6 B

2. 填空题

9.7 收件箱   9.8 图片   9.9 压缩文件   9.10 收藏夹   9.11 目录结构

9.12 Cookie

第 10 章

1. 单项选择题

10.1 C   10.2 D   10.3 A   10.4 C   10.5 B   10.6 D   10.7 A   10.8 C

10.9 A   10.10 B

2. 填空题

10.11 管理信息树 或 MIT   10.12 性能管理   10.13 篡改   10.14 大

10.15 保护模式   10.16 目的端口   10.17 应用级网关   10.18 人工扫描

10.19 访问控制   10.20 服务攻击

第 11 章

1. 单项选择题

11.1 D   11.2 A   11.3 C   11.4 D   11.5 B   11.6 A   11.7 D   11.8 A

11.9 C   11.10 D

2. 填空题

11.11 核心层   11.12 吞吐量   11.13 工作组级   11.14 企业级   11.15 NUMA

11.16 8.8h   11.17 被动攻击   11.18 热插拔   11.19 数据库管理系统

11.20 主板

图书资源支持

感谢您一直以来对清华版图书的支持和爱护。为了配合本书的使用，本书提供配套的资源，有需求的读者请扫描下方的"书圈"微信公众号二维码，在图书专区下载，也可以拨打电话或发送电子邮件咨询。

如果您在使用本书的过程中遇到了什么问题，或者有相关图书出版计划，也请您发邮件告诉我们，以便我们更好地为您服务。

我们的联系方式：

地　　址：北京市海淀区双清路学研大厦 A 座 714

邮　　编：100084

电　　话：010-83470236　　010-83470237

客服邮箱：2301891038@qq.com

QQ：2301891038（请写明您的单位和姓名）

资源下载：关注公众号"书圈"下载配套资源。

资源下载、样书申请

书　圈

图书案例

清华计算机学堂

观看课程直播